全国高职高专教育“十三五”规划教材

高等应用数学（上册）

（第二版）

主　编　陈华峰　瞿先平　沈玉玲

副主编　章向明　范正权　朱志富　邹　杰

李元红　袁　佳　万　轩

主　审　李连启

西南交通大学出版社

·成　都·

内容简介

本书是在认真分析、总结、吸收部分高校高等应用数学课程教学改革经验基础上，本着“必需、够用、发展”的原则，以教育部高职高专教学课程的基本要求与课程改革精神及人才培养目标为依据编写的. 在取材上力求注重基础与完整，结合生活、专业课学习及运用，在讲述上深入浅出，从而达到既为学生专业功能服务，又加强基本思维素质训练的目的.

本书分为上下两册，上册内容包括函数与极限、导数与微分、中值定理与导数的应用、不定积分、定积分等，下册内容包括微分方程、无穷级数、矩阵代数、离散初步、概率初步等.

本书特色主要体现在：（1）保留并丰富了各章节知识点，采用了模块化设计；（2）根据高职学生的学习特点，对练习题进行了基础、能力、拓展三个阶段的分层进阶；（3）每章给出了知识框图，有利于学生对本章进行系统的学习.

本书内容比较全面，语言简洁、通俗，例题和练习题量比较大，细分了难易程度. 可作为高职高专院校各专业数学通用教材，也可供其他人员参考.

图书在版编目（CIP）数据

高等应用数学. 上册 / 陈华峰，瞿先平，沈玉玲主编. —2 版. —成都：西南交通大学出版社，2017.8
全国高职高专教育“十三五”规划教材
ISBN 978-7-5643-5639-2

Ⅰ. ①高… Ⅱ. ①陈… ②瞿… ③沈… Ⅲ. ①应用数学－高等职业教育－教材 Ⅳ. ①O29

中国版本图书馆 CIP 数据核字（2017）第 182635 号

全国高职高专教育“十三五”规划教材

高等应用数学（上册）
（第二版）

陈华峰　瞿先平　沈玉玲　主编

责任编辑　张宝华
装帧设计　墨创文化

印张　12.5　　字数　309千
成品尺寸　185 mm × 260 mm
版本　2017年8月第2版
印次　2017年8月第3次
印刷　成都中铁二局永经堂印务有限责任公司

出版 发行　西南交通大学出版社
网址　http://www.xnjdcbs.com
地址　四川省成都市二环路北一段111号
西南交通大学创新大厦21楼
邮政编码　610031
发行部电话　028-87600564　028-87600533

书号：ISBN 978-7-5643-5639-2
定价：31.00元

课件咨询电话：028-87600533

第二版前言

高等应用数学是一门高职高专院校各专业公共基础必修课程，它对培养学生的思维能力有着重要的作用. 本书第二版是根据教育部制定的《各专业教学标准和人才培养目标及规格》对高等应用数学课程教学基本要求，考虑到高职高专学生的特点和各专业需要，在第一版的基础上修订而成. 本次修订充分吸取了教师和学生对第一版教材的建议，在保留第一版特色的同时对部分内容进行了增删，使之更能适应高职高专的教学实际和学生学习的特征.

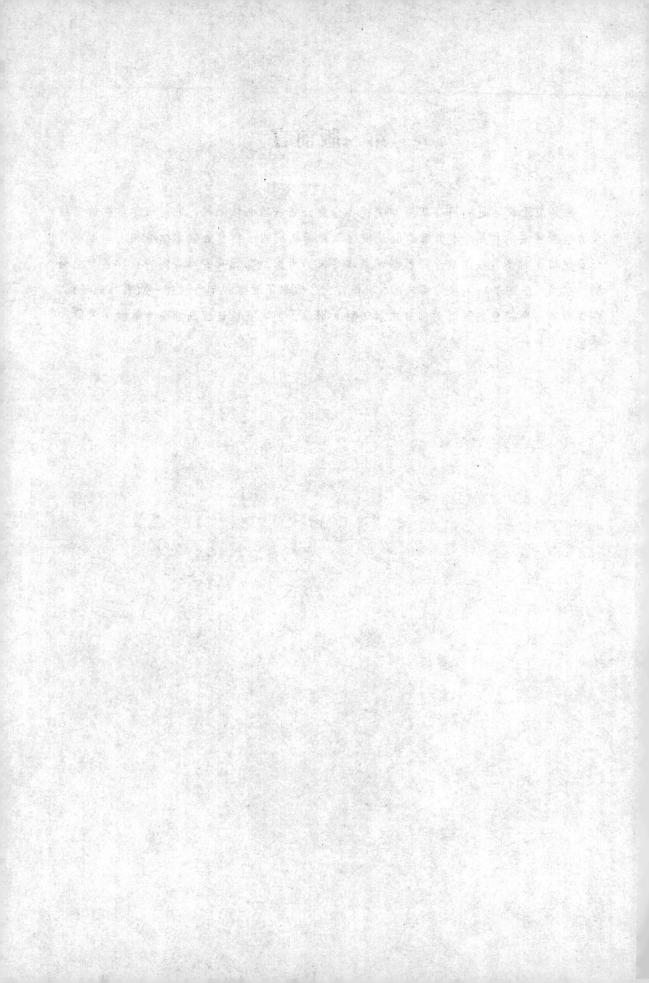

第一版前言

时代在发展，社会在进步，人们对人才的要求越来越高. 对于高职学生来讲，只掌握专业知识已不能适应社会和企业的要求，还必须具备较强的适应能力、应变能力、学习能力、创新能力等，这样才能在日益激烈的竞争中有所成就，才能为祖国做出应有的贡献. 而这些能力的基础就是既要有丰富的专业基础知识，又要有良好的思维品质. 高等应用数学的学习就最能体现这两方面.

高等应用数学是高职高专院校各专业一门公共基础必修课程，它对于培养学生的思维能力有着重要的作用. 通过高等应用数学的学习，学生不但可以掌握处理数学问题的描述工具和方法，为后续课程的学习创造条件，而且可以提高抽象思维和逻辑推理能力，提高观察事物现象、分析问题本质、解决问题的能力，养成良好的意志力以及逻辑性、新颖性等思维习惯，并为以后的学习、工作和生活打下坚实的基础.

因此，本教材在具体编写过程中，力求既介绍高等应用数学基础知识的核心内容，做到简明扼要、通俗易懂，又注重理论联系实际，融入启发式思维训练，着重培养学生良好的思维品质，加强学生系统性、创新性、发散性、坚韧性的思维训练. 本教材是编者在结合多年高等应用数学教学经验的基础上，根据高职高专学生的学习规律与特点，参考国内众多教材的优点并借鉴国外相关教材的特点编写而成的. 本书的主要特点如下：

（1）内容选择科学.

本教材的整个体系保持了高等应用数学具有代表性的核心内容，坚持少而精、释义清楚、学以致用的原则，内容安排上由浅入深，符合认知规律，理论严谨、叙述明确简练、逻辑性强，知识点脉络清晰. 第 1～5 章为各专业的基础必修模块，第 6～10 章为各专业的选修模块，可根据实际情况选修其中的一章或几章.

（2）结构安排先进.

教材大部分例题都融入启发式思维训练，重点突出解题思路，注重培养学生的数学思维能力和分析问题、解决问题的能力. 每一节练习题都分为基础、提高、拓展三个阶段，符合高职学生对数学学习的认知过程，而且将基础理论与相关实际问题相结合，变抽象思维为形象思维，提高学生的思考能力，培养学生优秀的思维品质.

（3）系统组织实用.

每章都列出了知识框图，以便学生及时掌握知识点和知识结构. 并配以大量习题和思考题，每章结束均配有自测题，可供学生检测自己学习的情况.

本书内容和结构体现了我校近年来教学改革的成果. 全书分为上、下两册，共 10 章. 其中第 1、2 章由袁佳编写，第 3、7、10 章由瞿先平（重庆理工大学研究生）编写，第 4、5、6 章由万轩编写，第 8、9 章由陈华峰编写；每章节的应用题例部分由范正权和朱志富编写；全书由陈华峰统稿.

最后，特别感谢李连启教授为审阅本书所付出的辛勤劳动. 感谢西南交通大学出版社的大力支持，使本书得以顺利出版.

由于编者水平有限，加之完成时间仓促，书中难免有不妥或错误之处，恳请广大读者批评指正.

编　者

2015 年 1 月

目　录

前导　函数

初等函数（elementary function）包括代数函数和超越函数. 初等函数是实变量或复变量的指数函数、对数函数、幂函数、三角函数和反三角函数经过有限次有理运算及有限次复合后所构成的函数类. 这是分析学中最常见的函数，在研究函数的一般理论中起重要作用.

一、函数的概念

1. 函数的定义

在一个自然现象或某个研究过程中，往往同时存在几个变量在变化，这几个变量通常不是孤立无关地在变化，而是相互联系并遵循着一定的变化规律. 这里仅就两个变量之间的关系举几个例子.

例 1　半径为 R 的圆的面积为

$$A=\pi R^2$$

这就是两个变量 A 与 R 之间的关系. 当半径 R 在区间 $(0,+\infty)$ 内任取一个值时，由上式就可以确定一个圆的面积值 A.

例 2　一个物体以 v_0 为初速度作匀加速运动，加速度为 a，经过时间间隔 t 后，物体的速度为

$$v=v_0+at$$

这里开始计时，记 $t=0$，此时速度值为 v_0，加速度 a 是常数，时间 t 在区间 $[0,T]$ 内任取一个值时，就可以确定这个时刻 t 物体的速度值 v.

例 3　在半径为 R 的圆中，作内接正 n 边形，由图 1 可得正 n 边形的周长 L_n 与边数 n 之间的关系为：

$$L_n=2nR\sin\frac{\pi}{n}$$

图中 $\alpha_n=\frac{\pi}{n}$，当 n 在 3, 4, 5, … 自然数集中任取一个值时，由上式就可得到对应周长的值 L_n.

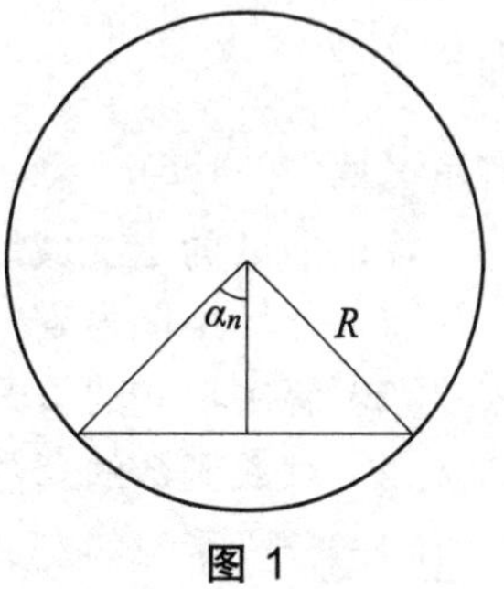

图 1

在以上几个例子中，都给出了一对变量之间的一种关系，这种关系确定了一个对应规则，当其中一个变量在其变化范围内任取一个值时，另一个变量依照对应规则就有一个确定的值与之对应. 这两个变量之间的对应关系就是函数概念的实质.

定义 1　设 D 是一个非空实数集合，f 为一个对应规则，对每一个 $x\in D$，按规则 f，都有一个确定的实数 y 与之对应，称这个对应规则 f 为定义在 D 上的一个函数关系，或称变量 y 是变量 x 的函数，记作

$$y = f(x), x \in D$$

x 称为自变量，y 称为因变量，集合 D 称为函数的定义域，可记为 $D(f)$.

对于 $x_0 \in D$，所对应的 y 的值记为 y_0 或 $f(x_0)$，称为函数 $y = f(x)$ 在点 x_0 处的函数值. 当 x 取遍 D 的一切值时，对应的所有函数值构成的集合

$$W = \{y \mid y = f(x), x \in D\}$$

称为函数的值域.

函数 $y = f(x)$ 中表示对应规则的记号 f 也常用其他字母，如 g, h, φ 或 F, G, Φ 等.

在实际问题中，函数的定义域是由问题的实际意义确定的. 例如，在例 1 中定义域为 $(0, +\infty)$，在例 2 中定义域为 $[0, T]$，在例 3 中定义域为大于等于 3 的自然数集 $\{n \mid n \in \mathbf{N}$ 且 $n \geqslant 3\}$.

在数学中，对于抽象的函数表达式，我们约定：函数的定义域就是使函数表达式有意义的自变量的取值范围.

例 4 函数 $y = \sqrt{1 - x^2}$ 的定义域为 $[-1, 1]$.

例 5 函数 $y = \lg(5x - 4)$ 的定义域应满足

$$5x - 4 > 0$$

故定义域为 $\left(\dfrac{4}{5}, +\infty\right)$.

例 6 函数 $y = \dfrac{1}{\sqrt{x^2 - x - 2}}$ 的定义域应满足

$$x^2 - x - 2 > 0$$

即

$$(x-2)(x+1) > 0$$

故定义域为 $(-\infty, -1) \cup (2, +\infty)$.

例 7 函数 $y = \arcsin\dfrac{x-1}{5} + \dfrac{1}{\sqrt{25 - x^2}}$ 的定义域应满足

$$\left|\frac{x-1}{5}\right| \leqslant 1 \text{ 且 } x^2 < 25$$

即

$$-5 \leqslant x - 1 \leqslant 5 \text{ 且 } -5 < x < 5$$

故定义域为 $[-4, 5)$.

注：常见的定义域约束条件：

（1）分母不能为零；

（2）偶次根式的被开方数大于等于零；

（3）对数函数的真数大于零；

（4）分段函数的定义域为各段函数定义域的并集；

（5）若函数式是上述的混合式，则应取各部分定义域的交集.

2. 函数的三要素

在函数关系中，定义域、对应规则和值域是确定函数关系的三个要素. 如果两个函数的

对应规则和定义域、值域都相同，则认为这两个函数是相同的，至于自变量和因变量用什么字母表示则无关紧要.

例 8　下列各对函数是否相同？

（1）$f(x)=x+1$，$g(x)=\dfrac{x^2-1}{x-1}$；　　　（2）$f(x)=|x|$，$g(x)=\sqrt{x^2}$.

解（1）不相同. $f(x)=x+1$ 的定义域为 $(-\infty,+\infty)$，$g(x)=\dfrac{x^2-1}{x-1}$ 的定义域为 $(-\infty,1)\cup(1,+\infty)$，因此 $f(x)$ 和 $g(x)$ 的定义域不相同，故不是相同的函数.

（2）相同. 因 $f(x)$ 和 $g(x)$ 的定义域相同，均为 $(-\infty,+\infty)$，而且对应规则、值域也相同，所以是相同的函数.

3. 函数的图形

设函数 $y=f(x)$ 的定义域为 D，对于任取的 $x\in D$，对应的函数值为 $y=f(x)$. 在平面直角坐标系中，取自变量 x 在横轴上变化，因变量 y 在纵轴上变化，则平面点集

$$C=\{(x,y)\mid y=f(x),x\in D\}$$

称为函数 $y=f(x)$ 的图形.

例 9　函数 $y=2x$ 的图形是一条直线，如图 2 所示.

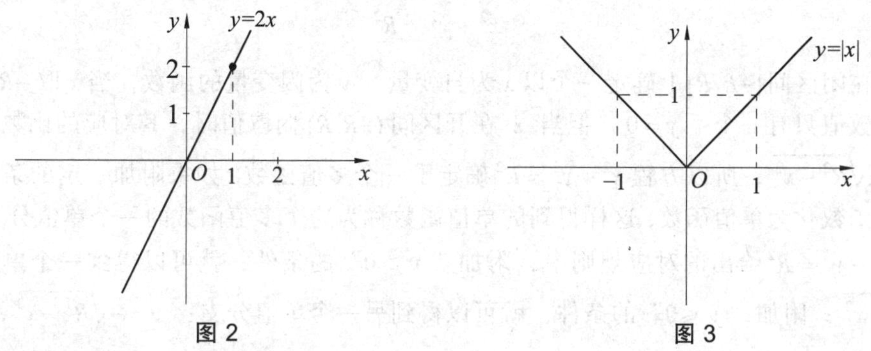

图 2　　　　图 3

例 10　函数 $y=|x|$ 的图形如图 3 所示. 这里当 $x\geqslant 0$ 时，$y=x$；当 $x<0$ 时，$y=-x$.

例 11　符号函数

$$y=\operatorname{sgn}x=\begin{cases}-1, & x<0\\0, & x=0\\1, & x>0\end{cases}$$

其定义域为 $(-\infty,+\infty)$，而值域为 $\{-1,0,1\}$，并且 $|x|=x\operatorname{sgn}x$，图形如图 4 所示.

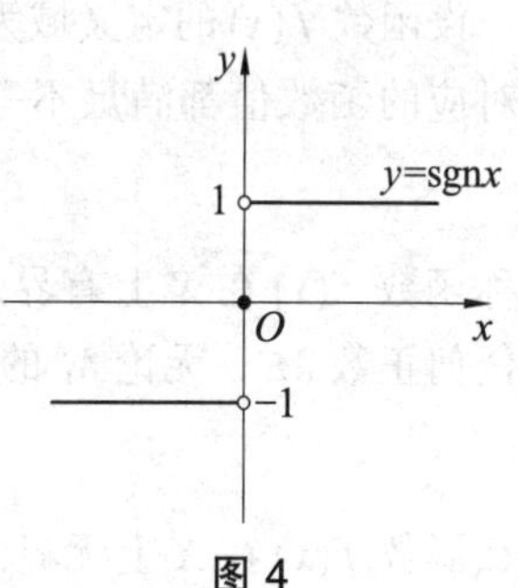

图 4

例 12　取整函数 $y=[x]$，表示 y 取不超过 x 的最大整数. 如

$$\left[\frac{1}{3}\right]=0\text{，}[\sqrt{2}]=1\text{，}[\pi]=3\text{，}[-1]=-1\text{，}[-3.5]=-4$$

其定义域为 $(-\infty,+\infty)$，值域为整数集合 $\mathbf{Z}$，图形如图 5 所示.

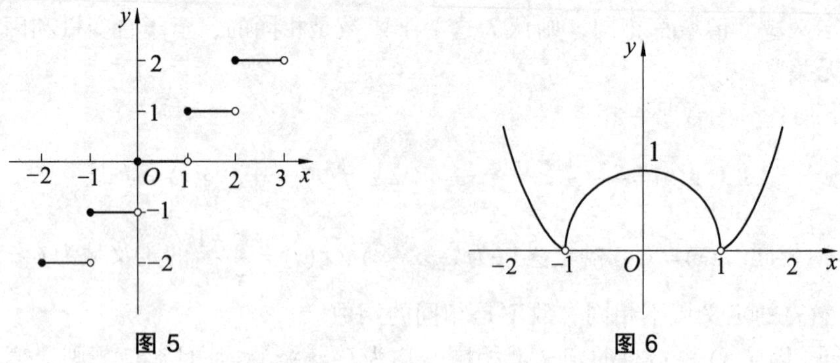

图 5　　图 6

例 13　函数

$$y = f(x) = \begin{cases} \sqrt{1-x^2}, & |x| < 1 \\ x^2 - 1, & 1 < |x| \leqslant 2 \end{cases}$$

其定义域 D 为 $[-2,-1) \cup (-1,1) \cup (1,2]$，值域 W 为 $(0,3]$，图形如图 6 所示.

当然，并非所有的函数都可以用几何图形表示出来.

下面举一个多值函数的例子.

例 14　在直角坐标系中，半径为 R 、圆心在原点的圆的方程是

$$x^2 + y^2 = R^2$$

这个方程在闭区间 $[-R,R]$ 上确定一个以 x 为自变量、y 为因变量的函数，当 x 取 $-R$ 或 R 时，对应的函数值只有一个：$y=0$，但当 x 在开区间 $(-R,R)$ 内取值时，其对应的函数值总有两个：$y = \pm\sqrt{R^2 - x^2}$，所以方程 $x^2 + y^2 = R^2$ 确定了一个多值函数. 如果附加一定的条件，就可以将多值函数化为单值函数，这样得到的单值函数称为这个多值函数的一个单值分支. 例如，由方程 $x^2 + y^2 = R^2$ 给出的对应规则中，附加“$y \geqslant 0$”的条件，就可以得到一个单值分支：$y = \sqrt{R^2 - x^2}$；附加“$y \leqslant 0$”的条件，就可以得到另一个单值分支：$y = -\sqrt{R^2 - x^2}$.

二、函数的几种特性

1. 函数的有界性

设函数 $f(x)$ 的定义域为 D，数集 $X \subset D$，如果存在一个常数 $M > 0$，使得对于一切 $x \in X$，其对应的函数值都满足不等式

$$|f(x)| \leqslant M$$

则称函数 $f(x)$ 在 X 上有界. 如果不存在这样的 M，则称函数 $f(x)$ 在 X 上无界，也就是说，对任何正数 M，无论 M 的值有多大，总可以找到 X 中的点 x_1，使

$$|f(x_1)| > M$$

那么函数 $f(x)$ 在 X 上无界.

例如，函数 $y = \sin x$ 无论 x 取任何实数，总有

$$|\sin x| \leqslant 1$$

成立，这里 $M=1$ 或为大于 1 的任何常数，所以 $y=\sin x$ 在 $(-\infty,+\infty)$ 内是有界的.

又如，函数 $f(x)=\dfrac{1}{x}$ 在半开区间 $[1,+\infty)$ 内是有界的，因为对一切 $x\in[1,+\infty)$，总有

$$|f(x)|=\left|\frac{1}{x}\right|\leqslant 1$$

但 $f(x)=\dfrac{1}{x}$ 在开区间 $(0,1)$ 内是无界的，因为不存在这样的常数 M，使得对所有 $x\in(0,1)$，有不等式 $|f(x)|=\left|\dfrac{1}{x}\right|\leqslant M$ 成立. 事实上，对于任意取定的正数 M，不妨设 $M>1$，则 $\dfrac{1}{2M}\in(0,1)$，当取 $x_1=\dfrac{1}{2M}$ 时，

$$|f(x_1)|=\left|\frac{1}{x_1}\right|=2M>M$$

由此可以进一步看到，同一个函数在不同的区间上有界性可能不同.

当一个函数是有界函数时，它的图形是介于两条水平直线 $y=M$ 及 $y=-M$ $(M>0)$ 之间的曲线.

2. 函数的单调性

设函数 $f(x)$ 的定义域为 D，区间 $I\subset D$，若对任意两点 $x_1,x_2\in I$，当 $x_1<x_2$ 时，有

$$f(x_1)<f(x_2)$$

成立，则称函数 $f(x)$ 在区间 I 上是单调增加的；而当 $x_1<x_2$ 时，有

$$f(x_1)>f(x_2)$$

成立，则称函数 $f(x)$ 在区间 I 上是单调减少的.

单调增加和单调减少的函数统称为单调函数. 当函数单调增加时，它的图形是随 x 的增加而上升的曲线；而当函数单调减少时，它的图形是随着 x 的增大而下降的曲线.

例如，函数 $y=x^2$ 在区间 $[0,+\infty)$ 上单调增加，在区间 $(-\infty,0]$ 上是单调减少的，所以在区间 $(-\infty,+\infty)$ 内，函数 $y=x^2$ 不是单调函数，见图 7. 又例如，函数 $y=x^3$ 在 $(-\infty,+\infty)$ 内是单调增加的函数，见图 8.

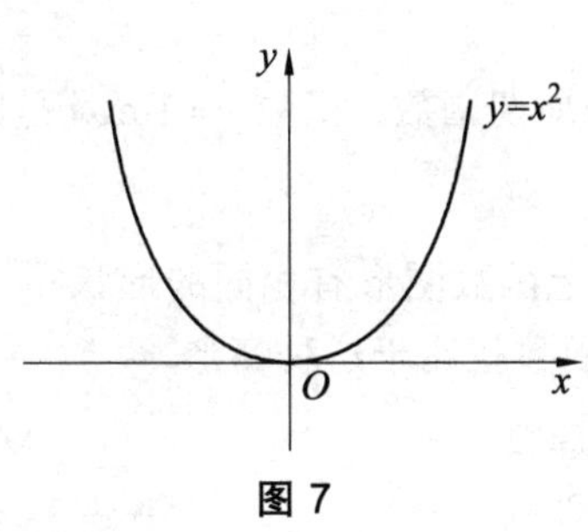

图 7

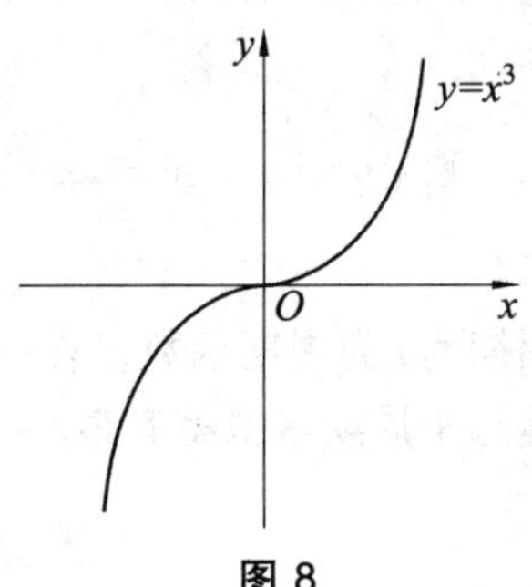

图 8

3. 函数的奇偶性

设函数 $f(x)$ 的定义域 D 关于原点对称，如果对于任一个 $x\in D$，总有

$$f(-x)=f(x)$$

则称 $f(x)$ 为偶函数；如果对于任一个 $x\in D$，总有

$$f(-x)=-f(x)$$

则称 $f(x)$ 为奇函数.

偶函数的图形关于 y 轴是对称的，因为若 $f(x)$ 是偶函数，则 $f(-x)=f(x)$，那么对应于 x 及 $-x$ 的两个点 $A(x,f(x))$ 及 $A'(-x,f(x))$ 都在函数的图形上，并关于 y 轴对称，如图 9（a）.

奇函数的图形关于原点是对称的，因为若 $f(x)$ 是奇函数，则 $f(-x)=-f(x)$，那么对应于 x 及 $-x$ 的两个点 $A(x,f(x))$ 及 $A'(-x,-f(x))$ 都在函数的图形上，并关于原点对称，如图 9（b）.

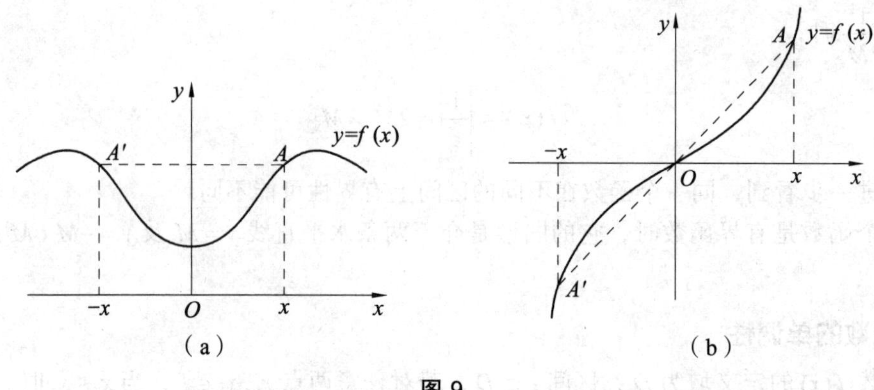

图 9

例如，函数 $y=x^2+1$，$y=\cos x$，$y=\dfrac{1}{\sqrt[3]{x^2}}$，$y=\dfrac{e^x+e^{-x}}{2}$ 等皆为偶函数；而函数 $y=\sqrt[3]{x}$，$y=x^2\sin x$，$y=\dfrac{x}{1+x^2}$，$y=\dfrac{e^x-e^{-x}}{2}$ 等皆为奇函数. 函数 $y=\sin x+\cos x$ 及 $y=x+x^2$ 既非奇函数，也非偶函数.

4. 函数的周期性

设函数 $f(x)$ 的定义域为 D，如果存在一个正数 l，使得对于任一 $x\in D$，有 $(x\pm l)\in D$，且

$$f(x+l)=f(x)$$

成立，则称 $f(x)$ 为周期函数，l 称为 $f(x)$ 的一个周期. 通常，我们所说的周期函数的周期是指最小正周期.

例如，函数 $y=\sin x$，$y=\cos x$ 都是以 2π 为周期的周期函数；函数 $y=\sin\omega t$ 是以 $\dfrac{2\pi}{\omega}$ 为周期的周期函数.

一个周期为 l 的周期函数，在每个长度为 l 的区间上函数图形有相同的形状.

并不是每个周期函数都有最小正周期，狄利克雷函数就属于这种情形.

$$D(x)=\begin{cases}1, & \text{当 } x \text{ 为有理数}\\ 0, & \text{当 } x \text{ 为无理数}\end{cases}$$

若 x 为有理数，对任一有理数 γ，$x+\gamma$ 也是有理数，因而 $D(x+\gamma)=D(x)=1$；若 x 为无理数，对上述有理数 γ，$x+\gamma$ 也是无理数，所以 $D(x+\gamma)=D(x)=0$. 这样，任何有理数 γ 均是 $D(x)$

的周期，但在有理数集中没有最小的正有理数，也就是说，函数 $D(x)$ 没有最小正周期.

三、复合函数和反函数

1. 复合函数

先看一个例子. 设 $y=\sqrt{u}$，而 $u=1-x^2$，以 $1-x^2$ 代替第一式中的 u，得 $y=\sqrt{1-x^2}$，这时函数 $y=\sqrt{1-x^2}$ 就是由 $y=\sqrt{u}$ 及 $u=1-x^2$ 复合而成的复合函数.

一般地，若函数 $y=f(u)$ 的定义域为 D_1，函数 $u=\varphi(x)$ 的定义域为 D_2，值域为 W_2，并且 $W_2\subset D_1$，那么对每个 $x\in D_2$，有确定函数值 $u\in W_2$ 与之对应，由于 $W_2\subset D_1$，因此这个值 u 也属于函数 $y=f(u)$ 的定义域 D_1，故又有确定的值 y 与值 u 对应. 这样，对每个数值 $x\in D_2$，通过 u 有确定的数值 y 与之对应，从而得到一个以 x 为自变量，y 为因变量的函数，这个函数称为由函数 $y=f(u)$ 及 $u=\varphi(x)$ 复合而成的复合函数，记作

$$y=f[\varphi(x)]$$

而 u 称为中间变量.

例如，函数 $y=\sin^2 x$ 就可看作由 $y=u^2$ 及 $u=\sin x$ 复合而成的，这个函数的定义域为 $(-\infty,+\infty)$，这也正是函数 $u=\sin x$ 的定义域；又例如，$y=\sqrt{x^2}$ 可看作由 $y=\sqrt{u}$ 及 $u=x^2$ 复合而成的函数，这个函数实际就是 $y=|x|$，这时 $y=\sqrt{x^2}$ 的定义域与 $u=x^2$ 的定义域相同，都是 $(-\infty,+\infty)$.

必须注意，不是任何两个函数都可以复合成一个复合函数的. 例如，$y=\arcsin u$ 及 $u=2+x^2$，因为对于 $u=2+x^2$，无论 x 取什么实数，总有 $u\geqslant 2$，因而不能使 $y=\arcsin u$ 有意义，所以这两个函数不能复合成一个复合函数. 而在前面已经见到的函数 $y=\sqrt{1-x^2}$，复合前的函数 $u=1-x^2$ 的定义域为 $(-\infty,+\infty)$，值域 W_2 为 $(-\infty,1]$，这显然不完全符合函数 $y=\sqrt{u}$ 的定义域 D_1 的要求，也就是说，定义中的条件 $W_2\subset D_1$ 不成立，但由于 $W_2\cap D_1\neq\varnothing$，所以适当限制 x 的取值范围，函数 $y=\sqrt{u}$ 与 $u=1-x^2$ 也能复合成一个复合函数 $y=\sqrt{1-x^2}$，即在 $u=1-x^2$ 中，x 的取值范围必须限制为 $[-1,1]$.

复合函数也可由两个以上的函数经过复合构成. 例如，$y=\ln\sqrt{2+x^2}$，就是由 $y=\ln u$，$u=\sqrt{v}$ 和 $v=2+x^2$ 三个函数复合而成的，其中 u 和 v 都是中间变量.

2. 反函数

在同一个变化过程中存在着函数关系的两个变量之间，究竟哪一个是自变量，哪一个是因变量，并不是绝对的，这要视问题的具体要求而定. 例如，在某商品销售工作中，已知其价格为 a，若想从商品的销量 x 来确定销售总收入 y，那么 x 是自变量，y 是因变量，其函数关系为

$$y=ax$$

反过来，如果想由商品销售总收入 y 确定其销量 x，则又有

$$x=\frac{y}{a}$$

我们称后一函数是前一函数的反函数，或者说它们互为反函数.

一般地，设 $y=f(x)$ 为给定的一个函数，如果对其值域 W 中的任一值 y，都可以通过关系 $y=f(x)$ 在其定义域 D 中确定一个 x 值与之对应，则可得到一个定义在 W 上的以 y 作为自变量、x 作为因变量的函数，这个函数称为 $y=f(x)$ 的反函数，记作

$$x=f^{-1}(y)$$

其定义域为 W，值域为 D. 相对于反函数 $x=f^{-1}(y)$ 来说，原来的函数 $y=f(x)$ 称为直接函数.

由定义可以证明，若函数 $y=f(x)$ 是单值单调的函数，那么就能保证其反函数 $x=f^{-1}(y)$ 是单值单调的函数. 这是因为，若 $y=f(x)$ 是单调函数，则任取其定义域 D 上两个不同的值 $x_1\neq x_2$ 时，必有 $f(x_1)\neq f(x_2)$，所以在其值域 W 上任取一个数值 y_0 时，D 上不可能有两个不同的数值 x_1 及 x_2 使 $f(x_1)=f(x_2)=y_0$，但若 $y=f(x)$ 仅为单值函数，则其反函数 $x=f^{-1}(y)$ 就不一定为单值的. 例如，函数 $y=x^2$ 的定义域为 $(-\infty,+\infty)$，值域为 $[0,+\infty)$，在 $[0,+\infty)$ 上任取一值 y，只要 $y\neq 0$，则适合关系 $x^2=y$ 的数值 x 就有两个，即 $x=\sqrt{y}$ 或 $x=-\sqrt{y}$，所以 $y=x^2$ 的反函数是多值函数. 又因为 $y=x^2$ 在区间 $[0,+\infty)$ 上是单调增加的，所以，如果把 x 限制在 $[0,+\infty)$ 上，则 $y=x^2$ 的反函数是单值且单调增加函数 $x=\sqrt{y}$，它称为函数 $y=x^2$ 的反函数的一个单值分支. 类似可知另一个分支是 $x=-\sqrt{y}$.

要注意的是，$y=f(x)$ 和 $x=f^{-1}(y)$ 表示变量 x 和 y 之间的同一关系，因而它们的图形显然应是同一曲线. 而函数的实质是对应关系，只要对应关系不变，自变量和因变量用什么字母是无关紧要的. 在 $x=f^{-1}(y)$ 与 $y=f^{-1}(x)$ 中，表示对应关系的符号 f^{-1} 没有改变，这就表示它们是同一函数，因此如果函数 $y=f(x)$ 的反函数是 $x=f^{-1}(y)$，那么 $y=f^{-1}(x)$ 也是 $y=f(x)$ 的反函数，这时，$x=f^{-1}(y)$ 与 $y=f^{-1}(x)$ 的图形关系也就相当于把 x 轴和 y 轴互换，或者说把 $x=f^{-1}(y)$ 的曲线以直线 $y=x$ 为对称轴翻转 180°，所得到的曲线就是 $y=f^{-1}(x)$ 的图形，它与曲线 $y=f(x)$ 关于直线 $y=x$ 是对称的，见图 10.

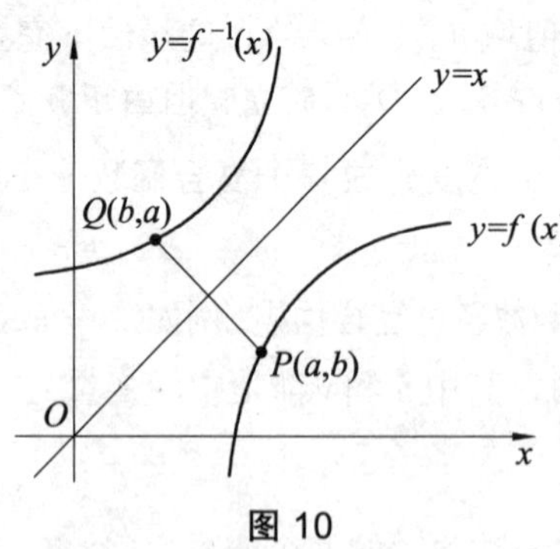

图 10

四、基本初等函数

基本初等函数是指下列五类函数：

（1）幂函数：$y=x^\alpha$（α 为常数）.

（2）指数函数：$y=a^x$（$a>0$，$a\neq 1$）.

（3）对数函数：$y=\log_a x$（$a>0$，$a\neq 1$）.

（4）三角函数：$y=\sin x, y=\cos x, y=\tan x, y=\cot x, y=\sec x, y=\csc x$.

（5）反三角函数：$y=\arcsin x, y=\arccos x, y=\arctan x, y=\operatorname{arc}\cot x$.

1. **幂函数** $y=x^{\alpha}$ (α 为常数)

幂函数 $y=x^{\alpha}$ 的定义域要视 α 的取值而定. 例如，当 $\alpha=2$ 时，$y=x^2$ 的定义域为 $(-\infty,+\infty)$；而当 $\alpha=\frac{1}{2}$ 时，$y=x^{\frac{1}{2}}$ 即 $y=\sqrt{x}$ 的定义域为 $[0,+\infty)$；又当 $\alpha=-\frac{1}{2}$ 时，$y=x^{-\frac{1}{2}}$ 即 $y=\frac{1}{\sqrt{x}}$ 的定义域为 $(0,+\infty)$. 但不论 α 取什么值，幂函数 $y=x^{\alpha}$ 在 $(0,+\infty)$ 内总有意义.

常见的幂函数 $y=x^2, y=x^{2/3}, y=x^3, y=\sqrt[3]{x}$ 及 $y=\frac{1}{x}$ 的图形见图 11（a）、（b）、（c）.

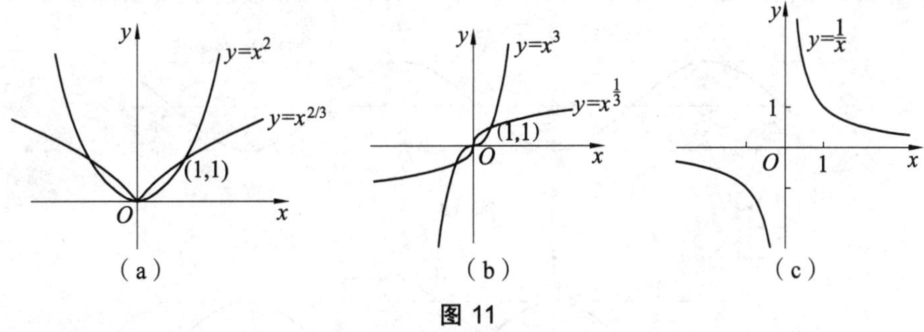

图 11

2. **指数函数** $y=a^x$ ($a>0$, $a\neq1$)

定义域为 $(-\infty,+\infty)$，值域为 $(0,+\infty)$，不论 a 取何值，总有 $a^0=1$，所以函数曲线总在 x 轴上方且经过点(0, 1).

当 $a>1$ 时，a^x 单调增加；当 $0<a<1$ 时，a^x 单调减少.

由于 $y=\left(\frac{1}{a}\right)^x=a^{-x}$，所以 $y=a^x$ 的图形与 $y=\left(\frac{1}{a}\right)^x$ 的图形是关于 y 轴对称的，见图 12.

在科技工作中，常用以无理数 $\mathrm{e}=2.7182818\cdots$ 为底的指数函数 $y=\mathrm{e}^x$.

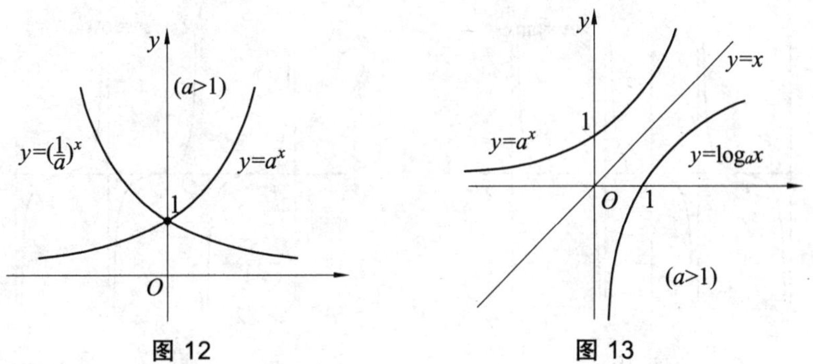

图 12　　图 13

3. **对数函数** $y=\log_a x$ ($a>0$, $a\neq1$)

对数函数 $y=\log_a x$ 是指数函数 $y=a^x$ 的反函数，其定义域为 $(0,+\infty)$，值域为 $(-\infty,+\infty)$，所以 $y=\log_a x$ 的图形总在 y 轴的右方且经过点(1, 0). 对数函数的图形可以从它所对应的指数函数的图形按反函数作图的一般规则作出，关于直线 $y=x$ 作对称于曲线 $y=a^x$ 的图形就得函数 $y=\log_a x$ 的图形，见图 13.

当 $a>1$ 时，$\log_a x$ 单调增加；当 $0<a<1$ 时，$\log_a x$ 单调减少.

在工程问题中常常使用以常数 e 为底的对数函数 $y=\log_e x$，叫做自然对数函数，简记为 $y=\ln x$.

4. 三角函数

常用的三角函数有：$y=\sin x$，$y=\cos x$，$y=\tan x$，$y=\cot x$.

正弦函数 $y=\sin x$ 与余弦函数 $y=\cos x$ 的定义域均为 $(-\infty,+\infty)$，均以 2π 为周期，值域都是闭区间 $[-1,1]$，所以它们都是有界函数. 正弦函数是奇函数，余弦函数是偶函数，见图 14 及图 15.

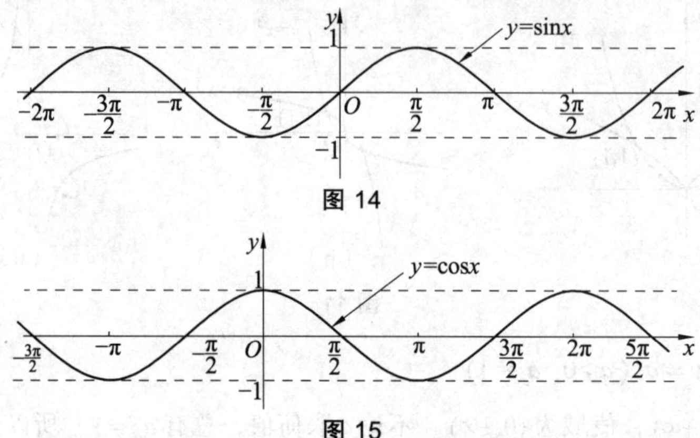

图 14

图 15

正切函数 $y=\tan x$ 的定义域为 $\left\{x \middle| x\in\mathbf{R}, x\neq(2n+1)\dfrac{\pi}{2}, n\in\mathbf{Z}\right\}$，值域为 $(-\infty,+\infty)$，周期为 π 且为奇函数，见图 16.

余切函数 $y=\cot x$ 的定义域为 $\{x\mid x\in\mathbf{R}, x\neq n\pi, n\in\mathbf{Z}\}$，值域为 $(-\infty,+\infty)$，周期为 π 且为奇函数，见图 17.

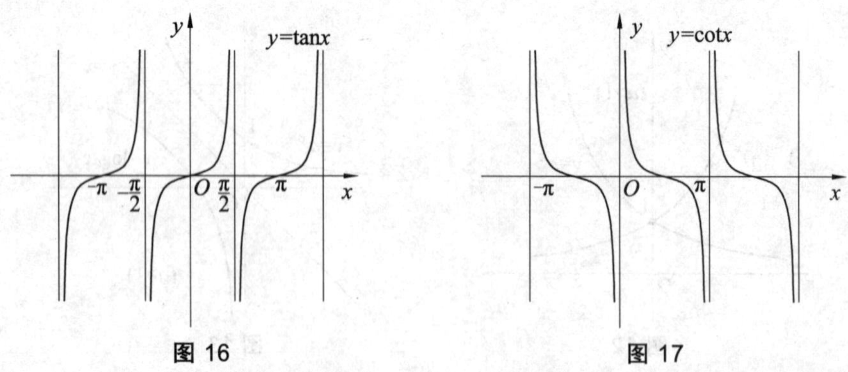

图 16　　　　图 17

此外，正割函数 $y=\sec x$ 及余割函数 $y=\csc x$ 分别为余弦函数和正弦函数的倒函数，即

$$\sec x=\frac{1}{\cos x},\quad \csc x=\frac{1}{\sin x}$$

所以它们都是以 2π 为周期的函数，并且在开区间 $\left(0,\dfrac{\pi}{2}\right)$ 内都是无界函数，但总有 $\sec x\geqslant 1$ 及 $\csc x\geqslant 1$.

5. 反三角函数

反三角函数是三角函数的反函数. 常用的反三角函数有:

反正弦函数: $y = \arcsin x$;

反余弦函数: $y = \arccos x$;

反正切函数: $y = \arctan x$;

反余切函数: $y = \operatorname{arc}\cot x$.

以上函数的图形见图 18（a)、(b)、(c)、(d). 反三角函数的图形分别与其对应的三角函数的图形对称于直线 $y = x$. 由于三角函数是周期函数, 对于值域内的每个值 y, 定义域总有无穷多个值 x 与之对应, 所以反三角函数都是多值函数. 我们可以取这些函数的一个单值分支, 称为主值, 记作

$y = \arcsin x$, $y \in \left[-\dfrac{\pi}{2}, \dfrac{\pi}{2}\right]$;

$y = \arccos x$, $y \in [0, \pi]$;

$y = \arctan x$, $y \in \left(-\dfrac{\pi}{2}, \dfrac{\pi}{2}\right)$;

$y = \operatorname{arc}\cot x$, $y \in (0, \pi)$.

在图 18 各图中实线部分为主值的图形.

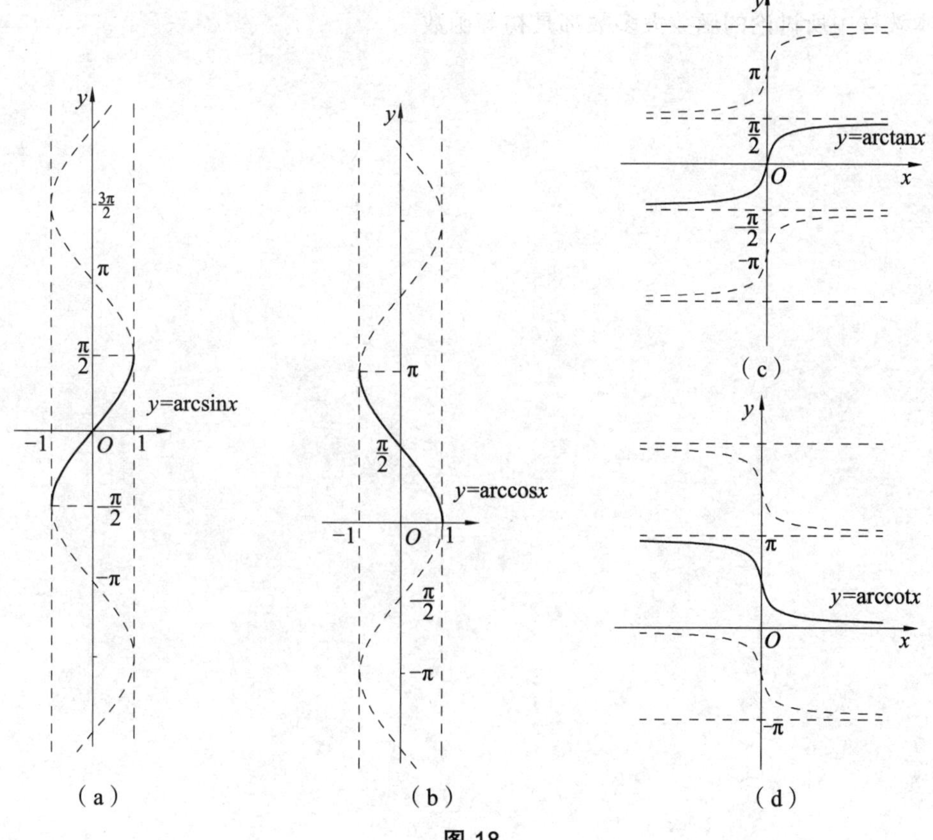

图 18

这样，单值函数 $y=\arcsin x$ 及 $y=\arccos x$ 的定义域都是闭区间 $[-1,1]$，值域分别是闭区间 $\left[-\frac{\pi}{2},\frac{\pi}{2}\right]$ 及 $[0,\pi]$. 在 $[-1,1]$ 上，$y=\arcsin x$ 是单调增加的，$y=\arccos x$ 是单调减少的.

$y=\arctan x$ 及 $y=\mathrm{arc}\cot x$ 的定义域都是区间 $(-\infty,+\infty)$，值域分别是开区间 $\left(-\frac{\pi}{2},\frac{\pi}{2}\right)$ 及 $(0,\pi)$. 在 $(-\infty,+\infty)$ 内，$y=\arctan x$ 是单调增加的，$y=\mathrm{arc}\cot x$ 是单调减少的.

五、初等函数

现在我们给出初等函数的定义：由以上五种基本初等函数和常数经过有限次的四则运算和有限次的函数复合步骤所构成并可以用一个式子表示的函数，称为初等函数.

例如，

$$y=\sqrt{1-x^2}\ ,\quad y=\sin^2 x\ ,\quad y=\sqrt{\cot\frac{x}{2}}$$

都是初等函数，而诸如

$$f(x)=\begin{cases} x^2, & x>0 \\ \sin x, & x\leqslant 0 \end{cases}$$

这样的函数为分段函数，这种分段函数往往不是初等函数.

在本教材中所讨论的函数大多数都是初等函数.

第一章　极限与连续

函数是现代数学的基本概念之一，是高等数学的主要研究对象. 极限概念是微积分的理论基础，极限方法是微积分的基本分析方法，因此，掌握、运用好极限方法是学好微积分的关键. 连续是函数的一个重要性态. 本章将介绍函数、极限与连续的基本知识和有关的基本方法，以便为今后的学习打下必要的基础.

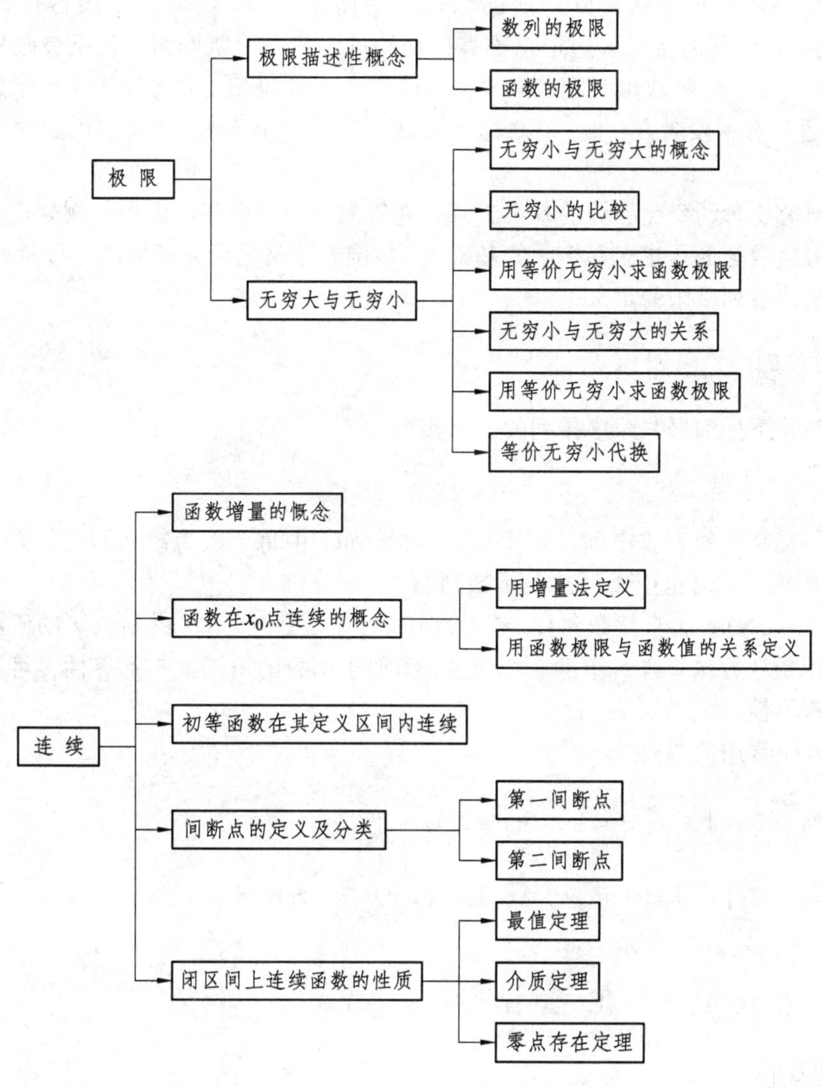

【学习能力目标】

- 理解数列及函数极限的定义.
- 熟练掌握求极限的方法.
- 会比较无穷小量，判断函数的连续性.
- 掌握两个重要极限及洛必达法则.
- 函数极限的计算及连续性的判断.

第一节　数列的极限

极限思想是由于求某些实际问题的精确解答而产生的. 例如，我国古代数学家刘徽（公元 3 世纪）利用圆内接正多边形来推算圆面积的方法——割圆术，就是极限思想在几何学上的应用. 又如，春秋战国时期的哲学家庄子（公元 4 世纪）在《庄子 · 天下篇》一书中对“截丈问题”有一段名言：“一尺之棰，日截其半，万世不竭”，其中也隐含了深刻的极限思想.

极限是研究变量的变化趋势的基本工具，高等数学中许多基本概念，例如连续、导数、定积分、无穷级数等都是建立在极限的基础上. 极限方法又是研究函数的一种最基本的方法. 本节将首先给出数列极限的定义.

一、数　列

以自然数作下标编号并顺序排列的一列实数

$$x_1, x_2, \cdots, x_n, \cdots \tag{1}$$

称为实数列，简称为数列或序列，记作 $\{x_n\}$. 称数列(1)中每个数为数列的项，第一项称为首项，x_n 称为通项，有时也用通项 x_n 表示数列 $\{x_n\}$.

若对每个 $n\in \mathbf{N}$（$\mathbf{N}$ 为自然数集），定义 $f(n)=x_n$，则数列（1）由函数 f 的函数值构成，因此也可以把数列看作集合 $\mathbf{N}$ 上的一个函数. 类似于函数的单调性与有界性，可以定义数列的单调性与有界性.

以下是几个常用的数列：

调和数列 $\left\{\dfrac{1}{n}\right\}$： $1,\dfrac{1}{2},\dfrac{1}{3},\cdots,\dfrac{1}{n},\cdots\ (n\in \mathbf{N})$；

等比数列 $\{ar^{n-1}\}$： $a, ar, ar^2,\cdots, ar^{n-1},\cdots\ (a\neq 0, n\in \mathbf{N})$；

常数列 $\{c\}$： $c, c, c,\cdots, c,\cdots$；

摆动数列 $\{(-1)^{n-1}\}$： $1,-1,1,\cdots,(-1)^{n-1},\cdots\ (n\in \mathbf{N})$.

二、数列的极限

定义 1.1　设 $\{x_n\}$ 是一数列，a 是一常数，当 $n\to\infty$ 时，x_n 无限趋近于 a，或简称为 x_n 趋近于 a 或收敛于 a，称 a 为数列 $\{x_n\}$ 的极限，记作

$$\lim_{n\to\infty} x_n = a \quad 或 \quad x_n \to a\,(n\to\infty)$$

这时我们称数列 $\{x_n\}$ 为收敛数列，否则称它为发散数列.

例 1.1　求数列 $\{x_n\}=\dfrac{1}{n}$ 的极限.

解　极限为 0.

例 1.2　求下列数列的极限，并判断数列的敛散性.

（1）$\{x_n\}=(-1)^n\dfrac{1}{n+1}$；　　（2）$\{x_n\}=2n$.

解　（1）极限为 0，数列收敛.

（2）极限不存在，数列发散.

例 1.3　求下列极限.

（1）$\lim\limits_{n\to\infty}\dfrac{n+1}{n}$；　（2）$\lim\limits_{n\to\infty}\dfrac{(-1)^{n-1}}{n}$；　（3）$\lim\limits_{n\to\infty}\dfrac{1+(-1)^n}{2}$；　（4）$\lim\limits_{n\to\infty}\dfrac{3n^4+2}{5n^4+3n}$.

解　（1）$\lim\limits_{n\to\infty}\dfrac{n+1}{n}=1$；　（2）$\lim\limits_{n\to\infty}\dfrac{(-1)^{n-1}}{n}=0$；

（3）$\lim\limits_{n\to\infty}\dfrac{1+(-1)^n}{2}$ 不存在；　（4）$\lim\limits_{n\to\infty}\dfrac{3n^4+2}{5n^4+3n}=\dfrac{3}{5}$.

定理 1.1　单调有界数列必有极限.

习题 1.1

基础练习

1. 下列数列中收敛的是（　　）.

A. $\left\{(-1)^n\dfrac{n+1}{n}\right\}$　　B. $\{n\}$　　C. $\left\{\dfrac{1+(-1)^n}{2^n}\right\}$　　D. $\{5^n\}$

2. 求下列数列的极限，并判断其敛散性.

（1）$\{x_n\}=\dfrac{1}{n}$；　（2）$\{x_n\}=(-1)^n\dfrac{1}{n+1}$；　（3）$\{x_n\}=n$.

提高练习

3. 求下列数列极限.

（1）$\lim\limits_{n\to\infty}\dfrac{3n^3+2}{2n^3+n}$；　（2）$\lim\limits_{n\to\infty}\dfrac{n+1}{3n^2+n}$；　（3）$\lim\limits_{n\to\infty}\dfrac{(-5)^n+3^{n-2}}{(-5)^{n-1}+3^n}$；　（4）$\lim\limits_{n\to\infty}\dfrac{\sqrt{n^2}}{n+1}$.

第二节　函数的极限

数列可看作自变量为正整数 n 的函数：$x_n=f(n)$，数列 $\{x_n\}$ 的极限为 a，即：当自变量 n 取正整数且无限增大 $(n\to\infty)$ 时，对应的函数值 $f(n)$ 无限接近数 a. 若将数列极限概念中自变量 n 和函数值 $f(n)$ 的特殊性撇开，可以由此引出函数极限的一般概念：在自变量 x 的某个变化过程中，如果对应的函数值 $f(x)$ 无限接近于某个确定的数 A，则 A 就称为 x 在该变化过程中函数 $f(x)$ 的极限. 显然，极限 A 是与自变量 x 的变化过程紧密相关，自变量的变化过程不同，函数的极限就有不同的表现形式. 本节分下列两种情况来讨论：

（1）自变量趋于无穷大时函数的极限；

（2）自变量趋于有限值时函数的极限.

一、函数极限的定义

1. $x\to\infty$ 时函数的极限

定义 2.1　如果当 $|x|$ 无限增大时，函数 $f(x)$ 的值无限趋近于某一常数 A，则称 A 为函数 $f(x)$ 当 $x\to\infty$ 时的极限，记作

$$\lim_{x\to\infty} f(x)=A \quad 或 \quad f(x)\to A\,(x\to\infty)$$

例如，$\lim\limits_{x\to\infty}\frac{1}{x}=0$.

2. 当 $x\to+\infty$ 时函数的极限

定义 2.2　如果 $x>0$，当 x 无限增大时，函数 $f(x)$ 的值无限趋近于某一常数 A，则称 A 为函数 $f(x)$ 当 $x\to+\infty$ 时的极限，记作：

$$\lim_{x\to+\infty} f(x)=A \quad 或 \quad f(x)\to A\,(x\to+\infty)$$

3. 当 $x\to-\infty$ 时函数的极限

定义 2.3　如果 $x<0$，当 x 无限减小时，函数 $f(x)$ 的值无限趋近于某一常数 A，则称 A 为函数 $f(x)$ 当 $x\to-\infty$ 时的极限，记作：

$$\lim_{x\to-\infty} f(x)=A \quad 或 \quad f(x)\to A\,(x\to-\infty)$$

例如，$\lim\limits_{x\to+\infty}\arctan x=\frac{\pi}{2}$，$\lim\limits_{x\to-\infty}\arctan x=-\frac{\pi}{2}$.

4. 当 $x\to x_0$ 时函数的极限

定义 2.4　设函数 $f(x)$ 在 x_0 的某一去心邻域 $N(\hat{x}_0,\delta)$ 内有定义，当 x 无限接近 x_0 时，函数 $f(x)$ 的值无限趋近于某一常数 A，则称 A 为函数 $f(x)$ 当 $x\to x_0$ 时的极限，记作：

$$\lim_{x\to x_0} f(x)=A \quad 或 \quad f(x)\to A\,(x\to x_0)$$

例如，$\lim\limits_{x\to 2}(x+2)=4$.

5. 当 $x\to x_0^+$ 时函数的极限

定义 2.5　设函数 $f(x)$ 在 x_0 的某一右半邻域 $(x_0,x_0+\delta)$ 内有定义，当 x 从 x_0 右侧无限接近 x_0 时，函数 $f(x)$ 的值无限趋近于某一常数 A，则称 A 为函数 $f(x)$ 当 $x\to x_0^+$ 时的右极限，记作：

$$\lim_{x\to x_0^+} f(x)=A \quad 或 \quad f(x)\to A\,(x\to x_0^+)$$

6. 当 $x \to x_0^-$ 时函数的极限

定义 2.6　设函数 $f(x)$ 在 x_0 的某一左半邻域 $(x_0-\delta, x_0)$ 内有定义，当 x 从 x_0 左侧无限接近 x_0 时，函数 $f(x)$ 的值无限趋近于某一常数 A，则称 A 为函数 $f(x)$ 当 $x \to x_0^-$ 时的左极限，记作：

$$\lim_{x \to x_0^-} f(x) = A \quad \text{或} \quad f(x) \to A\,(x \to x_0^-)$$

定理 2.1　极限 $\lim\limits_{x \to x_0} f(x) = A$ 存在的充分必要条件是：

$$\lim_{x \to x_0^+} f(x) = \lim_{x \to x_0^-} f(x) = A$$

例 2.1　讨论极限 $\lim\limits_{x \to 0} \dfrac{|x|}{x}$ 是否存在？

解　记 $f(x) = \dfrac{|x|}{x}$，因 $x > 0$ 时 $f(x) \equiv 1$，故

$$f(0^+) = 1$$

而当 $x < 0$ 时 $f(x) \equiv -1$，故

$$f(0^-) = -1$$

因此 $f(0^+) \neq f(0^-)$，故由定理 2.1 知所讨论的极限不存在.

例 2.2　证明：当 $x \to 0$ 时，函数 $f(x) = \begin{cases} x-1, & x < 0 \\ 0, & x = 0 \\ x+1, & x > 0 \end{cases}$ 的极限不存在.

证明　当 $x \to 0$ 时 $f(x)$ 的左极限是

$$\lim_{x \to 0^-} f(x) = \lim_{x \to 0^-} (x-1) = -1$$

而右极限是

$$\lim_{x \to 0^+} f(x) = \lim_{x \to 0^+} (x+1) = 1$$

因为左、右极限不相等，所以当 $x \to 0$ 时，$f(x)$ 的极限不存在.

二、极限的性质

这一节主要讨论极限的性质. 首先讨论收敛数列的性质.

定理 2.2（唯一性）　若极限 $\lim\limits_{x \to a} f(x)$ 存在，则极限值唯一.

定理 2.3（局部有界性）　若极限 $\lim\limits_{x \to a} f(x)$ 存在，则存在常数 $M > 0$ 和 $\delta > 0$，使得当 $0 < |x-a| < \delta$ 时，有

$$|f(x)| \leqslant M$$

定理 2.4（局部保号性）　若 $\lim\limits_{x \to a} f(x) = A > 0$（或 < 0），则存在常数 $\delta > 0$，使得当 $0 < |x-a| < \delta$ 时，有

$$f(x)>0\ (\text{或 } f(x)<0)$$

推论　若 $\lim\limits_{x\to a}f(x)=A$，而且 $f(x)\geqslant 0$（或 $f(x)\leqslant 0$），则 $A\geqslant 0$（或 $A\leqslant 0$）.

习题 1.2

基础练习

1. $\lim\limits_{x\to\infty}f(x)$ 存在的充要条件是____________________.

2. $\lim\limits_{x\to 0}2^{\frac{1}{x}}=$ (　　).

A. 0　　　B. $+\infty$　　　C. ∞　　　D. 不存在

提高练习

3. 判断下列函数的极限是否存在.

(1) $\lim\limits_{x\to 0}\sin x$；　　　(2) $\lim\limits_{x\to-\infty}3^x$.

4. 设 $f(x)=\begin{cases}3x, & -1<x<1,\\ 2, & x=1,\\ 3x^3, & 1<x<3,\end{cases}$ 求 $\lim\limits_{x\to 0}f(x)$，$\lim\limits_{x\to 1}f(x)$，$\lim\limits_{x\to 2}f(x)$.

拓展练习

5. 求下列极限.

(1) $\lim\limits_{x\to-\infty}\dfrac{|x+1|}{x}$；　　　(2) $\lim\limits_{x\to\infty}\dfrac{\sqrt{x^2}}{x+1}$.

6. 分别作出函数 $f(x)=\dfrac{x}{x}$, $\varphi(x)=\dfrac{|x|}{x}$ 的图像，并求 $f(0^-)$, $f(0^+)$, $\varphi(0^-)$, $\varphi(0^+)$；判断 $f(x)$ 和 $\varphi(x)$ 在 $x\to 0$ 时的极限是否存在.

第三节　极限的运算法则

本节要建立极限的四则运算法则和复合函数的极限运算法则. 在下面的讨论中，记号“lim”下面没有表明自变量的变化过程，是指对 $x\to x_0$ 和 $x\to\infty$ 以及单侧极限均成立，但在论证时，只证明了 $x\to x_0$ 的情形.

定理 3.1　在某一变化过程中，如果变量 x 与变量 y 分别以 A 与 B 为极限，则变量 $x\pm y$ 以 $A\pm B$ 为极限，即有

$$\lim(x\pm y)=\lim x\pm\lim y$$

定理 3.2　在某一变化过程中，如果变量 x 与变量 y 分别以 A 与 B 为极限，则变量 xy 以 AB 为极限，即有

$$\lim xy = \lim x \cdot \lim y$$

推论 1　常数因子可以提到极限符号外面，即

$$\lim Cy = C\lim y$$

推论 2　如果 n 是正整数，则

$$\lim x^n = (\lim x)^n \quad \text{且} \quad \lim x^{\frac{1}{n}} = (\lim x)^{\frac{1}{n}}$$

定理 3.3　在某一变化过程中，如果变量 x 与变量 y 分别以 A 与 B 为极限，且 $B \neq 0$，则变量 $\frac{x}{y}$ 以 $\frac{A}{B}$ 为极限，即有

$$\lim \frac{x}{y} = \frac{\lim x}{\lim y} \quad (\lim y \neq 0)$$

利用极限四则运算规则可以简化极限计算.

例 3.1　计算下列极限：

（1）$\lim\limits_{n\to\infty}\frac{n^2+1}{n^2+2n+3}$；　（2）$\lim\limits_{x\to 2}(2x^2-x+1)$；　（3）$\lim\limits_{x\to 1}\frac{x^2+x-2}{x^2-1}$.

解　（1）$\lim\limits_{n\to\infty}\frac{n^2+1}{n^2+2n+3} = \lim\limits_{n\to\infty}\frac{1+\frac{1}{n^2}}{1+\frac{2}{n}+\frac{3}{n^2}} = \frac{\lim\limits_{n\to\infty}\left(1+\frac{1}{n^2}\right)}{\lim\limits_{n\to\infty}\left(1+\frac{2}{n}+\frac{3}{n^2}\right)}$

$$= \frac{1+\lim\limits_{n\to\infty}\frac{1}{n^2}}{1+2\lim\limits_{n\to\infty}\frac{1}{n}+3\lim\limits_{n\to\infty}\frac{1}{n^2}} = 1.$$

（2）$\lim\limits_{x\to 2}(2x^2-x+1) = \lim\limits_{x\to 2}2x^2 - \lim\limits_{x\to 2}x + \lim\limits_{x\to 2}1 = 2\lim\limits_{x\to 2}x^2 - \lim\limits_{x\to 2}x + 1$

$$= 2(\lim_{x\to 2}x)^2 - 2 + 1 = 8 - 2 + 1 = 7.$$

（3）因为 $x \to 1$ 时，分母 $x^2-1 \to 0$，故不能直接应用商规则. 注意到 $x \to 1$ 时 $x \neq 1$，故可以先约去分子与分母中的非零因子 $x-1$，再使用商规则求极限：

$$\lim_{x\to 1}\frac{x^2+x-2}{x^2-1} = \lim_{x\to 1}\frac{(x-1)(x+2)}{(x-1)(x+1)} = \lim_{x\to 1}\frac{x+2}{x+1} = \frac{\lim\limits_{x\to 1}(x+2)}{\lim\limits_{x\to 1}(x+1)} = \frac{3}{2}$$

为了表明以上每步所使用的规则，上述步骤写得比较详细，一旦熟练后便可省略一些简单的步骤.

例 3.2　计算以下极限：

（1）$\lim\limits_{n\to\infty}\frac{1+2+\cdots+n}{n^2}$；　（2）$\lim\limits_{n\to\infty}\left(\frac{1}{1\cdot 2}+\frac{1}{2\cdot 3}+\cdots+\frac{1}{n(n+1)}\right)$；

（3）$\lim\limits_{x\to+\infty}\frac{7x^3-2x+1}{2x^3+x+1}$；　（4）$\lim\limits_{x\to 1}\left(\frac{1}{1-x}-\frac{3}{1-x^3}\right)$.

解（1）原式$=\lim\limits_{n\to\infty}\dfrac{\dfrac{n(n+1)}{2}}{n^2}=\lim\limits_{n\to\infty}\dfrac{1}{2}\left(1+\dfrac{1}{n}\right)=\dfrac{1}{2}$.

（2）原式$=\lim\limits_{n\to\infty}\left(1-\dfrac{1}{2}+\dfrac{1}{2}-\dfrac{1}{3}+\cdots+\dfrac{1}{n}-\dfrac{1}{n+1}\right)=\lim\limits_{n\to\infty}\left(1-\dfrac{1}{n+1}\right)=1$.

（3）不可直接应用商规则，因为当$x\to+\infty$时分子、分母的极限均不存在，可先用x^3分别除分式的分子和分母，再用商规则求极限：

$$原式=\lim_{x\to+\infty}\frac{7-2x^{-2}+x^{-3}}{2+x^{-2}+x^{-3}}=\frac{\lim\limits_{x\to+\infty}\left(7-\dfrac{2}{x^2}+\dfrac{1}{x^3}\right)}{\lim\limits_{x\to+\infty}\left(2+\dfrac{1}{x^2}+\dfrac{1}{x^3}\right)}=\frac{7}{2}$$

（4）不可直接应用和规则，因$x\to1$时$\dfrac{1}{1-x}$及$\dfrac{3}{1-x^3}$的极限均不存在，应当先合并，化简后再求极限：

$$原式=\lim_{x\to1}\frac{1+x+x^2-3}{1-x^3}=\lim_{x\to1}\frac{(x-1)(x+2)}{(1-x)(1+x+x^2)}=-\lim_{x\to1}\frac{x+2}{1+x+x^2}=-\frac{3}{3}=-1$$

例 3.3 求$\lim\limits_{x\to0}\dfrac{\sqrt[n]{1+x}-1}{x}$（$n$为自然数）.

解 记$f(x)=\dfrac{\sqrt[n]{1+x}-1}{x}$，其中所含根式不易处理，可作代换$t=\sqrt[n]{1+x}$，即$x=t^n-1$，再进行化简（此时$x\to0$对应成$t\to1$）.

$$原式=\lim_{t\to1}\frac{t-1}{t^n-1}=\lim_{t\to1}\frac{1}{1+t+t^2+\cdots+t^{n-1}}=\frac{1}{n}$$

例 3.4 求$\lim\limits_{x\to1^+}\left(\sqrt{\dfrac{1}{x-1}+1}-\sqrt{\dfrac{1}{x-1}-1}\right)$.

解 作代换$t=\dfrac{1}{x-1}$，则$x\to1^+$对应成$t\to+\infty$，故有

$$原式=\lim_{t\to+\infty}(\sqrt{t+1}-\sqrt{t-1})=\lim_{t\to+\infty}\frac{2}{\sqrt{t+1}+\sqrt{t-1}}=0$$

例 3.5 已知

$$f(x)=\begin{cases}x-1, & x<0\\ \dfrac{x^2+3x-1}{x^3+1}, & x\geqslant0\end{cases}$$

求$\lim\limits_{x\to0}f(x)$，$\lim\limits_{x\to+\infty}f(x)$，$\lim\limits_{x\to-\infty}f(x)$.

解 因为

$$\lim_{x\to0^-}f(x)=\lim_{x\to0^-}(x-1)=-1,\qquad \lim_{x\to0^+}f(x)=\lim_{x\to0^+}\frac{x^2+3x-1}{x^3+1}=-1$$

所以
$$\lim_{x\to 0} f(x) = -1$$

$$\lim_{x\to +\infty} f(x) = \lim_{x\to +\infty} \frac{x^2+3x-1}{x^3+1} = 0$$

$$\lim_{x\to -\infty} f(x) = \lim_{x\to -\infty} (x-1) = -\infty$$

习题 1.3

基础练习

1. 求下列极限.

（1）$\lim\limits_{x\to\infty}\frac{x}{x+1}$；（2）$\lim\limits_{x\to\infty}\frac{x^2-x+1}{2x^2+3x-2}$；

（3）$\lim\limits_{x\to 2}(4x^2-3x+5)$；（4）$\lim\limits_{x\to 0}\frac{x^2-1}{x+1}$.

提高练习

2. 求下列极限.

（1）$\lim\limits_{x\to 0}\frac{\sqrt{1+x}-1}{x}$；（2）$\lim\limits_{x\to 1}\frac{\sqrt{x+2}-\sqrt{3}}{x-1}$；

（3）$\lim\limits_{x\to 1}\left(\frac{2}{x^2-1}-\frac{1}{x-1}\right)$；（4）$\lim\limits_{x\to\infty}\left(1+\frac{1}{x}\right)\left(2-\frac{1}{x^2}\right)$.

拓展练习

3. 求下列极限.

（1）$\lim\limits_{x\to +\infty}\frac{\sqrt[3]{27x^3+5}}{\sqrt{4x^2-1}}$；（2）$\lim\limits_{x\to 1}\frac{\sqrt[3]{x}-1}{\sqrt{x}-1}$；

（3）$\lim\limits_{x\to 0^-}\frac{|x|}{\sqrt{a+x}-\sqrt{a-x}}\ (a>0)$；（4）$\lim\limits_{x\to 0^+}\frac{e^x-1}{x}$.

第四节　两个重要极限

一、极限 $\lim\limits_{x\to 0}\frac{\sin x}{x}=1$

极限 $\lim\limits_{x\to 0}\frac{\sin x}{x}=1$ 的变式为：

$$\lim_{x\to 0}\frac{x}{\sin x}=1$$

例 4.1　求下列极限：

（1）$\lim\limits_{x\to0}\dfrac{\tan x}{x}$；（2）$\lim\limits_{x\to0}\dfrac{1-\cos x}{x^2}$；（3）$\lim\limits_{x\to0}\dfrac{\sin 3x}{\sin 4x}$；

（4）$\lim\limits_{x\to0}\dfrac{\tan x-\sin x}{x^3}$；（5）$\lim\limits_{x\to\frac{\pi}{2}}\dfrac{\sin 2x}{\cos x}$；（6）$\lim\limits_{x\to\infty}\dfrac{2x-1}{x^2\sin\dfrac{2}{x}}$.

解　（1）原式$=\lim\limits_{x\to0}\dfrac{\dfrac{\sin x}{x}}{\cos x}=\dfrac{\lim\limits_{x\to0}\dfrac{\sin x}{x}}{\lim\limits_{x\to0}\cos x}=\dfrac{1}{1}=1$.

（2）原式$=\lim\limits_{x\to0}\dfrac{2\sin^2\dfrac{x}{2}}{x^2}=\dfrac{1}{2}\lim\limits_{x\to0}\left(\dfrac{\sin\dfrac{x}{2}}{\dfrac{x}{2}}\right)^2\overset{t=\frac{x}{2}}{=\!=\!=}\dfrac{1}{2}\lim\limits_{t\to0}\left(\dfrac{\sin t}{t}\right)^2=\dfrac{1}{2}\left(\lim\limits_{t\to0}\dfrac{\sin t}{t}\right)^2=\dfrac{1}{2}$.

（3）原式$=\lim\limits_{x\to0}\dfrac{\sin 3x}{3x}\cdot\dfrac{4x}{\sin 4x}\cdot\dfrac{3}{4}=\dfrac{3}{4}\dfrac{\lim\limits_{x\to0}\dfrac{\sin 3x}{3x}}{\lim\limits_{x\to0}\dfrac{\sin 4x}{4x}}=\dfrac{3}{4}$.

（4）原式$=\lim\limits_{x\to0}\dfrac{\sin x}{x}\cdot\dfrac{1-\cos x}{x^2}\cdot\dfrac{1}{\cos x}=\lim\limits_{x\to0}\dfrac{\sin x}{x}\lim\limits_{x\to0}\dfrac{1-\cos x}{x^2}\lim\limits_{x\to0}\dfrac{1}{\cos x}$

$$=1\cdot\lim_{x\to0}\frac{2\sin^2\frac{x}{2}}{x^2}\cdot1=\frac{1}{2}\lim_{x\to0}\left(\frac{\sin\frac{x}{2}}{\frac{x}{2}}\right)^2=\frac{1}{2}\left(\lim_{x\to0}\frac{\sin\frac{x}{2}}{\frac{x}{2}}\right)^2=\frac{1}{2}.$$

（5）令 $x=\dfrac{\pi}{2}-t$，则 $x\to\dfrac{\pi}{2}$时 $t\to0$. 所以

$$原式=\lim_{t\to0}\frac{\sin(\pi-2t)}{\sin t}=\lim_{t\to0}\frac{\sin 2t}{\sin t}=2\cdot\lim_{t\to0}\frac{\sin 2t}{2t}\cdot\lim_{t\to0}\frac{t}{\sin t}=2$$

（6）原式$=\dfrac{1}{2}\lim\limits_{x\to\infty}\left(2-\dfrac{1}{x}\right)\dfrac{\dfrac{2}{x}}{\sin\dfrac{2}{x}}\overset{令t=\frac{1}{x}}{=\!=\!=}\dfrac{1}{2}\lim\limits_{t\to0}(2-t)\dfrac{2t}{\sin 2t}=1$.

二、极限 $\lim\limits_{n\to\infty}\left(1+\dfrac{1}{n}\right)^n=\mathrm{e}$

极限 $\lim\limits_{n\to\infty}\left(1+\dfrac{1}{n}\right)^n=\mathrm{e}$ 的变式为：

$$\lim_{x\to0}(1+x)^{\frac{1}{x}}=\mathrm{e}$$

例 4.2　计算下列极限：

（1）$\lim\limits_{x\to0}(1+2x)^{\frac{1}{x}}$；（2）$\lim\limits_{x\to\infty}\left(1+\dfrac{1}{x}\right)^{x+2}$；（3）$\lim\limits_{x\to\infty}\left(1+\dfrac{1}{x+2}\right)^x$；

（4）$\lim\limits_{x\to\infty}\left(1+\dfrac{1}{x}\right)^{2x}$；　（5）$\lim\limits_{x\to\infty}\left(\dfrac{x+4}{x+2}\right)^{x}$；　（6）$\lim\limits_{x\to 0}(\cos^2 x)^{\csc^2 x}$.

解　（1）原式 $=\lim\limits_{x\to 0}(1+2x)^{\frac{1}{2x}\times 2}\xlongequal{t=2x}\left(\lim\limits_{t\to 0}(1+t)^{\frac{1}{t}}\right)^2=\mathrm{e}^2$.

（2）原式 $=\lim\limits_{x\to\infty}\left(1+\dfrac{1}{x}\right)^{x}\lim\limits_{x\to\infty}\left(1+\dfrac{1}{x}\right)^{2}=\mathrm{e}\cdot 1=\mathrm{e}$.

（3）原式 $=\lim\limits_{x\to\infty}\left(1+\dfrac{1}{x+2}\right)^{x+2-2}\xlongequal{t=x+2}\lim\limits_{t\to\infty}\left(1+\dfrac{1}{t}\right)^{t}\left(1+\dfrac{1}{t}\right)^{-2}=\mathrm{e}$.

（4）原式 $=\left(\lim\limits_{x\to\infty}\left(1+\dfrac{1}{x}\right)^{x}\right)^2=\mathrm{e}^2$.

（5）原式 $=\lim\limits_{x\to\infty}\left(1+\dfrac{2}{x+2}\right)^{x}=\left(\lim\limits_{x\to\infty}\left(1+\dfrac{2}{x+2}\right)^{\frac{x+2}{2}-1}\right)^2$

$$\xlongequal{t=\frac{x+2}{2}}\left(\lim_{t\to\infty}\left(1+\frac{1}{t}\right)^{t-1}\right)^2=\left(\lim_{t\to\infty}\left(1+\frac{1}{t}\right)^{t}\lim_{t\to\infty}\left(1+\frac{1}{t}\right)^{-1}\right)^2=\mathrm{e}^2.$$

（6）原式 $=\lim\limits_{x\to 0}(1+\cos^2 x-1)^{\frac{-1}{\cos^2 x-1}}\xlongequal{t=\cos^2 x-1}\lim\limits_{t\to 0}(1+t)^{-\frac{1}{t}}=\dfrac{1}{\lim\limits_{t\to 0}(1+t)^{\frac{1}{t}}}=\mathrm{e}^{-1}$.

习题 1.4

基础练习

1. 求下列极限.

（1）$\lim\limits_{x\to\pi}\dfrac{\sin x}{\pi-x}$；　（2）$\lim\limits_{x\to 0}(1-x)^{\frac{1}{x}}$；

（3）$\lim\limits_{x\to 0}\dfrac{\sin 5x}{x}$；　（4）$\lim\limits_{x\to\infty}\left(1+\dfrac{3}{x}\right)^{x}$.

提高练习

2. 求下列极限.

（1）$\lim\limits_{x\to 0}\dfrac{\sin 3x}{\tan 5x}$；　（2）$\lim\limits_{x\to\infty}\left(1-\dfrac{1}{x}\right)^{2x+3}$；

（3）$\lim\limits_{x\to\infty}\left(\dfrac{3+x}{2+x}\right)^{2x}$；　（4）$\lim\limits_{x\to 0}(1-2x)^{\frac{1}{x}}$.

拓展练习

3. 求下列极限

（1）$\lim\limits_{x\to\infty}\left(\dfrac{x+2}{x+1}\right)^{x+3}$；　（2）$\lim\limits_{x\to 0}\dfrac{\ln(1+x)}{x}$；　（3）$\lim\limits_{x\to 0}(1-3x)^{\frac{1}{2x}}$.

第五节　函数的连续与间断

客观世界的许多现象和事物不仅是运动变化的，而且其运动变化的过程往往是连绵不断的，比如日月行空、岁月流逝、植物生长、物种变化等，这些连绵不断发展变化的事物在量的方面的反映就是函数的连续性. 本节将要引入的连续函数就是刻画变量连续变化的数学模型.

16、17 世纪微积分的酝酿和产生，直接肇始于对物体的连续运动的研究，如伽利略所研究的自由落体运动等都是连续变化的量. 但 19 世纪以前，数学家们对连续变量的研究仍停留在几何直观的层面上，即把能一笔画成的曲线所对应的函数称为连续函数. 直到 19 世纪中叶，在柯西等数学家建立起严格的极限理论之后，才对连续函数作出了严格的数学表述.

连续函数不仅是微积分的研究对象，而且微积分中的主要概念、定理、公式法则等，往往都要求函数具有连续性.

本节和下一节将以极限为基础，介绍连续函数的概念、连续函数的运算及连续函数的一些性质.

一、函数连续的定义

考察函数 $y=f(x)$，当其自变量由 x 变到 $x+\Delta x$ 时，因变量 $f(x)$ 也会随之产生变化. 通常将 x 的变化值 Δx 称为 x 的改变量或增量，它可以是正的，也可以是负的. 因变量 $y=f(x)$ 随之产生的变化值称为 y 的改变量，记作 Δy，即

$$\Delta y=f(x+\Delta x)-f(x)$$

应该注意到：记号 Δy 并不表示某个量 Δ 与变量 y 的乘积，而是一个整体不可分割的记号.

例如，对函数 $y=x^2$，

$$\Delta y=(x+\Delta x)^2-x^2=2x\cdot\Delta x+(\Delta x)^2$$

对同一函数 $f(x)$，Δy 的大小取决于 x 与 Δx. 本节将要考虑的问题是：当 Δx 无限趋于 0 时，Δy 是否也无限趋于 0？即是否有

$$\lim_{\Delta x\to 0}\Delta y=0\ （或等价地\ \lim_{\Delta x\to 0}f(x+\Delta x)=f(x)）$$

定义 5.1　设函数 $y=f(x)$ 在点 x_0 的某一邻域内有定义，如果

$$\lim_{\Delta x\to 0}\Delta y=\lim_{\Delta x\to 0}[f(x_0+\Delta x)-f(x_0)]=0 \tag{1}$$

则称函数 $y=f(x)$ 在点 x_0 连续.

为了应用方便起见，下面把函数 $y=f(x)$ 在点 x_0 连续的定义用不同的方式来叙述.

设 $x=x_0+\Delta x$，则 $\Delta x\to 0$ 就是 $x\to x_0$. 又由于

$$\Delta y=f(x_0+\Delta x)-f(x_0)=f(x)-f(x_0)$$

即
$$f(x)=f(x_0)+\Delta y$$
可见 $\Delta y\to 0$ 就是 $f(x)\to f(x_0)$，因此（1）式与
$$\lim_{x\to x_0} f(x)=f(x_0) \tag{2}$$
相当，所以，函数 $y=f(x)$ 在点 x_0 连续的定义又可叙述如下：

设函数 $y=f(x)$ 在点 x_0 的某一邻域内有定义，如果
$$\lim_{x\to x_0} f(x)=f(x_0)$$
则称函数 $f(x)$ 在点 x_0 连续.

下面说明左连续、右连续及其他有关的概念.

定义 5.2 （1）若 $f(x)$ 在 x_0 的某个左邻域 $(x_0-\delta,x_0]$ $(\delta>0)$ 内有定义，且
$$\lim_{x\to x_0^-} f(x)=f(x_0)$$
则称 $f(x)$ 在 x_0 处左连续；若 $f(x)$ 在 x_0 的某个右邻域 $[x_0,x_0+\delta)$ $(\delta>0)$ 内有定义，且
$$\lim_{x\to x_0^+} f(x)=f(x_0)$$
则称 $f(x)$ 在 x_0 处右连续.

（2）设 $f(x)$ 在开区间 (a,b) 上有定义，若 $f(x)$ 在 (a,b) 内每个点都连续，则说 $f(x)$ 在开区间 (a,b) 上连续.

（3）设 $f(x)$ 在闭区间 $[a,b]$ 上有定义，若 $f(x)$ 在开区间 (a,b) 上连续，且在左端点 $x=a$ 右连续，在右端点 $x=b$ 左连续，则说 $f(x)$ 在闭区间 $[a,b]$ 上连续.

由左、右极限与极限的相互关系可知，$f(x)$ 在 x_0 处连续的充分必要条件是 $f(x)$ 在 x_0 既左连续又右连续.

若 $f(x)$ 在 $[a,b]$ 上连续，其图形是一条无间断的曲线，即从点 $A(a,f(a))$ 到点 $B(b,f(b))$ 一笔画成的曲线（图 1.2）.

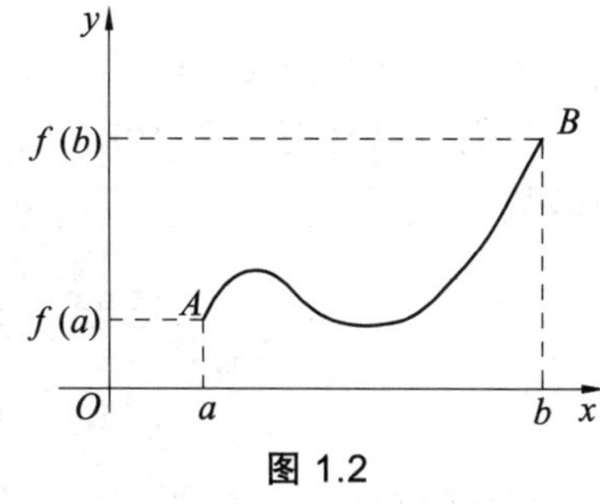

图 1.2

例 5.1 证明 $f(x)=\sin x$ 在 $(-\infty,+\infty)$ 上连续.

证明 任给 $x_0\in(-\infty,+\infty)$，因为
$$0\leqslant|\sin x-\sin x_0|=2\left|\sin\frac{x-x_0}{2}\cos\frac{x+x_0}{2}\right|$$
$$\leqslant 2\left|\sin\frac{x-x_0}{2}\right|\leqslant 2\frac{|x-x_0|}{2}=|x-x_0|$$
令 $x\to x_0$，得
$$|\sin x-\sin x_0|\to 0$$
此即
$$\lim_{x\to x_0}\sin x=\sin x_0$$

这说明 $\sin x$ 在 x_0 处连续. 由 x_0 的任意性即知 $f(x)$ 在 $(-\infty,+\infty)$ 上连续.

二、函数的间断点

根据函数 $f(x)$ 在 x_0 处连续的定义，我们知道，如果函数 $f(x)$ 在点 x_0 处是连续的，那么必须同时满足下面三个条件：

（1）函数 $f(x)$ 在点 x_0 的邻域内有定义；

（2）$\lim\limits_{x\to x_0} f(x)$ 存在；

（3）$\lim\limits_{x\to x_0} f(x)=f(x_0)$.

当三个条件中的任何一个不成立时，我们就说函数 $f(x)$ 在 x_0 处不连续，而点 x_0 叫做函数 $f(x)$ 的间断点或不连续点.

对函数的间断点可进行如下分类：

第一类间断点：$f(x_0^-)$ 与 $f(x_0^+)$ 都存在的间断点.

第二类间断点：$f(x_0^-)$ 与 $f(x_0^+)$ 中至少有一个不存在的间断点（注意：无穷大属于不存在之列）.

在第一类间断点中，有以下两种情形：

（1）$f(x_0^-)=f(x_0^+)\neq f(x_0)$（或 $f(x_0)$ 无定义），这种间断点称为可去间断点. 只要重新定义 $f(x_0)$（或补充定义 $f(x_0)$），令 $f(x_0)=f(x_0^-)=f(x_0^+)$，则函数 $f(x)$ 在 x_0 点连续.

（2）$f(x_0^-)\neq f(x_0^+)$，这种间断点称为跳跃间断点. 对于跳跃间断点 x_0，数 $\left|f(x_0^+)-f(x_0^-)\right|$ 称为函数 $f(x)$ 在 x_0 点的跃度.

例 5.2 $x_0=0$ 是函数 $f(x)=\dfrac{\sin x}{x}$ 的可去间断点，这是因为 $f(0^-)=f(0^+)=1$，而 $f(0)$ 无定义（图 1.3），这时我们可以补充定义 $f(0)=1$，于是便得到一个连续的函数

$$F(x)=\begin{cases}\dfrac{\sin x}{x}, & x\neq 0\\ 1, & x=0\end{cases}$$

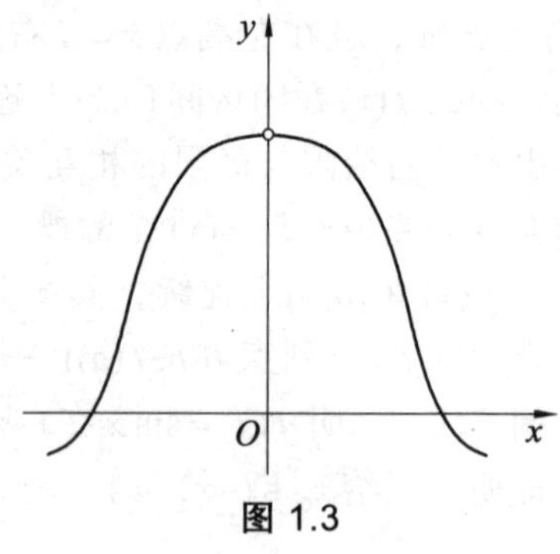

图 1.3

这样就把间断点 $x_0=0$ “去掉”了.

例 5.3 函数

$$f(x)=\begin{cases}\arctan\dfrac{1}{x}, & x\neq 0\\ 0, & x=0\end{cases}$$

在 $x_0=0$ 点的左、右极限分别为 $-\dfrac{\pi}{2},\dfrac{\pi}{2}$，所以 $x_0=0$ 是函数的第一类间断点（图 1.4）.

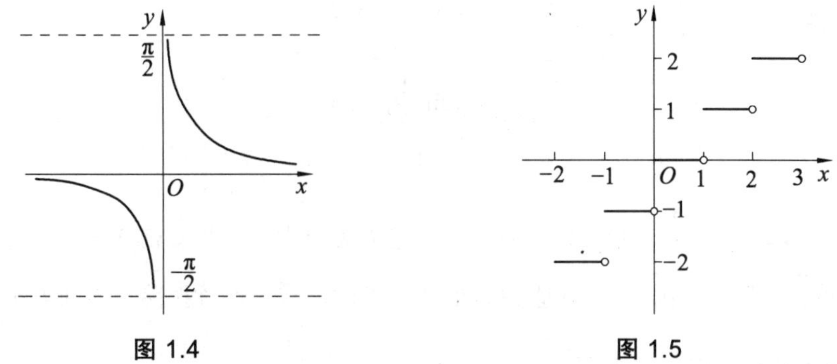

图 1.4　　图 1.5

例 5.4　讨论函数 $f(x)=[x]$（x 的最大整数部分）的连续性.

解　如图 1.5 所示，由函数的定义知道，当 $0\leqslant x<1$ 时，$f(x)=0$；当 $1\leqslant x<2$ 时，$f(x)=1$.于是

$$f(1^{+})=1\,,\quad f(1^{-})=0$$

因此，$x=1$ 是 $f(x)=[x]$ 的第一类间断点，即跳跃间断点，函数的跃度等于 1；类似可证一切整数点都是函数的跳跃间断点，且跃度都是 1.

下面再考察 $x=\frac{1}{2}$ 处的情形. 容易看出

$$\lim_{x\to\frac{1}{2}} f(x)=\lim_{x\to\frac{1}{2}}[x]=0=f\left(\frac{1}{2}\right)$$

所以 $x=\frac{1}{2}$ 是 $f(x)$ 的连续点；类似可证所有的非整数点都是 $f(x)$ 的连续点.

还可以证明一切整数点处，函数是右连续的，但不左连续.

例 5.5　函数

$$f(x)=\begin{cases}\frac{1}{x}, & x\neq 0\\ 0, & x=0\end{cases}$$

在 $x=0$ 点的左、右极限都不存在（均为无穷大），所以 $x=0$ 是函数的第二类间断点（亦称无穷间断点），见图 1.6.

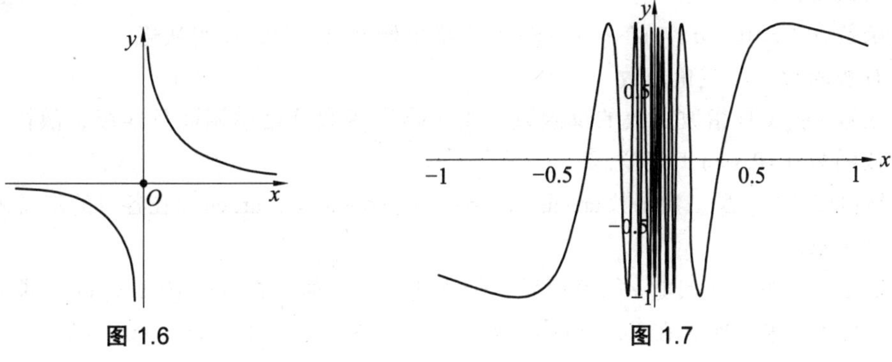

图 1.6　　图 1.7

例 5.6 设

$$f(x)=\begin{cases}\sin\dfrac{1}{x}, & x\neq 0\\ 0, & x=0\end{cases}$$

当 $x\to 0$ 时，$\dfrac{1}{x}\to\infty$，$\sin\dfrac{1}{x}$ 不趋向任何数，也不趋向无穷大，又当 x 充分靠近 0 时，$\sin\dfrac{1}{x}$ 的值在+1 与–1 之间无限振荡，因此 $x=0$ 是 $f(x)$ 的第二类间断点（亦称振荡型间断点），见图 1.7.

三、连续函数的有关定理

根据连续函数的定义，可以从函数极限的运算性质中推出如下性质.

定理 5.1（四则运算的连续性） 设 $f(x)$ 与 $g(x)$ 在点 x_0 处连续，则 $f(x)\pm g(x)$，$f(x)g(x)$，$\dfrac{f(x)}{g(x)}(g(x_0)\neq 0)$ 在 x_0 处也连续.

定理 5.2（复合函数的连续性） 设 $g[f(x)]$ 在 x_0 的某邻域上有定义，$f(x)$ 在 x_0 处连续，$g(y)$ 在 $y_0=f(x_0)$ 处连续，则 $g[f(x)]$ 在 x_0 处连续.

定理 5.3（反函数的连续性） 设 $y=f(x)$ 是区间 I 上严格单调的连续函数，则 $y=f(x)$ 的值域 J 是一个区间，且 $f(x)$ 的反函数 $x=f^{-1}(y)$ 也是 J 上严格单调（单调性与 f 相同）的连续函数.

此定理的证明从略. 下面利用这些定理来讨论初等函数的连续性.

先考虑基本初等函数的连续性.

（1）三角函数.

我们已经在前面证明了 $\sin x$ 在定义区间 $(-\infty,+\infty)$ 上连续，而 $\cos x=\sin\left(x+\dfrac{\pi}{2}\right)$ 是连续函数 $\sin y$ 与 $y=x+\dfrac{\pi}{2}$ 的复合，故由定理 5.2 知，$\cos x$ 也在 $(-\infty,+\infty)$ 上连续.

又因为

$$\tan x=\frac{\sin x}{\cos x},\quad \cot x=\frac{\cos x}{\sin x},\quad \sec x=\frac{1}{\cos x},\quad \csc x=\frac{1}{\sin x}$$

由定理 5.1 可知，它们在各自的定义域上连续.

（2）指数函数.

指数函数 a^x（$a>0$，$a\neq 1$）在 $(-\infty,+\infty)$ 上严格单调并且连续. 证明从略.

（3）对数函数、反三角函数.

对数函数 $\log_a x$ 是指数函数的反函数，由于指数函数严格单调而且连续，故由定理 5.3 可知，对数函数在 $(0,+\infty)$ 上连续.

类似地可以推出，反三角函数 $\arcsin x$，$\arccos x$，$\arctan x$，$\operatorname{arc}\cot x$ 在各自的定义域上连续.

（4）幂函数.

幂函数 $y=x^u$ 的定义域随 u 的值而异，但无论 u 为何值，在区间 $(0,+\infty)$ 内幂函数总是有定义的. 下面我们来证明，在 $(0,+\infty)$ 内幂函数是连续的. 事实上，设 $x>0$，则

$$y = x^u = e^{u\ln x}$$

因此，幂函数 $y = x^u$ 可看作由 $y = e^v$，$v = u\ln x$ 复合而成的，因此，根据定理 5.2，它在 $(0, +\infty)$ 内连续.

如果对于 u 取各种不同值加以分别讨论，可以证明（证明从略）幂函数在它的定义域内是连续的.

综上所述，基本初等函数在其定义域上连续，于是由定理 5.1 及定理 5.2 可得下列重要结论：

定理 5.4　初等函数在其定义区间上连续.

例 5.7　求下列极限：

（1）$\lim\limits_{x\to 0}\dfrac{\ln(1+x)}{x}$；　（2）$\lim\limits_{x\to 0}\dfrac{a^x-1}{x}\ (a>0)$；　（3）$\lim\limits_{x\to\infty}\sqrt{2-\dfrac{\sin x}{x}}$.

解　（1）因为 $e = \lim\limits_{x\to 0}(1+x)^{\frac{1}{x}}$ 是 $\ln u$ 的连续点，故

$$\lim_{x\to 0}\frac{\ln(1+x)}{x} = \lim_{x\to 0}\ln(1+x)^{\frac{1}{x}} = \ln\left(\lim_{x\to 0}(1+x)^{\frac{1}{x}}\right) = \ln e = 1$$

（2）令 $y = a^x - 1$，则 $x = \dfrac{\ln(1+y)}{\ln a}$，故

$$\lim_{x\to 0}\frac{a^x-1}{x} = \lim_{y\to 0}\frac{y\ln a}{\ln(1+y)} = \ln a$$

（3）$\lim\limits_{x\to\infty}\sqrt{2-\dfrac{\sin x}{x}} = \sqrt{2-\lim\limits_{x\to\infty}\dfrac{\sin x}{x}} = \sqrt{2-0} = \sqrt{2}$.

四、闭区间上连续函数的性质

下面介绍闭区间上连续函数的几个重要性质，其证明超出大纲要求，故略去.

先介绍函数 $f(x)$ 的最大值与最小值概念.

定义 5.3　设 $f(x)$ 的定义域是 D，$x_0 \in D$，若对每个 $x \in D$ 都有

$$f(x) \leqslant f(x_0)$$

则称 $f(x_0)$ 是 $f(x)$ 在 D 上的最大值；若对每个 $x \in D$ 都有

$$f(x) \geqslant f(x_0)$$

则称 $f(x_0)$ 是 $f(x)$ 在 D 上的最小值. 最大值与最小值统称为最值，分别记作 $\max\limits_{x\in D} f(x)$ 及 $\min\limits_{x\in D} f(x)$ 或简记作 $f_{\max}$ 及 $f_{\min}$.

显然，最大值与最小值是函数 $f(x)$ 的两个十分重要的值，讨论最值的存在性和计算函数的最值简称为最值问题. 例如，$f(x) = x^2$ 在闭区间 $[0, 1]$ 上有最小值 0 及最大值 1，但它在开区间 $(0, 1)$ 上则没有最小值和最大值. 在后一种情形中，0 与 1 只是 $f(x) = x^2$ 在区间 $(0, 1)$ 上的下界及上界，但由于不是函数值，因而不是 $f(x)$ 在 $(0, 1)$ 上的最值.

关于函数 $f(x)$ 最值的存在性有以下定理.

定理 5.5　设 $f(x)$ 是闭区间 $[a,b]$ 上的连续函数，则 $f(x)$ 在 $[a,b]$ 上有最大值和最小值，

从而 $f(x)$ 是 $[a,b]$ 上的有界函数.

定理 5.6（介值定理） 设 $f(x)$ 是区间 $[a,b]$ 上的连续函数，则对介于 $f(a)$ 与 $f(b)$ 之间任一实数 C，必有 $x_0\in(a,b)$ 使 $f(x_0)=C$（图 1.8）.

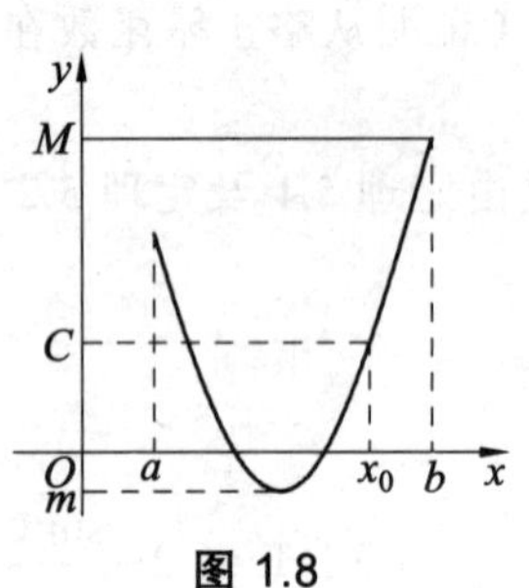

图 1.8

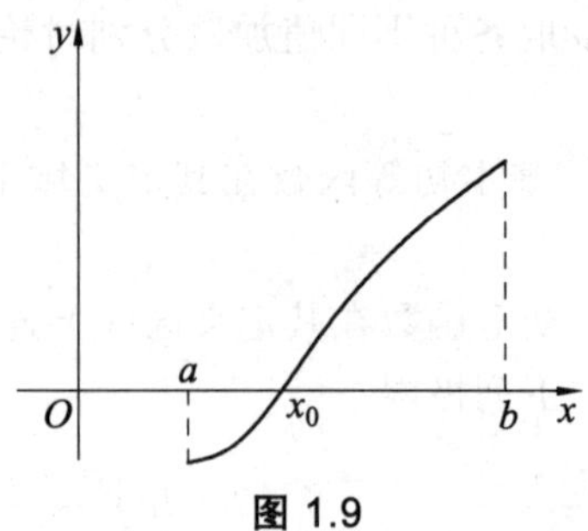

图 1.9

定理 5.7（零点存在定理） 设 $f(x)$ 在 $[a,b]$ 上连续，且 $f(a)f(b)<0$，则存在 $x_0\in(a,b)$ 使 $f(x_0)=0$（图 1.9）.

例 5.8 证明方程 $x^5-3x=1$ 在区间 $(1,2)$ 内有一个根.

证明 记 $f(x)=x^5-3x-1$，因 $f(x)$ 在 $[1,2]$ 上连续，且 $f(1)=-3$，$f(2)=25$，$f(1)f(2)<0$，故存在 $x_0\in(1,2)$ 使

$$f(x_0)=x_0^5-3x_0-1=0$$

即

$$x_0^5-3x_0=1$$

这表明该方程在 $(1,2)$ 内必有根 x_0.

习题 1.5

基础练习

1. 设

$$f(x)=\begin{cases}\dfrac{\cos x}{x+2}, & x\geqslant 0\\ \dfrac{\sqrt{a}-\sqrt{a-x}}{x}, & x<0\end{cases}\quad (a>0),$$

求：(1) 当 a 为何值时，$x=0$ 是 $f(x)$ 的连续点？

(2) 当 a 为何值时，$x=0$ 是 $f(x)$ 的间断点？

(3) 当 $a=2$ 时，求函数的连续区间？

提高练习

2. 若 $\lim\limits_{x\to\infty}\left(\dfrac{x^2+1}{x+1}-ax-b\right)=0$，求 a,b 的值.

3. 证明方程 $x=a\sin x+b$ $(a>0,b>0)$ 至少有一个正根，并且它不超过 $a+b$.

4. 已知 $\lim\limits_{x\to 1}\dfrac{x^2+ax+b}{x-1}=-5$，求常数 a,b 的值.

第六节 无穷小的比较

对无穷小的认识问题，可以追溯到古希腊，那时，阿基米德就曾用无限小量方法得到许多重要的数学结果，但他认为无限小量方法存在着不合理的地方. 直到1821年，柯西在他的《分析教程》中才对无限小（即这里所说的无穷小）这一概念给出了明确的回答. 而有关无穷小的理论就是在柯西的理论基础上发展起来的.

本节将着重研究两类特殊的变量：趋于零的变量（无穷小量）以及趋于无穷大的变量（无穷大量）. 为了叙述方便，本节约定用u, v, w表示数列变量或函数变量，而$\lim u$泛指数列极限或各种类型的函数极限.

一、无穷小量和无穷大量

定义 6.1 若$\lim u = 0$，则称变量u为该极限过程中的无穷小量.

例如，当$n \to \infty$时$\left\{\frac{1}{n}\right\}$是无穷小量，当$x \to 1$时$(x-1)^2$是无穷小量，当$x \to +\infty$时$\frac{1}{\sqrt{x}}$是无穷小量等.

在论及具体的无穷小量时应当指明其极限过程，否则会使含义不清. 例如，$u = x^2$当$x \to 0$时是无穷小量，当$x \to 1$时便不是无穷小量. 其次，不可把无穷小量与“很小的量”混为一谈，非零的常量均不是无穷小量. 常量零由于可以看作恒取零的变量且极限是零，故可视其为无穷小量.

由于$\lim u = 0$等价于$\lim |u| = 0$，故无穷小量可以说成是绝对值趋于零的变量.

若对某个极限过程，变量u收敛于常数A（此时称u为收敛变量），则变量$u-A$趋于零，即变量$u-A$是同一极限过程中的无穷小量；反过来，若变量$u-A$是无穷小量，则u收敛于A，记$\alpha = u - A$. 因此收敛变量与无穷小量有如下关系.

定理 6.1 $\lim u = A \Leftrightarrow u = A + \alpha$，$\alpha$是同一极限过程中的无穷小量.

如果当$x \to x_0$（或$x \to \infty$）时，对应的函数值的绝对值$|f(x)|$无限增大，则称函数$f(x)$为当$x \to x_0$（或$x \to \infty$）时的无穷大量（简称为无穷大）. 精确地说，就是

定义 6.2 设函数$f(x)$在x_0的某一去心邻域内有定义（或$|x|$大于某一正数时有定义）. 如果对于任意给定的正数M（不论它多么大），总存在正数δ（或正数X），只要x适合不等式$0 < |x - x_0| < \delta$（或$|x| > X$），对应的函数值$f(x)$总满足不等式

$$|f(x)| > M$$

则称函数$f(x)$为当$x \to x_0$（或$x \to \infty$）时的无穷大.

当$x \to x_0$（或$x \to \infty$）时为无穷大的函数$f(x)$，按函数极限定义来说，极限是不存在的，但为了便于叙述函数的这一性态，我们也说“函数的极限是无穷大”，并记作

$$\lim_{x \to x_0} f(x) = \infty \quad （或 \lim_{x \to \infty} f(x) = \infty）$$

如果在无穷大的定义中，把$|f(x)| > M$换成$f(x) > M$（或$f(x) < -M$），就记作

$$\lim_{\substack{x \to x_0 \\ (x \to \infty)}} f(x) = +\infty \quad \left(\text{或} \lim_{\substack{x \to x_0 \\ (x \to \infty)}} f(x) = -\infty\right)$$

以上只列出了当 $x \to x_0$（或 $x \to \infty$）时函数 $f(x)$ 为无穷大的定义，对于数列 $\{x_n\}$ 及对 x 的其他变化过程，函数 $f(x)$ 为无穷大的定义可类似给出.

必须注意，无穷大 (∞) 不是数，不可与很大的数（如一千万、一亿等）混为一谈.

例 6.1 证明 $\lim\limits_{x \to +\infty} a^x = +\infty \ (a > 1)$.

证明 对任给正数 M，因 $a^x > M$ 等价于 $x > \dfrac{\ln M}{\ln a}$，故取 $X = \dfrac{\ln M}{\ln a}$，则当 $x > X$ 时便有

$$a^x > M$$

即
$$\lim_{x \to +\infty} a^x = +\infty$$

依据定义来验证无穷大量比较复杂，下面的定理建立了无穷小量与无穷大量的关系，可以用来判定无穷大量.

定理 6.2 若 $u \neq 0$，则 u 是无穷大量 $\Leftrightarrow \dfrac{1}{u}$ 是无穷小量.

由于变量 $\dfrac{1}{n^2} (n \to \infty)$，$\sin x (x \to 0)$，$x (x \to 0)$，$1 - x (x \to 1)$ 是无穷小量，因此变量 $n^2 \ (n \to \infty)$，$\dfrac{1}{\sin x} (x \to 0)$，$\dfrac{1}{x} (x \to 0)$，$\dfrac{1}{1-x} (x \to 1)$ 均为无穷大量.

无穷小量的运算有以下性质.

定理 6.3 （1）两个无穷小量的和与积仍是无穷小量；

（2）有界量与无穷小量之积仍是无穷小量.

二、无穷小量和无穷大量的比较

当 $n \to \infty$ 时，$\dfrac{1}{n}$ 与 $\dfrac{1}{n^2}$ 都是无穷小量，但趋于零的快慢不一样. 对相同的 n，$\dfrac{1}{n^2}$ 要比 $\dfrac{1}{n}$ 更快地趋近于零. 一般情况下，如何比较无穷小量趋近于零的快慢呢？比如 x 与 $\sin x \ (x \to 0)$，$\dfrac{1}{\sqrt{n}}$ 与 $(\sqrt{n+1} - \sqrt{n}) \ (n \to \infty)$？为此，建立一个比较准则.

定义 6.3 设 u, v 均为同一极限过程的无穷小量.

（1）若 $\lim \dfrac{u}{v} = 0$，则说 u 是 v 的高阶无穷小或说 v 是 u 的低阶无穷小，记作 $u = o(v)$.

（2）若 $\lim \dfrac{u}{v} = C \ (C \neq 0)$，则说 u, v 是同阶无穷小.

特别地，当 $C = 1$ 时，则说 u 与 v 是等价无穷小，记作 $u \sim v$ 或 $v \sim u$.

直接从定义可得，当 $x \to 0$ 时，x^2 是 x 的高阶无穷小；$2x$ 与 x 是同阶无穷小；$x + x^2$ 与 x 是等价无穷小.

进一步，由前面的例题可得出如下常用的无穷小的等价关系：

$$\sin x \sim \tan x \sim x \quad (x \to 0) \tag{1}$$

$$1-\cos x \sim \frac{1}{2}x^2 \quad (x \to 0) \tag{2}$$

$$\tan x-\sin x \sim \frac{1}{2}x^3 \quad (x \to 0) \tag{3}$$

$$\sqrt[n]{1+x}-1 \sim \frac{1}{n}x \quad (x \to 0) \tag{4}$$

$$\arcsin x \sim x \tag{5}$$

$$\arctan x \sim x \tag{6}$$

$$\mathrm{e}^x-1 \sim x \tag{7}$$

$$\ln(1+x) \sim x \tag{8}$$

若选定一个无穷小量作为共同的比较对象，则可以对无穷小量作出更细致的刻画.

定义 6.4　设 $x \to x_0$ 时，$u(x) \sim c(x-x_0)^r (c \neq 0,\ r>0)$，则说 $u(x)$ 是关于基本无穷小 $x-x_0$ 的 r 阶无穷小，简称为 r 阶无穷小，r 称为 $u(x)$ 的阶数.

例如，由式（1）~（4），当 $x \to 0$ 时，$\sin x$，$\tan x$ 是关于 x 的一阶无穷小；$1-\cos x$ 是关于 x 的二阶无穷小，$\tan x-\sin x$ 是关于 x 的三阶无穷小，$\sqrt[n]{1+x}-1$ 是关于 x 的一阶无穷小.

定理 6.4（等价代换法则）　设在某一极限过程中有 $u \sim v$，则（当下列等式任一端的极限存在时）有

（1）$\lim uw=\lim vw$；

（2）$\lim \dfrac{w}{u}=\lim \dfrac{w}{v}$.

定理 6.4 的证明中仅用到 $\lim \dfrac{u}{v}=1$ 这一性质，在极限计算时，有时 u, v 可能不是无穷小量，但只要其比值趋近于 1，也可以进行类似的代换.

在使用等价代换法则时必须注意，要代换的量 u 必须是极限式 $\lim f(x)$ 中 $f(x)$ 的因式（若 $f(x)$ 是分式，也可以是分母的因式），不注意这一点可能会导致错误的结果，如以下计算

$$\lim_{x \to 0} \frac{\tan x-\sin x}{x^3} \xlongequal{\text{将分子代换化简}} \lim_{x \to 0} \frac{x-x}{x^3}=0$$

是不对的.

利用等价代换法则可以简化极限的计算.

例 6.2　求 $\lim\limits_{x \to 0} \dfrac{\sqrt{1+x^2}-1}{2\sin^2 x}$.

解　当 $x \to 0$ 时 $x^2 \to 0$，故由式（4）得 $\sqrt{1+x^2}-1 \sim \dfrac{1}{2}x^2$，而由式（1）得

$$\sin^2 x=\sin x \sin x \sim x \cdot x=x^2$$

故

$$\lim_{x \to 0} \frac{\sqrt{1+x^2}-1}{2\sin^2 x}=\lim \frac{\frac{1}{2}x^2}{2x^2}=\frac{1}{4}$$

注意 在式（1）~（4）的使用中，变量 x 可以换作 x 的函数 $g(x)$，只要在相应的极限过程中 $g(x)$ 是无穷小量便可. 上例中，$\sqrt{1-x^2}-1\sim\frac{1}{2}x^2(x\to 0)$，就是把 x^2 看作 x 而推出.

例 6.3 求 $\lim\limits_{x\to 0}\dfrac{\sin 3x}{\sin 4x}$.

解 当 $x\to 0$ 时，$\sin 3x\sim 3x$，$\sin 4x\sim 4x$，故

$$原式=\lim_{x\to 0}\frac{3x}{4x}=\frac{3}{4}$$

例 6.4 求 $\lim\limits_{x\to 0}\dfrac{(1+x^2)^{\frac{1}{3}}-1}{\cos x-1}$.

解 当 $x\to 0$ 时，$(1+x^2)^{\frac{1}{3}}-1\sim\frac{1}{3}x^2$，$\cos x-1\sim-\frac{1}{2}x^2$，所以

$$\lim_{x\to 0}\frac{(1+x^2)^{\frac{1}{3}}-1}{\cos x-1}=\lim_{x\to 0}\frac{\frac{1}{3}x^2}{-\frac{1}{2}x^2}=-\frac{2}{3}$$

例 6.5 求 $\lim\limits_{x\to 0}\dfrac{1-\cos x}{x^2+x}$.

解 当 $x\to 0$ 时，$1-\cos x\sim\frac{1}{2}x^2$，$x^2+x\sim x$，故

$$原式=\lim_{x\to 0}\frac{\frac{1}{2}x^2}{x}=\frac{1}{2}\lim_{x\to 0}x=0$$

关于无穷大的比较，简述以下定义.

定义 6.5 设 $x\to x_0$ 时，$f(x)$ 与 $g(x)$ 都是无穷大，则当

$$\lim_{x\to x_0}\frac{f(x)}{g(x)}=C\begin{cases}0, & 称 f(x) 是 g(x) 的低价无穷大\\ \neq 0, & 称 f(x) 与 g(x) 为同价无穷大\\ 1, & 称 f(x) 与 g(x) 为等价无穷大\end{cases}$$

当 $f(x)$ 与 $g(x)$ 为等价无穷大时，亦记作 $f(x)\sim g(x)\ (x\to x_0)$.

例 6.6 试确定 k 的值，使 $f(x)=2x+5x^3-x^6$ 在 $x\to\infty$ 时为 x^k 的同阶无穷大.

解 不难看出

$$\lim_{x\to\infty}\frac{2x+5x^3-x^6}{-x^6}=1$$

所以取 $k=6$ 即可.

关于等价无穷大量，也具有类似于定理 6.4 的等价代换法则. 读者可自行写出.

例 6.7 求极限 $\lim\limits_{x\to+\infty}\dfrac{\sqrt{1+2x^4}}{x^2+x}$.

解 由 $\sqrt{1+2x^4}\sim\sqrt{2}x^2\ (x\to+\infty)$，$x^2+x\sim x^2\ (x\to+\infty)$，所以

$$\lim_{x\to+\infty}\frac{\sqrt{1+2x^4}}{x^2+x}=\lim_{x\to+\infty}\frac{\sqrt{2}x^2}{x^2}=\sqrt{2}$$

例 6.8　当 $x\to\infty$ 时，若 $ax^2+bx+c\sim x+1$，求 a, b, c 的值.

解　由于 $x\to\infty$ 时，$ax^2+bx+c\sim x+1$，则

$$\lim_{x\to\infty}\frac{ax^2+bx+c}{x+1}=1$$

故分子中 x 的二次幂系数 $a=0$，否则上述极限为 ∞.

当 $a=0$ 时，上述极限为分子、分母中 x 的一次幂系数之比，所以 $b=1$.

因此 $a=0$，$b=1$，c 为任意常数.

习题 1.6

基础练习

1. 判断下列函数在变量 x 怎样的变化趋势下是无穷大？在 x 怎样的变化趋势下是无穷小？

（1）2^x；（2）$\ln(1-x)$.

2. 当 $x\to 0$ 时，比较下列无穷小.

（1）$2x+7x^2$ 与 $x\sin x$；　（2）$\sqrt{a+x^4}-\sqrt{a}\ (a>0)$ 与 x；

（3）$1-\cos x$ 与 x^3.

提高练习

3. 当 $x\to 0$ 时，下列变量中（　　）是无穷小量.

A. $x^2\cos\frac{1}{x}$　B. $\frac{1}{x}\sin x$　C. $\ln x^2$　D. 2^x

4. 利用无穷小等价替换原理，求下列函数的极限.

（1）$\lim\limits_{x\to\infty}\frac{\tan^2 2x}{1-\cos x}$；　（2）$\lim\limits_{x\to 0}\frac{\tan x-\sin x}{\sin^3 2x}$；

（3）$\lim\limits_{x\to 0}\frac{\ln(1+2x)}{\arcsin x}$；　（4）$\lim\limits_{x\to 0}\frac{e^{\sin x}-1}{\arctan x}$.

拓展练习

5. 已知当 $x\to 0$ 时，$\sqrt{1+ax^2}-1\sim\sin^2 x$，求常数 a 的值.

复习题一

一、填空题

1. 函数 $f(x)=\dfrac{x-1}{\ln x}$ 的定义域为____________________.

2. $\lim\limits_{x\to 0}x\sin\dfrac{1}{x^2}=$_____________；$\lim\limits_{x\to\infty}x\sin\dfrac{1}{x}=$__________________.

3. 函数 $y=\tan^2(5x+3)$ 的复合过程为________________________.

4. 函数 $f(x)=2x^2\sin x$ 是（奇或偶）____________函数.

5. 已知 $\lim\limits_{x\to 1}\dfrac{3x^2+ax-2}{x^2-1}$ 存在，那么 $a=$____________，该极限等于__________.

6. $\lim\limits_{x\to\frac{1}{2}}\dfrac{\arcsin x}{x^2+1}=$________，得出这个结论的依据是______________________.

7. 设 $f(x)=\dfrac{1-\sqrt{1+x}}{x}$，试定义 $f(x)$ 在 $x=0$ 处的值，使 $f(x)$ 在 $x=0$ 处连续，则 $f(0)=$____.

8. 当 $x\to 1$ 时，$\sqrt{x}-1$ 与 $k(x-1)$ 等价，则 =________________________.

9. 函数 $f(x)$ 当 $x\to x_0$ 时极限存在的充分条件是________________________.

10. 设 $f(x)=\sin(x+5)$，$g(x)=2^x$，则 $f[g(x)]=$_____________；$g[f(x)]=$_____________.

11. $x\to$__________，函数 e^x 是无穷小，$x\to$_________，e^x 是无穷大.

二、单项选择题

1. 下列数列中收敛的是（　　）.

   A. $\left\{(-1)^n\dfrac{n+1}{n}\right\}$　　B. $\{n\}$　　C. $\left\{\dfrac{1+(-1)^n}{2^n}\right\}$　　D. $\{5^n\}$

2. 函数 $y=\dfrac{1}{\sqrt{x^2-x-2}}+\ln(x-1)$ 的定义域为（　　）.

   A. $(2,+\infty)$　　B. $(-\infty,-1)\cup(2,+\infty)$

   C. $(1,+\infty)$　　D. $(1,2)$

3. 若 $\lim\limits_{x\to\infty}f(x)=A$，则当 $x\to\infty$ 时，$f(x)-A$ 是（　　）.

   A. 0　　B. 不存在　　C. 无穷大　　D. 无穷小

4. 设 $f(x)=\begin{cases}k+x, & x\geqslant 1\\ \dfrac{\sin(1-x)}{x-1}, & x<1\end{cases}$ 且 $f(x)$ 在 $x=1$ 点极限存在，则 $k=$（　　）.

   A. 0　　B. 1　　C. -2　　D. 2

5. $\lim\limits_{x\to x_0}f(x)$ 存在是 $f(x)$ 在 x_0 点有定义的（　　）.

   A. 充分条件　　B. 必要条件　　C. 充分必要条件　　D. 无关条件

三、计算题

1. $\lim\limits_{x\to 1}\dfrac{x^2-1}{x^2-3x+2}$；

2. $\lim\limits_{x\to 0}\dfrac{1-\cos x}{\sin^2 x}$；

3. $\lim\limits_{x\to\infty}\dfrac{2x^3+3x+1}{5x^3-2x}$；

4. $\lim\limits_{x\to\infty}\left(\dfrac{x-2}{x}\right)^x$；

5. $\lim\limits_{x\to 0}\dfrac{2-\sqrt{4-x}}{x}$.

四、解答题

1. 已知 a,b 为常数，$\lim\limits_{x\to 2}\dfrac{ax+b}{x-2}=3$，求 a,b 的值.

2. 设函数 $f(x)=\begin{cases}1+2^x, & x>0\\ 3x+a, & x\leqslant 0\end{cases}$ 在 $x=0$ 处连续，求 a.

五、证明方程 $\ln x=\dfrac{2}{x}$ 在 $(1,\mathrm{e})$ 内至少有一个实数根.（6 分）

学习自测题一

（时间：90 分钟　100 分）

一、填空题（每小题 2 分，共 30 分）

1. 函数 $y=\sqrt{1-x}+\arcsin\dfrac{x+1}{2}$ 的定义域是________.

2. $\lim\limits_{x\to\frac{\pi}{4}}\left(x-\dfrac{\pi}{4}\right)\tan x=$________.

3. $\lim\limits_{x\to 0}(1-3x)^{\frac{1}{2x}}=$________.

4. $\lim\limits_{x\to\infty}x\sin\dfrac{1}{2x}=$________.

5. 设函数 $f(x)=\begin{cases}\dfrac{\sin 2x}{x}, & x>0\\ x^2+a, & x\leqslant 0\end{cases}$ 在 $x=0$ 点连续，则 $a=$________.

6. 函数 $f(x)=x(x+1)(x-1)$ 是（奇或偶）________函数.

7. $\lim\limits_{x\to\infty}\dfrac{\arctan x}{x}=$________；$\lim\limits_{x\to 0}\dfrac{\ln(1-x)}{x}=$________.

8. $\lim\limits_{x\to 4}\dfrac{x^2-9}{\ln(x-2)}=$________，得出这个结论的依据是________.

9. 函数 $f(x)=\dfrac{x-2}{x^2-x-2}$ 的第一类间断点为 $x=$______；第二类间断点为 $x=$______.

10. $\lim\limits_{x\to 3}\dfrac{x^2-2x+k}{x-3}=4$，则 $k=$________.

11. 函数 $y=\sqrt{\cos(2x+3)}$ 的复合过程为________.

12. $\lim\limits_{x\to\infty}f(x)$ 存在的充要条件是________.

二、单项选择题（每小题 2 分，共 10 分）

1. 设函数 $f(x)=\dfrac{x(\mathrm{e}^x-1)}{\mathrm{e}^x+1}$，则该函数是（　　）.

A. 奇函数　　B. 偶函数　　C. 非奇非偶函数　　D. 单调函数

2. $\lim\limits_{x\to 0}2^{\frac{1}{x}}=$（　　）.

A. 0　　B. $+\infty$　　C. ∞　　D. 不存在

3. 设 $\alpha(x)=\ln(1+x^2),\beta(x)=2x\sin x$，当 $x\to 0$ 时，（　　）.

A. $\dfrac{\alpha(x)}{\beta(x)}$ 没有极限　　B. $\alpha(x)$ 与 $\beta(x)$ 是等价无穷小

C. $\alpha(x)$ 与 $\beta(x)$ 是同阶无穷小　　D. $\alpha(x)$ 是比 $\beta(x)$ 高阶的无穷小

4. 设函数 $f(x)$ 在区间 $(-\infty,+\infty)$ 上有定义，并且 $\lim\limits_{x\to\infty} f(x)=a$，令

$$g(x)=\begin{cases} f\left(\dfrac{1}{x}\right), & x\neq 0 \\ b, & x=0 \end{cases}$$

在下列结论中正确的是（　　）.

A. 当 $a<b$ 时，点 $x=0$ 是函数 $g(x)$ 的连续点

B. 当 $a>b$ 时，点 $x=0$ 是函数 $g(x)$ 的连续点

C. 当 $a=b$ 时，点 $x=0$ 是函数 $g(x)$ 的连续点

D. 在任何情况下，点 $x=0$ 都不可能是函数 $g(x)$ 的连续点

5. 当 $x\to 0$ 时，下列变量中（　　）是无穷小量.

A. $x^2\cos\dfrac{1}{x}$　　B. $\dfrac{1}{x}\sin x$　　C. $\ln x^2$　　D. 2^x

三、计算题（每小题 7 分，共 42 分）

1. $\lim\limits_{x\to+\infty}\dfrac{x}{2}[\ln(1+x)-\ln x]$；

2. $\lim\limits_{n\to\infty}\left(\dfrac{1}{\sqrt{n^2+1}}+\dfrac{1}{\sqrt{n^2+2}}+\cdots+\dfrac{1}{\sqrt{n^2+n}}\right)$；

3. $\lim\limits_{x\to\infty}\left(\dfrac{2x+1}{2x-1}\right)^x$；

4. $\lim\limits_{x\to 0}\dfrac{\sqrt{1+\tan x}-\sqrt{\sin x+1}}{x^3}$；

5. $\lim\limits_{x\to 0}\dfrac{e^{3x^2}-1}{x\ln(1+x)}$；

6. $\lim\limits_{n\to\infty}\sqrt{n}(\sqrt{n+1}-\sqrt{n-1})$.

四、解答题（每小题 6 分，共 12 分）

1. 设 $f(x)=\begin{cases} 2^{\frac{1}{x}}-1, & x<0 \\ \dfrac{x}{\tan x}, & x>0 \end{cases}$，讨论 $\lim\limits_{x\to 0} f(x)$.

2. 若 $\lim\limits_{x\to\infty}\left(\dfrac{x^2-2}{x-1}-ax-b\right)=0$，求常数 a,b 的值.

五、证明题（共 6 分）

证明方程 $2^x=4x$ 在 $\left(0,\dfrac{1}{2}\right)$ 内至少有一个实根.

第二章　导数与微分

微分学是微积分的重要组成部分，研究导数、微分及其应用的部分称为**微分学**，研究不定积分、定积分及其应用的部分称为**积分学**. 微分学与积分学统称为**微积分学**.

微积分学是高等数学中最基本、最重要的组成部分，是现代数学许多分支的基础，是人类认识客观世界、探索宇宙奥秘乃至人类自身的典型数学模型之一.

恩格斯（1820—1895）曾指出："在一切理论成就中，未必再有什么像 17 世纪下半叶微积分的发明那样被看作人类精神的最高胜利了". 微积分的发展历史曲折跌宕，撼人心灵，是培养人们正确世界观、科学方法论和对人们进行文化熏陶的极好素材.

积分的雏形可追溯到古希腊和我国魏晋时期，但微分概念直至 16 世纪才应运萌生. 本章及下一章将介绍一元函数微分学及其应用的内容.

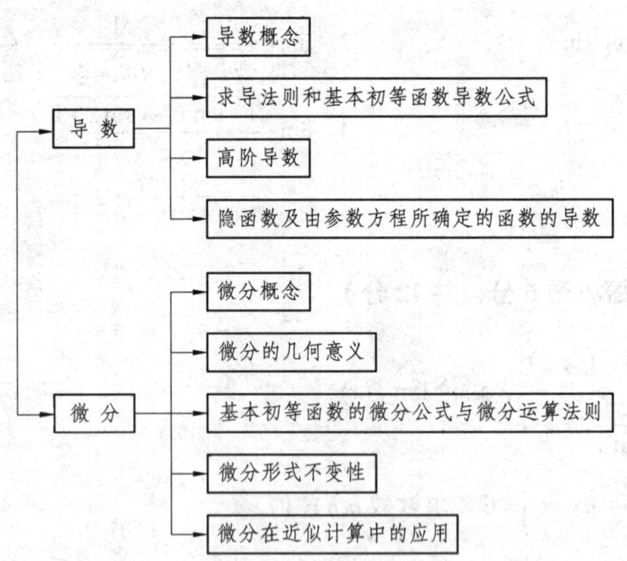

【学习能力目标】

- 了解导数的概念，了解微分的概念.
- 熟练掌握初等函数导数与微分的计算方法.
- 导数和微分的计算.

第一节　导数概念

一、导数概念的引入

从 15 世纪初文艺复兴时期起，欧洲的工业、农业、航海事业与商贾贸易得到大规模的发展，形成了一个新的经济时代．到了16世纪，欧洲正处在资本主义萌芽时期，生产力得到了空前的发展，生产实践的发展对自然科学也提出了新的课题，迫切要求力学、天文学等基础科学的发展，而这些学科都是深深依赖于数学的，因而推动了数学的发展．在各类学科对数学提出的种种要求中，下列三类问题导致了微分学的产生：

（1）求变速运动的瞬时速度；

（2）求曲线上一点处的切线；

（3）求最大值和最小值．

1. 变速直线运动的速度

设物体 M 沿直线 L 作变速运动，运动开始时 $(t=0)$ 物体 M 位于 O 点，经过一段时间 $t(t=t_0)$ 之后，物体 M 到达 A 点．这时，物体所走过的路程 $s=OA$．显然，路程 s 是时间 t 的函数，即

$$s=f(t)$$

当时间由 t_0 变到 $t_0+\Delta t$ 时，物体 M 由 A 点移至 B 点．对应于时间 t_0 的增量 Δt，物体 M 所走过的路程 s 有相应的增量 $\Delta s=AB$（图 2.1），即

$$\Delta s=f(t_0+\Delta t)-f(t_0)$$

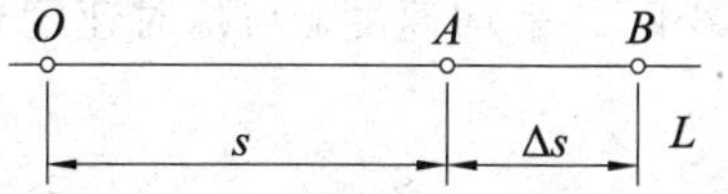

O　A　B　s　Δs　L

图 2.1

在本问题中，因变量 s 的增量 Δs 与自变量 t 的增量 Δt 的比 $\frac{\Delta s}{\Delta t}$ 表示物体 M 在 Δt 这段时间内的平均速度 $\bar{v}$，即

$$\bar{v}=\frac{\Delta s}{\Delta t}=\frac{f(t_0+\Delta t)-f(t_0)}{\Delta t}$$

当 Δt 很小时，可以用 $\bar{v}$ 近似地表示物体在时刻 t_0 的速度，Δt 愈小，近似的程度就愈好．当 $\Delta t\to 0$ 时，如果极限 $\lim\limits_{\Delta t\to 0}\frac{\Delta s}{\Delta t}$ 存在，则称此极限为物体在时刻 t_0 的瞬时速度，即

$$v\big|_{t=t_0}=\lim_{\Delta t\to 0}\frac{\Delta s}{\Delta t}=\lim_{\Delta t\to 0}\frac{f(t_0+\Delta t)-f(t_0)}{\Delta t}$$

例 1.1　已知自由落体的运动方程为

$$s=\frac{1}{2}gt^2$$

求：（1）落体在 t_0 到 $t_0+\Delta t$ 这段时间内的平均速度；

（2）落体在 t_0 时的瞬时速度；

（3）落体在 $t_0=10$ 秒到 $t_1=10.1$ 秒这段时间内的平均速度；

（4）落体在 $t=10$ 秒时的瞬时速度．

解　(1) 落体在 t_0 到 $t_0+\Delta t$ 这段时间内（即 Δt 时间内）的路程增量为

$$\Delta s=\frac{1}{2}g(t_0+\Delta t)^2-\frac{1}{2}gt_0^2$$

因此，落体在 t_0 到 $t_0+\Delta t$ 这段时间内的平均速度为

$$\overline{v}=\frac{\Delta s}{\Delta t}=\frac{\frac{1}{2}g(t_0+\Delta t)^2-\frac{1}{2}gt_0^2}{\Delta t}=\frac{1}{2}g\frac{\Delta t(2t_0+\Delta t)}{\Delta t}=\frac{1}{2}g(2t_0+\Delta t) \qquad (1)$$

(2) 落体在 t_0 时的瞬时速度为

$$v\big|_{t=t_0}=\lim_{\Delta t\to 0}\frac{1}{2}g(2t_0+\Delta t)=gt_0 \qquad (2)$$

(3) 当 $t_0=10$ 秒，$\Delta t=0.1$ 秒时，由 (1) 式得平均速度

$$\overline{v}=\frac{1}{2}g(2\times 10+0.1)=10.05g \text{（米/秒）}$$

(4) 当 $t=10$ 秒时，由 (2) 式得瞬时速度

$$v\big|_{t=10}=10g \text{（米/秒）}$$

从本例可以看到，当 Δt 较小时，平均速度 $\overline{v}$ 与瞬时速度 v 是很接近的.

2. 曲线的切线斜率

设点 $A(x_0,y_0)$ 是曲线 $y=f(x)$ 上一点，当自变量由 x_0 变到 $x_0+\Delta x$ 时，在曲线上得到另一点 $B(x_0+\Delta x,y_0+\Delta y)$，由图 2.2 可以看到，函数的增量 Δy 与自变量的增量 Δx 的比 $\frac{\Delta y}{\Delta x}$ 等于曲线 $y=f(x)$ 的割线 AB 的斜率

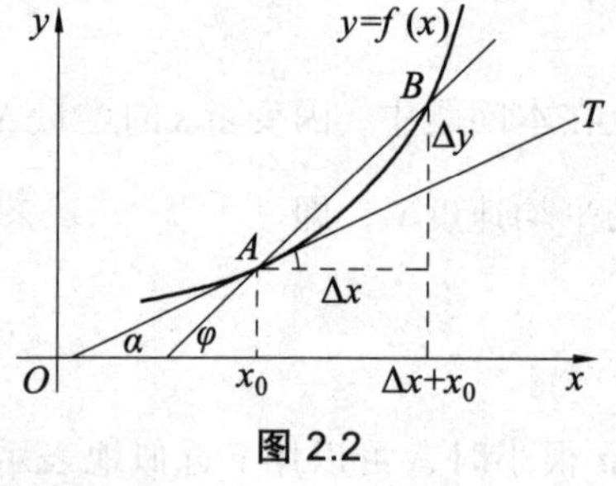

图 2.2

$$\tan\varphi=\frac{\Delta y}{\Delta x}=\frac{f(x_0+\Delta x)-f(x_0)}{\Delta x}$$

其中 φ 是割线 AB 的倾角. 显然，当 $\Delta x\to 0$ 时，B 点沿曲线运动而趋向于 A 点，这时割线 AB 以 A 为支点逐渐转动而趋于一极限位置，即直线 AT，直线 AT 称为曲线 $y=f(x)$ 在 A 点处的切线. 相应地，割线 AB 的斜率 $\tan\varphi$ 随 $\Delta x\to 0$ 而趋于切线 AT 的斜率 $\tan\alpha$ (α 是切线的倾角)，即

$$\tan\alpha=\lim_{\varphi\to\alpha}\tan\varphi=\lim_{\Delta x\to 0}\frac{\Delta y}{\Delta x}=\lim_{\Delta x\to 0}\frac{f(x_0+\Delta x)-f(x_0)}{\Delta x}$$

通过以上两个实际问题的讨论，我们撇开速度问题的物理意义、切线斜率问题的几何意义，从抽象的函数关系分析，它们具有共同特点：三个步骤. 即

(1) 给自变量 x_0 一个增量 Δx 时，函数 $y=f(x)$ 有增量：$\Delta y=f(x_0+\Delta x)-f(x_0)$.

(2) 函数增量 Δy 与自变量增量 Δx 的比值 $\frac{\Delta y}{\Delta x}=\frac{f(x_0+\Delta x)-f(x_0)}{\Delta x}$ 反映的是自变量 x 从 x_0

改变到 $x_0+\Delta x$ 时，函数 $f(x)$ 的平均变化速度，称为函数的平均变化率.

（3）当 $\Delta x\to 0$ 时，比值 $\frac{\Delta y}{\Delta x}$ 的极限 $\lim\limits_{\Delta x\to 0}\frac{\Delta y}{\Delta x}$ 反映的是函数在点 x_0 处的变化速度，称为函数在点 x_0 的变化率或导数或微商.

二、导数的定义

1. $f(x)$ 在 x_0 处的导数

定义 1.1　设函数 $y=f(x)$ 在点 x_0 的某个邻域内有定义，当自变量在点 x_0 处取得改变量 $\Delta x(\neq 0)$ 时，函数 $f(x)$ 取得相应的改变量

$$\Delta y=f(x_0+\Delta x)-f(x_0)$$

如果当 $\Delta x\to 0$ 时，$\frac{\Delta y}{\Delta x}$ 的极限存在，即

$$\lim_{\Delta x\to 0}\frac{\Delta y}{\Delta x}=\lim_{\Delta x\to 0}\frac{f(x_0+\Delta x)-f(x_0)}{\Delta x}$$

存在，则称此极限值为函数 $f(x)$ 在点 x_0 处的导数（或微商），记作

$$f'(x_0)，\quad y'\Big|_{x=x_0}，\quad \frac{\mathrm{d}y}{\mathrm{d}x}\Big|_{x=x_0}\quad 或\quad \frac{\mathrm{d}f(x)}{\mathrm{d}x}\Big|_{x=x_0}$$

即

$$f'(x_0)=\lim_{\Delta x\to 0}\frac{f(x_0+\Delta x)-f(x_0)}{\Delta x}\tag{3}$$

若在（3）式中令 $x=x_0+\Delta x$，则有：

（1）$\Delta x=x-x_0$；

（2）当 $\Delta x\to 0$ 时，$x\to x_0$.

于是，得到一个和（3）式等价的定义：

$$f'(x_0)=\lim_{x\to x_0}\frac{f(x)-f(x_0)}{x-x_0}\tag{4}$$

当然，下式也是（3）式的一个等价式：

$$f'(x_0)=\lim_{h\to 0}\frac{f(x_0+h)-f(x_0)}{h}\tag{5}$$

例 1.2　求函数 $y=x^2$ 在点 $x=2$ 处的导数.

解　当 x 由 2 改变到 $2+\Delta x$ 时，函数的改变量为

$$\Delta y=(2+\Delta x)^2-2^2=4\Delta x+(\Delta x)^2$$

因此
$$\frac{\Delta y}{\Delta x}=4+\Delta x$$

则
$$f'(2)=\lim_{\Delta x\to 0}\frac{\Delta y}{\Delta x}=\lim_{\Delta x\to 0}(4+\Delta x)=4$$

2. $f(x)$ 在 (a,b) 内可导

如果函数 $f(x)$ 在点 x_0 处有导数，则称函数 $f(x)$ 在点 x_0 处可导，否则称函数 $f(x)$ 在点 x_0 处不可导. 如果函数 $f(x)$ 在某区间 (a,b) 内每一点处都可导，则称 $f(x)$ 在区间 (a,b) 内可导.

设 $f(x)$ 在区间 (a,b) 内可导，此时，对于区间 (a,b) 内每一点 x，都有一个导数值与它对应，这就定义了一个新的函数，这个新函数称为函数 $y=f(x)$ 在区间 (a,b) 内对 x 的导函数，简称为导数，记作
$$f'(x),\ \ y',\ \ \frac{\mathrm{d}y}{\mathrm{d}x}\quad 或\quad \frac{\mathrm{d}}{\mathrm{d}x}f(x)$$

根据导数定义，两个引入例题可以叙述为：

（1）瞬时速度是路程 s 对时间 t 的导数，即
$$v=s'=\frac{\mathrm{d}s}{\mathrm{d}t}$$

（2）曲线 $y=f(x)$ 在点 x 处的切线的斜率是曲线的纵坐标对横坐标 x 的导数，即
$$\tan\alpha=f'(x)=\frac{\mathrm{d}y}{\mathrm{d}x}$$

由导数定义可将求导数的方法概括为以下几个步骤：

（1）求出对应于自变量改变量 Δx 的函数改变量：
$$\Delta y=f(x+\Delta x)-f(x)$$

（2）作比值：
$$\frac{\Delta y}{\Delta x}=\frac{f(x+\Delta x)-f(x)}{\Delta x}$$

（3）求 $\Delta x\to 0$ 时 $\frac{\Delta y}{\Delta x}$ 的极限，即
$$y'=f'(x)=\lim_{\Delta x\to 0}\frac{f(x+\Delta x)-f(x)}{\Delta x}$$

例 1.3 求线性函数 $y=ax+b$ 的导数.

解 （1）$\Delta y=[a(x+\Delta x)+b]-(ax+b)=a\Delta x$；

（2）$\frac{\Delta y}{\Delta x}=a$；

（3）$y'=\lim\limits_{\Delta x\to 0}\frac{\Delta y}{\Delta x}=\lim\limits_{\Delta x\to 0}a=a$.

例 1.4 求函数 $y=\frac{1}{x}$ 的导数.

解 （1）$\Delta y=\frac{1}{x+\Delta x}-\frac{1}{x}=\frac{-\Delta x}{x(x+\Delta x)}$；

（2）$\dfrac{\Delta y}{\Delta x}=-\dfrac{1}{x(x+\Delta x)}$；

（3）$y'=\lim\limits_{\Delta x\to 0}\dfrac{\Delta y}{\Delta x}=\lim\limits_{\Delta x\to 0}\left[-\dfrac{1}{x(x+\Delta x)}\right]=-\dfrac{1}{x^2}$.

例 1.5　设 $f(x)=x^2$，求 $f'(x), f'(-1), f'(2)$.

解　由导数定义有

$$f'(x)=\lim_{\Delta x\to 0}\frac{f(x+\Delta x)-f(x)}{\Delta x}=\lim_{\Delta x\to 0}\frac{(x+\Delta x)^2-x^2}{\Delta x}=\lim_{\Delta x\to 0}\frac{\Delta x(2x+\Delta x)}{\Delta x}=2x$$

由式（3）有

$$f'(-1)=f'(x)\big|_{x=-1}=2\times(-1)=-2$$

$$f'(2)=f'(x)\big|_{x=2}=2\times 2=4$$

注：$f(x)$ 在 x_0 处的导数 $f'(x_0)$ 等于 $f'(x)$ 在 x_0 处的值.

三、单侧导数

定义 1.2　若 $\lim\limits_{\Delta x\to 0^-}\dfrac{f(x_0+\Delta x)-f(x_0)}{\Delta x}$ 存在，则称其为 $f(x)$ 在点 x_0 处的左导数，记作 $f'_-(x_0)$；同样，若 $\lim\limits_{\Delta x\to 0^+}\dfrac{f(x_0+\Delta x)-f(x_0)}{\Delta x}$ 存在，则称其为 $f(x)$ 在点 x_0 处的右导数，记作 $f'_+(x_0)$. $f'_-(x_0)$ 与 $f'_+(x_0)$ 统称为 $f(x)$ 在点 x_0 处的单侧导数.

根据导数定义及极限存在定理，有：**$f'(x_0)$ 存在的充分必要条件是其左、右导数均存在且相等.**

例 1.6　讨论函数 $y=f(x)=|x|$ 在 $x=0$ 处的可导性.

解　如图 2.3 所示，

$$f(x)=|x|=\begin{cases}x, & x\geqslant 0\\ -x, & x<0\end{cases}$$

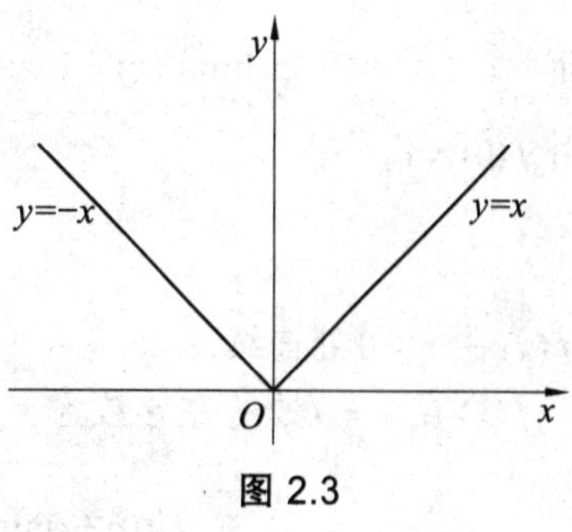

图 2.3

右导数：

$$f'_+(0)=\lim_{x\to 0^+}\frac{\Delta y}{\Delta x}=\lim_{\Delta x\to 0^+}\frac{|\Delta x|}{\Delta x}=\lim_{\Delta x\to 0^+}\frac{\Delta x}{\Delta x}=1$$

左导数：

$$f'_-(0)=\lim_{x\to 0^-}\frac{\Delta y}{\Delta x}=\lim_{\Delta x\to 0^-}\frac{|\Delta x|}{\Delta x}=\lim_{\Delta x\to 0^-}\frac{-\Delta x}{\Delta x}=-1$$

因 $f'_+(0)\neq f'_-(0)$，故 $f(x)$ 在 $x=0$ 不可导. 本题中易知 $y=|x|$ 在 $x=0$ 连续.

四、可导与连续的关系

定理 1.1　若函数 $y=f(x)$ 在点 x_0 处可导，则 $f(x)$ 在点 x_0 处连续.

证明　由 $y=f(x)$ 在点 x_0 处可导，即

$$\lim_{x\to x_0}\frac{f(x)-f(x_0)}{x-x_0}=f'(x_0)$$

得
$$\lim_{x\to x_0}[f(x)-f(x_0)]=\lim_{x\to x_0}\frac{f(x)-f(x_0)}{x-x_0}(x-x_0)=f'(x_0)\cdot 0=0$$

从而
$$\lim_{x\to x_0}f(x)=f(x_0)$$

故 $f(x)$ 在点 x_0 处连续.

这个定理的逆定理不成立，即**函数 $y=f(x)$ 在点 x_0 处连续，但在 x_0 处不一定可导**.

通过例 1.6，我们知道函数 $y=|x|$ 是一个在 $x=0$ 处连续，左、右导数存在，但不可导的典型实例.

由定理 1.1 及例 1.6 可知：**连续是可导的必要条件但不是充分条件，即可导一定连续，但连续不一定可导**.

根据这个定理我们可以判断，当函数 $f(x)$ 在某点不连续时，$f(x)$ 在该点一定不可导.

例 1.7　讨论函数 $f(x)=\begin{cases}1-x, & x\geqslant 0\\ 1+x, & x<0\end{cases}$ 在 $x=0$ 处的连续性与可导性.

解　如图 2.4 所示，$f(x)$ 在 $x=0$ 处.

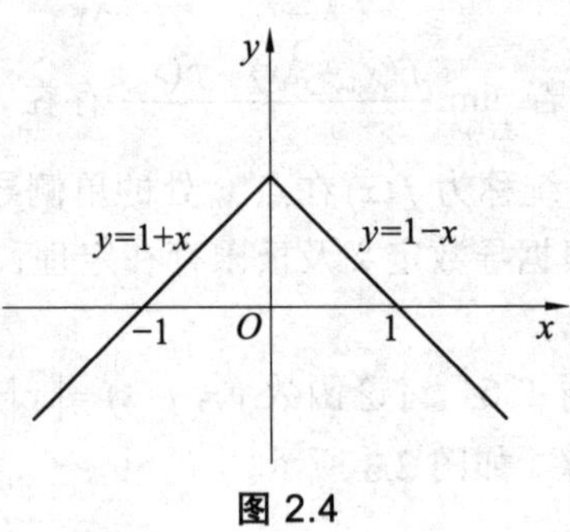

图 2.4

左极限：

$$f(0^-)=\lim_{x\to 0^-}f(x)=\lim_{x\to 0^-}(1+x)=1$$

右极限：

$$f(0^+)=\lim_{x\to 0^+}f(x)=\lim_{x\to 0^+}(1-x)=1$$

从而
$$\lim_{x\to 0}f(x)=1$$

又由 $f(0)=1$，有

$$\lim_{x\to 0}f(x)=f(0)$$

故 $f(x)$ 在 $x=0$ 处连续.

$f(x)$ 在 $x=0$ 处的左导数为

$$f'_-(0)=\lim_{x\to 0^-}\frac{f(x)-f(0)}{x-0}=\lim_{x\to 0^-}\frac{(1+x)-1}{x}=\lim_{x\to 0^-}\frac{x}{x}=1$$

同理，$f(x)$ 在 $x=0$ 处的右导数为

$$f'_+(0)=\lim_{x\to 0^+}\frac{(1-x)-1}{x}=-1$$

则 $f(x)$ 在点 $x=0$ 的左、右导数存在但不相等，故 $f(x)$ 在 $x=0$ 处不可导.

例 1.8　讨论函数 $f(x)=\begin{cases}3x+1, & x\geqslant 0\\ 3x-1, & x<0\end{cases}$ 在 $x=0$ 的可导性.

解　由于

$$\lim_{x\to 0^+} f(x)=\lim_{x\to 0^+}(3x+1)=1$$

$$\lim_{x\to 0^-} f(x)=\lim_{x\to 0^-}(3x-1)=-1$$

所以 $f(x)$ 在 $x=0$ 的极限不存在，则它在该点不连续，从而 $f(x)$ 在 $x=0$ 不可导.

例 1.9　讨论函数 $f(x)=\begin{cases} x\sin\dfrac{1}{x}, & x\neq 0 \\ 0, & x=0 \end{cases}$ 在 $x=0$ 处的连续性与可导性.

解　因为

$$\lim_{x\to 0} f(x)=\lim_{x\to 0} x\sin\frac{1}{x}=0=f(0)$$

所以 $f(x)$ 在点 $x=0$ 处连续.

又因为 $\lim\limits_{x\to 0}\dfrac{f(x)-f(0)}{x-0}=\lim\limits_{x\to 0}\dfrac{x\sin\frac{1}{x}}{x}=\lim\limits_{x\to 0}\sin\dfrac{1}{x}$ 不存在，所以 $f(x)$ 在点 $x=0$ 处不可导.

五、用导数定义求导数

1. 常数的导数

例 1.10　设 $y=C$，求 y'.

解　记 $f(x)\equiv C$，则

$$C'=\lim_{\Delta x\to 0}\frac{f(x+\Delta x)-f(x)}{\Delta x}=\lim_{\Delta x\to 0}\frac{C-C}{\Delta x}=0$$

即常数的导数等于零.

2. 幂函数的导数

例 1.11　设 $y=x^n$（n 为正整数），求 y'.

解　记 $f(x)=x^n$，则

$$\begin{aligned} f'(x) &= \lim_{\Delta x\to 0}\frac{f(x+\Delta x)-f(x)}{\Delta x}=\lim_{\Delta x\to 0}\frac{(x+\Delta x)^n-x^n}{\Delta x} \\ &= \lim_{\Delta x\to 0}\frac{x^n+nx^{n-1}\Delta x+\frac{n(n-1)}{2}x^{n-2}\Delta x^2+\cdots+\Delta x^n-x^n}{\Delta x} \\ &= \lim_{\Delta x\to 0}\frac{nx^{n-1}\Delta x+\frac{n(n-1)}{2}x^{n-2}\Delta x^2+\cdots+\Delta x^n}{\Delta x} \\ &= \lim_{\Delta x\to 0}\left[nx^{n-1}+\frac{n(n-1)}{2}x^{n-2}\Delta x+\cdots+\Delta x^{n-1}\right] \\ &= nx^{n-1} \end{aligned}$$

即

$$(x^n)' = nx^{n-1}$$

特例 （1）若 $n=1$，则 $x'=1$；

（2）若 $n=2$，则 $(x^2)'=2x$.

同理可证：

$$(a^x)' = a^x \ln a$$

特例 若 $a=\mathrm{e}$，则 $(\mathrm{e}^x)'=\mathrm{e}^x$.

$$(\log_a x)' = \frac{1}{x}\log_a \mathrm{e} = \frac{1}{x}\cdot\frac{1}{\ln a}$$

特例 若 $a=\mathrm{e}$，则得 $(\ln x)'=\dfrac{1}{x}$.

$$(\sin x)' = \cos x$$

六、导数的实际意义

（1）函数 $y=f(x)$ 在点 x_0 处的导数 $f'(x_0)$ 就是曲线 $y=f(x)$ 在点 $M(x_0,y_0)$ 处的切线 MT 的斜率，如图 2.2.

$$f'(x_0)=\lim_{\Delta x\to 0}\frac{\Delta y}{\Delta x}=\lim_{\varphi\to\alpha}\tan\varphi=\tan\alpha \quad \left(\alpha\neq\frac{\pi}{2}\right)$$

由导数的几何意义及直线的点斜式方程可知，曲线 $y=f(x)$ 上点 (x_0,y_0) 处的切线方程为

$$y-y_0=f'(x_0)(x-x_0)$$

例 1.12 求 $y=\dfrac{1}{x}$ 在点 $(1,1)$ 处的切线方程.

解 因为

$$f'(x)=-\frac{1}{x^2}$$

所以 $f'(1)=-1$. 所以所求的切线方程为

$$y-1=(-1)\cdot(x-1)$$

即

$$x+y-2=0$$

（2）瞬时速度 v 是路程函数 $s=s(t)$ 对时间 t 的导数，即 $v=\dfrac{\mathrm{d}s}{\mathrm{d}t}$. 加速度 a 是速度 $v=v(t)$ 对时间 t 的导数，即 $a=\dfrac{\mathrm{d}v}{\mathrm{d}t}$.

（3）某产品的产量 $P=P(K)$，K 为生产该产品的成本，则产出关于成本的变化率是产量函数 $P(K)$ 对成本 K 的导数 $P'(K)$，在经济学中称为成本的边际产出.

（4）某产品的总成本 $W=W(x)$，x 为产品产量，则产量的变化引起成本的变化率是成本函数 $W(x)$ 对产量 x 的导数 $W'(x)$，经济学中常称为边际成本.

习题 2.1

基础练习

1. 设函数 $f(x)=\begin{cases}\sin x, & x\leqslant 0\\ x, & x>0\end{cases}$，求 $f'(0)$.
2. 用定义证明：$(\cos x)'=-\sin x$.
3. 求函数 $f(x)=x^3$ 在点 $x_0=2$ 处的导数.

提高练习

4. 设函数 $f(x)=\begin{cases}2\sin x, & x\leqslant 0\\ a+bx, & x>0\end{cases}$ 在点 $x=0$ 处可导，试确定 a,b 的值.
5. 讨论函数 $f(x)=\begin{cases}x^3-x+3, & x<1\\ 2x+1, & x\geqslant 1\end{cases}$ 在点 $x=1$ 处的可导性.

拓展练习

6. 求函数 $f(x)=|x|=\begin{cases}x, & x\geqslant 0\\ -x, & x<0\end{cases}$ 在点 $x=0$ 处的左导数与右导数.

第二节　求导法则和基本初等函数导数公式

求函数的变化率——导数，是理论研究和实践应用中经常遇到的一个普遍问题. 但根据定义求导往往非常繁难，有时甚至是不可行的. 那么能否找到求导的一般法则或常用函数的求导公式，使求导的运算变得更为简单易行呢？从微积分诞生之日起，数学家们就在探求这一途径. 牛顿和莱布尼茨都做了大量的工作，特别是博学多才的数学符号大师莱布尼茨对此做出了不朽的贡献. 今天我们所学的微积分学中的法则、公式，特别是所采用的符号，大体上是由莱布尼茨完成的.

一、导数的四则运算

为探索函数的和、差、积、商的求导法则，先设函数 $u=u(x)$，$v=v(x)$ 在点 x 具有导数 $u'=u'(x)$，$v'=v'(x)$，并分别考虑这两个函数的和、差、积、商在点 x 的导数.

1. 函数和、差的求导法则

两个可导函数之和（差）的导数等于这两个函数的导数之和（差），即

$$[u+v]'=u'+v'$$

$$[u-v]'=u'-v'$$

这个法则可推广到有限个代数和情形. 例如

$$[f_1(x) \pm f_2(x) \pm \cdots \pm f_n(x)]' = f_1'(x) \pm f_2'(x) \pm \cdots \pm f_n'(x)$$

例 2.1　设 $y = \mathrm{e}^x + \sin x + x^3$，求 y'，$y'(0)$.

解　$y' = \mathrm{e}^x + \cos x + 3x^2$.

$y'(0) = \mathrm{e}^0 + \cos 0 + 3 \times 0 = 1 + 1 = 2$.

2. 函数积的求导法则

两个可导函数乘积的导数等于第一个因子的导数与第二因子的乘积加上第一个因子与第二个因子的导数的乘积，即

$$[uv]' = u'v + uv'$$

特殊地，如果 $u = C$（常数），则因 $C' = 0$，故有

$$[Cv]' = Cv'$$

这就是说：求一个常数与一个可导函数的乘积的导数时，常数因子可以提到求导记号外面去.

积的求导法则也可推广到任意有限个函数之积的情形. 例如

$$[uvw]' = [(uv)w]' = (uv)'w + (uv)w' = (u'v + uv')w + uvw'$$

即

$$[uvw]' = u'vw + uv'w + uvw'$$

例 2.2　设 $y = \mathrm{e}^x\left(\sin x + x^2 + \frac{1}{x} - \ln x\right)$，求 y'.

解
$$\begin{aligned} y' &= (\mathrm{e}^x)'\left(\sin x + x^2 + \frac{1}{x} - \ln x\right) + \mathrm{e}^x\left(\sin x + x^2 + \frac{1}{x} - \ln x\right)' \\ &= \mathrm{e}^x\left(\sin x + x^2 + \frac{1}{x} - \ln x\right) + \mathrm{e}^x\left(\cos x + 2x - \frac{1}{x^2} - \frac{1}{x}\right) \\ &= \mathrm{e}^x\left(\sin x + \cos x + x^2 + 2x - \frac{1}{x^2} - \ln x\right). \end{aligned}$$

3. 函数之商的求导法则

两个可导函数之商的导数等于分子的导数与分母的乘积减去分母的导数与分子的乘积，再除以分母的平方，即

$$\left(\frac{u}{v}\right)' = \frac{u'v - uv'}{v^2} \quad (v \neq 0)$$

例 2.3　设 $y = \tan x$，求 y'.

解
$$\begin{aligned} y' = (\tan x)' &= \left(\frac{\sin x}{\cos x}\right)' = \frac{(\sin x)'\cos x - \sin x(\cos x)'}{\cos^2 x} \\ &= \frac{\cos^2 x + \sin^2 x}{\cos^2 x} = \frac{1}{\cos^2 x} \end{aligned}$$

即

$$(\tan x)' = \sec^2 x$$

这就是正切函数导数公式.

同理可得

$$(\cot x)' = -\csc^2 x$$

例 2.4　设 $y = \sec x$，求 y'.

解
$$y' = (\sec x)' = \left(\frac{1}{\cos x}\right)' = \frac{0 - 1\cdot(\cos x)'}{\cos^2 x} = \frac{\sin x}{\cos^2 x} = \tan x \sec x$$

即
$$(\sec x)' = \tan x \sec x$$

这就是正割函数的导数公式.

同理可得

$$(\csc x)' = -\cot x \csc x$$

例 2.5　求 $y = \dfrac{1-x}{1+x}$ 的导数 y'.

解　$y' = \dfrac{(1-x)'(1+x)-(1-x)\cdot(1+x)'}{(1+x)^2} = \dfrac{(-1)\cdot(1+x)-(1-x)\cdot 1}{(1+x)^2} = \dfrac{-2}{(1+x)^2}$.

二、反函数求导法则

设函数 $y = f(x)$ 在 x 处有不等于零的导数，对应的反函数记作 $x = f^{-1}(y)$，它在相应点处连续，则

$$[f^{-1}(y)]' = \frac{1}{f'(x)} \quad 或 \quad \frac{\mathrm{d}x}{\mathrm{d}y} = \frac{1}{\dfrac{\mathrm{d}y}{\mathrm{d}x}}$$

即反函数的导数等于直接函数的导数的倒数.

例 2.6　求反正弦函数 $y = \arcsin x$ 的导数.

解　因为 $y = \arcsin x\ (-1 < x < 1)$ 的反函数是 $x = \sin y \left(-\dfrac{\pi}{2} < y < \dfrac{\pi}{2}\right)$，又

$$(\sin y)' = \cos y > 0 \quad \left(-\frac{\pi}{2} < y < \frac{\pi}{2}\right), \quad 且 \quad \cos y = \sqrt{1-\sin^2 y} = \sqrt{1-x^2} > 0$$

所以由反函数求导公式

$$y' = (\arcsin x)' = \frac{1}{(\sin y)'} = \frac{1}{\sqrt{1-x^2}} \quad (-1 < x < 1)$$

即
$$(\arcsin x)' = \frac{1}{\sqrt{1-x^2}} \quad (-1 < x < 1)$$

同理可得反余弦函数的导数：

$$(\arccos x)' = -\frac{1}{\sqrt{1-x^2}} \quad (-1 < x < 1)$$

例 2.7　求反正切函数 $y=\arctan x$ 的导数.

解　由 $y=\arctan x$，于是 $x=\tan y\left(-\dfrac{\pi}{2}<y<\dfrac{\pi}{2}\right)$，所以

$$(\arctan x)'=\frac{1}{(\tan y)'}=\frac{1}{\sec^2 y}$$

又 $\sec^2 y=1+\tan^2 y=1+x^2$，故

$$(\arctan x)'=\frac{1}{1+x^2}\qquad(-\infty<x<+\infty)$$

同理可得反余切函数的导数

$$(\operatorname{arc}\cot x)'=-\frac{1}{1+x^2}\qquad(-\infty<x<+\infty)$$

到目前为止，已将基本初等函数的导数求出，下面讨论复合函数的导数问题.

三、复合函数求导法则

设函数 $y=f(u)$，$u=\varphi(x)$，则 y 是 x 的复合函数 $y=f[\varphi(x)]$. 如 $\ln\tan x$，$\mathrm{e}^{\sin x}$，$\sin\dfrac{2x}{1+x^2}$ 均为复合函数.

法则　若 $u=\varphi(x)$ 在点 x_0 有导数 $\left.\dfrac{\mathrm{d}u}{\mathrm{d}x}\right|_{x=x_0}=\varphi'(x_0)$，$y=f(u)$ 在对应点 u_0 处有导数 $\left.\dfrac{\mathrm{d}y}{\mathrm{d}u}\right|_{u=u_0}=f'(u_0)$，则复合函数 $y=f[\varphi(x)]$ 在点 x_0 处也有导数，且

$$\left.\frac{\mathrm{d}y}{\mathrm{d}x}\right|_{x=x_0}=\left.\frac{\mathrm{d}y}{\mathrm{d}u}\right|_{u=u_0}\left.\frac{\mathrm{d}u}{\mathrm{d}x}\right|_{x=x_0}\quad\text{或}\quad\left.\frac{\mathrm{d}y}{\mathrm{d}x}\right|_{x=x_0}=f'(u_0)\varphi'(x_0)$$

该公式可推广到有限次的复合函数的求导法则. 例如，设

$$y=f(u),\quad u=\varphi(v),\quad v=\psi(x)$$

则复合函数 $y=f\{\varphi[\psi(x)]\}$ 对 x 的导数为

$$\frac{\mathrm{d}y}{\mathrm{d}x}=\frac{\mathrm{d}y}{\mathrm{d}u}\cdot\frac{\mathrm{d}u}{\mathrm{d}v}\cdot\frac{\mathrm{d}v}{\mathrm{d}x}$$

以上称为复合函数求导的链式法则.

例 2.8　设 $y=(1+x-x^2)^{100}$，求 y'.

解　设 $y=u^{100}$，$u=1+x-x^2$，则

$$y'_u=100u^{99},\quad u'_x=1-2x$$

于是

$$y'=y'_u\cdot u'_x=100u^{99}(1-2x)=100(1+x-x^2)^{99}(1-2x)$$

例 2.9　设 $y=\ln\tan x$，求 y'.

解　记 $y=\ln u$，$u=\tan x$，则

$$y'_u=\frac{1}{u}, \quad u'_x=\sec^2 x$$

于是
$$\frac{\mathrm{d}y}{\mathrm{d}x}=\frac{1}{u}\cdot\sec^2 x=\cot x\cdot\frac{1}{\cos^2 x}=\frac{1}{\sin x\cos x}$$

例 2.10　求 $y=\mathrm{e}^{\sin x}$ 的导数 $\frac{\mathrm{d}y}{\mathrm{d}x}$.

解　$y=\mathrm{e}^{\sin x}$ 可看作由 $y=\mathrm{e}^u$，$u=\sin x$ 复合而成，则

$$\frac{\mathrm{d}y}{\mathrm{d}x}=\frac{\mathrm{d}y}{\mathrm{d}u}\cdot\frac{\mathrm{d}u}{\mathrm{d}x}=\mathrm{e}^u\cos x=\mathrm{e}^{\sin x}\cos x$$

例 2.11　设 $y=\sin\frac{2x}{1+x^2}$，求 $\frac{\mathrm{d}y}{\mathrm{d}x}$.

解　记 $y=\sin u,\ u=\frac{2x}{1+x^2}$，则

$$\frac{\mathrm{d}y}{\mathrm{d}u}=\cos u, \quad \frac{\mathrm{d}u}{\mathrm{d}x}=\frac{2(1+x^2)-(2x)^2}{(1+x^2)^2}=\frac{2(1-x^2)}{(1+x^2)^2}$$

于是
$$\frac{\mathrm{d}y}{\mathrm{d}x}=\frac{\mathrm{d}y}{\mathrm{d}u}\cdot\frac{\mathrm{d}u}{\mathrm{d}x}=\cos u\cdot\frac{2(1-x^2)}{(1+x^2)^2}=\frac{2(1-x^2)}{(1+x^2)^2}\cdot\cos\frac{2x}{1+x^2}$$

对于复合函数的分解比较熟练后，不必写出中间变量，可采用下列例题的方式来计算.

例 2.12　设 $y=\ln\sin x$，求 $\frac{\mathrm{d}y}{\mathrm{d}x}$.

解　$\frac{\mathrm{d}y}{\mathrm{d}x}=(\ln\sin x)'=\frac{1}{\sin x}\cdot(\sin x)'=\frac{\cos x}{\sin x}=\cot x$.

例 2.13　设 $y=\mathrm{e}^{\sin\sqrt{x}}$，求 y'.

解　$y'=(\mathrm{e}^{\sin\sqrt{x}})'=\mathrm{e}^{\sin\sqrt{x}}(\sin\sqrt{x})'=\mathrm{e}^{\sin\sqrt{x}}\cos\sqrt{x}(\sqrt{x})'=\mathrm{e}^{\sin\sqrt{x}}\cos\sqrt{x}\cdot\frac{1}{2}\cdot\frac{1}{\sqrt{x}}$.

例 2.14　求函数 $y=\ln\left(x+\sqrt{x^2+a^2}\right)$ 的导数.

解
$$\begin{aligned}
y'&=[\ln(x+\sqrt{x^2+a^2})]'=\frac{1}{x+\sqrt{x^2+a^2}}(x+\sqrt{x^2+a^2})'\\
&=\frac{1}{x+\sqrt{x^2+a^2}}\left\{1+\left((x^2+a^2)^{\frac{1}{2}}\right)'\right\}\\
&=\frac{1}{x+\sqrt{x^2+a^2}}\left[1+\frac{1}{2}(x^2+a^2)^{-\frac{1}{2}}(x^2+a^2)'\right]\\
&=\frac{1}{x+\sqrt{x^2+a^2}}\left(1+\frac{x}{\sqrt{x^2+a^2}}\right)=\frac{1}{\sqrt{x^2+a^2}}.
\end{aligned}$$

例 2.15　证明：$(x^{\mu})'=\mu x^{\mu-1}$（μ 为任意实数）（$x>0$）.

证明　由对数性质有

$$x=\mathrm{e}^{\ln x}$$

故
$$(x^{\mu})'=[(\mathrm{e}^{\ln x})^{\mu}]'=(\mathrm{e}^{\mu\ln x})'=\mathrm{e}^{\mu\ln x}(\mu\ln x)'=x^{\mu}\cdot\mu\cdot\frac{1}{x}=\mu x^{\mu-1}$$

四、基本初等函数导数公式

（1）$C'=0$（C 为常数）.　　（2）$(x^{\mu})'=\mu x^{\mu-1}$（μ 为任意实数）.

（3）$(a^x)'=a^x\ln a$.　　（4）$(\mathrm{e}^x)'=\mathrm{e}^x$.

（5）$(\log_a x)'=\frac{1}{x}\log_a \mathrm{e}=\frac{1}{x\ln a}$.　　（6）$(\ln x)'=\frac{1}{x}$.

（7）$(\sin x)'=\cos x$.　　（8）$(\cos x)'=-\sin x$.

（9）$(\tan x)'=\sec^2 x$.　　（10）$(\cot x)'=-\csc^2 x$.

（11）$(\arcsin x)'=\frac{1}{\sqrt{1-x^2}}\ (-1<x<1)$.　　（12）$(\arccos x)'=-\frac{1}{\sqrt{1-x^2}}\ (-1<x<1)$.

（13）$(\arctan x)'=\frac{1}{1+x^2}\ (-\infty<x<+\infty)$.　　（14）$(\mathrm{arc}\cot x)=-\frac{1}{1+x^2}\ (-\infty<x<+\infty)$.

（15）$(\sec x)'=\sec x\tan x$.　　（16）$(\csc x)'=-\csc x\cot x$.

习题 2.2

基础练习

1. 求下列函数的导数：

（1）$y=x^3+\sin x+7$；　　（2）$y=x^2\ln x$；

（3）$y=\frac{1}{\ln x}$；　　（4）$y=\frac{1+\sin x}{1+\cos x}$；

（5）$y=(2+5x)(4-3x)$；　　（6）$y=\sin x\cos x$.

提高练习

2. 求下列函数的导数：

（1）$y=\sqrt{1-x^2}$；　　（2）$y=(\arcsin x)^2$；

（3）$y=x(\sin\ln x-\cos\ln x)$；　　（4）$y=x\sqrt{1-x^2}+\arcsin x$

拓展练习

3. 设 $y=\sin\ln(x^2+1)$，求 y'.

4. 设 $y=\ln[\ln(\ln x)]$，求 y'.

第三节 高阶导数

一、高阶导数的概念

在运动学中，不但需要了解物体运动的速度，而且还需要了解物体运动速度的变化，即加速度问题. 例如，自由落体运动的方程为 $s=\frac{1}{2}gt^2$，t 时刻的瞬时速度

$$v=\frac{\mathrm{d}s}{\mathrm{d}t}=\left(\frac{1}{2}gt^2\right)'=gt$$

t 时刻的加速度

$$a=\frac{\mathrm{d}v}{\mathrm{d}t}=(gt)'=g$$

以上为物理学中所熟悉的公式. 在工程学中，常常需要了解曲线斜率的变化程度，以求得曲线的弯曲程度，即需要讨论斜率函数的导数问题. 在进一步讨论函数的性质时，也会遇到类似的情况，也就是说，我们对一个可导函数求导之后，还需研究其导函数的导数问题. 为此给出如下的定义：

定义 3.1 设函数 $y=f(x)$ 在点 x 处可导，若 $f'(x)$ 的导数存在，则称该导数为 $y=f(x)$ 的二阶导数，记为

$$f''(x) \quad 或 \quad y'',\ \frac{\mathrm{d}^2y}{\mathrm{d}x^2},\ \frac{\mathrm{d}^2f}{\mathrm{d}x^2}$$

即

$$y''=(y')'=\frac{\mathrm{d}}{\mathrm{d}x}\left(\frac{\mathrm{d}y}{\mathrm{d}x}\right)=\frac{\mathrm{d}^2y}{\mathrm{d}x^2}$$

若 $y''=f''(x)$ 的导数存在，则称该导数为 $y=f(x)$ 的三阶导数，记为 $f'''(x)$ 或 y'''.

一般地，若 $y=f(x)$ 的 $n-1$ 阶导数 $f^{(n-1)}(x)$ 的导数存在，则称该导数为 $y=f(x)$ 的 n 阶导数，记为

$$y^{(n)} \quad 或 \quad f^{(n)}(x),\ \frac{\mathrm{d}^ny}{\mathrm{d}x^n},\ \frac{\mathrm{d}^nf}{\mathrm{d}x^n}$$

函数的二阶和二阶以上的导数称为函数的高阶导数. 函数 $f(x)$ 的 n 阶导数在点 $x=x_0$ 处的导数值记为 $f^{(n)}(x_0)$ 或 $y^{(n)}(x_0)$，$\left.\frac{\mathrm{d}^ny}{\mathrm{d}x^n}\right|_{x=x_0}$ 等.

二、求导举例

例 3.1 $y=x^3+ax^2+bx+c$，求 $y'', y^{(3)}, y^{(4)}$.

解 $y'=3x^2+2ax+b$.

$y''=6x+2a$.

$y^{(3)} = 6$.

$y^{(4)} = 0$.

例 3.2 求指数函数 $y = \mathrm{e}^x$ 的 n 阶导数.

解 $y' = \mathrm{e}^x$.

$y'' = \mathrm{e}^x$.

$y''' = \mathrm{e}^x$

…………

一般地，可得

$y^{(n)} = \mathrm{e}^x$.

例 3.3 求正弦函数与余弦函数的 n 阶导数.

解 正弦函数为 $y = \sin x$，则

$$y' = \cos x = \sin\left(x + \frac{\pi}{2}\right)$$

$$y'' = \cos\left(x + \frac{\pi}{2}\right) = \sin\left(x + \frac{\pi}{2} + \frac{\pi}{2}\right) = \sin\left(x + 2\cdot\frac{\pi}{2}\right)$$

$$y''' = \cos\left(x + 2\cdot\frac{\pi}{2}\right) = \sin\left(x + 3\cdot\frac{\pi}{2}\right)$$

…………

一般地，可得

$$y^{(n)} = \sin\left(x + n\cdot\frac{\pi}{2}\right)$$

即

$$\sin^{(n)}(x) = \sin\left(x + n\cdot\frac{\pi}{2}\right)$$

用类似方法，可得

$$\cos^{(n)}(x) = \cos\left(x + n\cdot\frac{\pi}{2}\right)$$

例 3.4 求 $y = x^n$ 的各阶导数，其中 n 为正整数.

解

$$y' = nx^{n-1}$$

$$y'' = n(n-1)x^{n-2}$$

由归纳法可得

$$y^{(k)} = n(n-1)\cdots(n-k+1)x^{n-k} \quad (k < n)$$

当 $k = n$ 时，

$$y^{(k)} = y^{(n)} = n(n-1)\cdots 3\cdot 2\cdot 1 = n!$$

当 $k>n$，显然有

$$y^{(n+1)}=0,\ y^{(n+2)}=0,\ \cdots,\ y^{(k)}=0$$

例 3.5　求对数函数 $\ln(1+x)$ 的 n 阶导数.

解　$y=\ln(1+x)$，所以

$$y'=\frac{1}{1+x}$$

$$y''=-\frac{1}{(1+x)^2}$$

$$y^{(3)}=\frac{1\cdot 2}{(1+x)^3}$$

…………

一般地，可得

$$y^{(n)}=(-1)^{n-1}\frac{(n-1)!}{(1+x)^n}$$

例 3.6　设函数 $y=\ln(1+x^2)$，求 $y''(0)$.

解　因为

$$y'=\frac{2x}{1+x^2}$$

$$y''=\frac{2(1+x^2)-2x\cdot 2x}{(1+x^2)^2}=\frac{2(1-x^2)}{(1+x^2)^2}$$

从而 $y''(0)=\left.\dfrac{2(1-x^2)}{(1+x^2)^2}\right|_{x=0}=2$.

习题 2.3

基础练习

1. 求下列函数的二阶导数.

（1）$y=x^4-2x^3+8$；　　（2）$y=x^4\ln x$；

（3）$y=\mathrm{e}^x\sin x$；　　（4）$y=\dfrac{2x}{1+x^2}$.

提高练习

2. 求下列函数的 n 阶导数.

（1）$y=\ln x$；　　（2）$y=\mathrm{e}^x$.

拓展练习

3. 设 $y=(1+x^2)\arctan x$，求 y''.

4. 设 $y=x\,\mathrm{arc}\cot x$，求 y''.

*第四节　隐函数及由参数方程所确定的函数的导数

一、隐函数求导法则

1. 隐函数概念

函数 $y=f(x)$ 表示两个变量 y 与 x 之间的对应关系，如 $y=2x+1$， $y=\sin x$．像这种表达的函数叫做显函数. 有些函数的表达方式，如方程：

$$x^2+y^2=1\ (y>0)$$

它也可以表示为

$$y=\sqrt{1-x^2}$$

我们将前者称为隐函数，后者称为隐函数的显化.

一般地，如果在方程 $F(x,y)=0$ 中，当 x 取某区间内任一值时，相应地总有满足这方程的唯一的 y 值存在，那么，就说方程 $F(x,y)=0$ 在该区间确定了一个隐函数. 如：$xe^y-y+1=0$ 确定的函数 $y=f(x)$ 是一个隐函数.

2. 求导举例

例 4.1　求由方程 $e^y+xy-e=0$ 所确定的隐函数 $y=y(x)$ 的导数 $\dfrac{dy}{dx},\left.\dfrac{dy}{dx}\right|_{x=0}$.

解　把 y 视为 x 的函数，方程两边对 x 求导，得

$$e^y\cdot\frac{dy}{dx}+y+x\cdot\frac{dy}{dx}=0$$

从而

$$\frac{dy}{dx}=-\frac{y}{x+e^y}\quad(x+e^y\neq 0)$$

由于 $x=0$ 时，$y=1$，故

$$\left.\frac{dy}{dx}\right|_{x=0}=-\frac{1}{0+e}=-\frac{1}{e}$$

例 4.2　求椭圆 $\dfrac{x^2}{16}+\dfrac{y^2}{9}=1$ 在点 $A\left(2,\dfrac{3\sqrt{3}}{2}\right)$ 处的切线方程，见图 2.5.

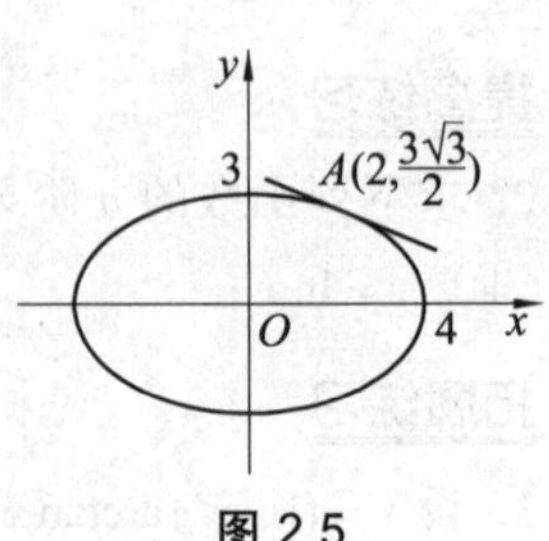

图 2.5

解　由导数的几何意义知道，所求切线斜率为

$$k=y'|_{x=2}$$

把椭圆方程的两边分别对 x 求导，有

$$\frac{x}{8}+\frac{2}{9}y\cdot\frac{dy}{dx}=0$$

从而
$$\frac{\mathrm{d}y}{\mathrm{d}x}=-\frac{9x}{16y}$$

当 $x=2$ 时，$y=\frac{3\sqrt{3}}{2}$，代入上式得
$$\left.\frac{\mathrm{d}y}{\mathrm{d}x}\right|_{x=2}=-\frac{\sqrt{3}}{4}$$

于是所求的切线方程为
$$y-\frac{3}{2}\sqrt{3}=-\frac{\sqrt{3}}{4}(x-2)$$

即
$$\sqrt{3}x+4y-8\sqrt{3}=0$$

二、参数方程求导

在实际问题中，函数 y 与自变量 x 可能不是直接由 $y=f(x)$ 表示，而是通过一参变量 t 来表示，即
$$\begin{cases}x=\varphi(t)\\y=\psi(t)\end{cases}$$

称为函数的参数方程. 我们现在来求由上式确定的 y 对 x 的导数 y'.

设 $x=\varphi(t)$ 有连续的反函数 $t=\varphi^{-1}(x)$，又 $\varphi'(t)$ 与 $\psi'(t)$ 存在，且 $\varphi'(t)\neq 0$，则 y 为复合函数
$$y=\psi(t)=\psi[\varphi^{-1}(x)]$$

利用反函数和复合函数的求导法则，得
$$\frac{\mathrm{d}y}{\mathrm{d}x}=\frac{\mathrm{d}y}{\mathrm{d}t}\frac{\mathrm{d}t}{\mathrm{d}x}=\psi'(t)\cdot\frac{1}{\varphi'(t)}=\frac{\psi'(t)}{\varphi'(t)}$$

或
$$\frac{\mathrm{d}y}{\mathrm{d}x}=\frac{\mathrm{d}y}{\mathrm{d}t}\frac{\mathrm{d}t}{\mathrm{d}x}=\frac{\mathrm{d}y}{\mathrm{d}t}\cdot\frac{1}{\frac{\mathrm{d}x}{\mathrm{d}t}}=\frac{\psi'(t)}{\varphi'(t)}$$

例 4.3　已知椭圆的参数方程为 $\begin{cases}x=a\cos t\\y=b\sin t\end{cases}$，求椭圆在 $t=\frac{\pi}{4}$ 相应的点 M_0 处的切线方程.

解
$$\frac{\mathrm{d}y}{\mathrm{d}x}=\frac{\frac{\mathrm{d}y}{\mathrm{d}t}}{\frac{\mathrm{d}x}{\mathrm{d}t}}=\frac{(b\sin t)'}{(a\cos t)'}=\frac{b\cos t}{-a\sin t}=-\frac{b}{a}\cot t$$

又当 $t=\frac{\pi}{4}$ 时，椭圆上相应点 $M_0(x_0,y_0)$ 的直角坐标为
$$x_0=a\cos\frac{\pi}{4}=\frac{\sqrt{2}}{2}a,\quad y_0=b\sin\frac{\pi}{4}=\frac{\sqrt{2}}{2}b$$

曲线在 M_0 的切线斜率为

$$k=\left.\frac{\mathrm{d}y}{\mathrm{d}x}\right|_{t=\frac{\pi}{4}}=-\frac{b}{a}\cot\frac{\pi}{4}=-\frac{b}{a}$$

故在 M_0 点的切线方程为

$$y-\frac{\sqrt{2}}{2}b=-\frac{b}{a}\left(x-\frac{\sqrt{2}}{2}a\right)$$

即

$$bx+ay-\sqrt{2}ab=0$$

例 4.4　设参数方程为 $\begin{cases}x=a\cos^3\varphi\\ y=b\sin^3\varphi\end{cases}$ （φ 为参数），求 $\frac{\mathrm{d}y}{\mathrm{d}x}$.

解　$\frac{\mathrm{d}y}{\mathrm{d}x}=\frac{\frac{\mathrm{d}y}{\mathrm{d}\varphi}}{\frac{\mathrm{d}x}{\mathrm{d}\varphi}}=\frac{3b\sin^2\varphi\cos\varphi}{3a\cos^2\varphi(-\sin\varphi)}=-\frac{b}{a}\tan\varphi$.

习题 2.4

基础练习

1. 变量 y 关于 x 的函数由下列方程确定，试求 y'.

（1）$xy-\mathrm{e}^x+\mathrm{e}^y=0$；　（2）$\sin y+\mathrm{e}^x-xy^2=\mathrm{e}$；

（3）$\ln y=xy+\cos x$；　（4）$\begin{cases}x=\cos\theta\\ y=2\sin\theta\end{cases}$.

提高练习

2. 求下列方程 y'.

（1）$\mathrm{e}^{xy}=3x+y$；　（2）$\begin{cases}x=\mathrm{e}^t\cos t\\ y=\mathrm{e}^t\sin t\end{cases}$；　（3）$\begin{cases}x=t-\ln(1+t)\\ y=t^3+t^2\end{cases}$.

拓展练习

3. 设 $f(x)=\frac{x^3}{2-x}\cdot\sqrt{\frac{2-x}{(2+x)^2}}$，求 $f'(x), f'(1)$.

第五节　微　分

一、微分的定义

前面讲过函数的导数是表示函数在点 x 处的变化率，它描述了函数在点 x 处变化的快慢程度. 有时我们还需要了解函数在某一点当自变量取得一个微小的改变量时，函数取得的相应改变量的大小. 这就引进了微分的概念.

我们先看一个具体例子.

设有一个边长为 x 的正方形，其面积用 S 表示，显然 $S=x^2$. 如果边长 x 取得一个改变量 Δx，则面积 S 相应地取得改变量

$$\Delta S=(x+\Delta x)^2-x^2=2x\Delta x+(\Delta x)^2$$

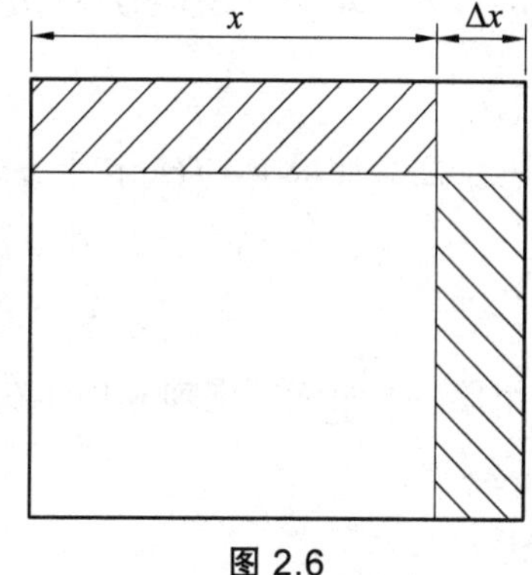

图 2.6

上式包括两部分：第一部分 $2x\Delta x$ 是 Δx 的线性函数，即图 2.6 中画斜线的那两个矩形面积之和；而第二部分 $(\Delta x)^2$，当 $\Delta x\to 0$ 时，是比 Δx 高阶的无穷小量. 因此，当 Δx 很小时，我们可以用第一部分 $2x\Delta x$ 近似地表示 ΔS，而将第二部分忽略掉，其差 $\Delta S-2x\Delta x$ 只是一个比 Δx 高阶的无穷小量. 我们把 $2x\Delta x$ 叫做正方形面积 S 的微分，记作

$$\mathrm{d}S=2x\Delta x$$

定义 5.1　对于自变量在点 x 处的改变量 Δx，如果函数 $y=f(x)$ 的相应改变量 Δy 可以表示为

$$\Delta y=A\Delta x+o(\Delta x)\quad(\Delta x\to 0) \tag{1}$$

其中 A 与 Δx 无关，则称函数 $y=f(x)$ 在点 x 处可微. 并称 $A\Delta x$ 为函数 $y=f(x)$ 在点 x 处的微分，记为 $\mathrm{d}y$ 或 $\mathrm{d}f(x)$，即

$$\mathrm{d}y=\mathrm{d}f(x)=A\Delta x$$

由微分的定义可知，微分是自变量的改变量 Δx 的线性函数. 当 $\Delta x\to 0$ 时，微分与函数的改变量 Δy 的差是一个比 Δx 高阶的无穷小量 $o(\Delta x)$. 当 $A\neq 0$ 时，函数的微分 $\mathrm{d}y=A\Delta x$ 与函数改变量 Δy 是等价无穷小量. 通常称函数微分 $\mathrm{d}y$ 为函数改变量 Δy 的线性主部.

现在的问题是怎样确定 A？我们还是从上面讲到的正方形面积来考查. 已经知道，正方形面积 S 的微分为

$$\mathrm{d}S=2x\Delta x$$

显然，这里

$$A=2x=(x^2)'=S'$$

这就是说，正方形面积 S 的微分等于正方形面积 S 对边长 x 的导数与边长改变量的乘积.

这个例子说明：微分系数“A”就是函数在点 x 处的导数. 下面来证明这个结论对一般的可微函数也是正确的.

设函数 $y=f(x)$ 在点 x 处可微，则由定义可知，公式（1）成立. 用 $\Delta x(\neq 0)$ 除（1）式的两边得

$$\frac{\Delta y}{\Delta x}=A+\frac{o(\Delta x)}{\Delta x}$$

因为 $\lim\limits_{\Delta x\to 0}\dfrac{o(\Delta x)}{\Delta x}=0$，所以

$$y' = \lim_{\Delta x \to 0} \frac{\Delta y}{\Delta x} = A$$

由此可见，如果函数 $y = f(x)$ 在点 x 处可微，则它在点 x 处可导，而且

$$dy = f'(x)\Delta x$$

反之，如果 $y = f(x)$ 在点 x 处可导，则它在点 x 处也可微. 因为，若

$$\lim_{\Delta x \to 0} \frac{\Delta y}{\Delta x} = f'(x)$$

则由第一章第六节定理 6.1 的必要条件可知

$$\frac{\Delta y}{\Delta x} = f'(x) + \alpha$$

其中 α 是当 $\Delta x \to 0$ 时的无穷小量，所以

$$\Delta y = f'(x)\Delta x + \alpha\Delta x$$

$f'(x)\Delta x$ 是 Δx 的线性函数，$\alpha\Delta x$ 是比 Δx 高阶的无穷小量. 这就是说，函数 $y = f(x)$ 在点 x 处可微，且 $f'(x)\Delta x$ 就是它的微分.

由上面的讨论可知：函数可微必可导，可导必可微，可导与可微是一致的，并且函数的微分就是函数的导数与自变量改变量的乘积，即

$$dy = f'(x)\Delta x$$

如果将自变量 x 当作自己的函数 $y = x$，则得

$$dx = x' \cdot \Delta x = \Delta x$$

因此，我们说自变量的微分就是它的改变量. 于是，函数的微分可以写成

$$dy = f'(x)dx$$

即函数的微分就是函数的导数与自变量的微分之乘积. 由上式可得

$$\frac{dy}{dx} = f'(x)$$

以前我们曾用 $\frac{dy}{dx}$ 表示过导数，那时 $\frac{dy}{dx}$ 是作为一个整体记号来用的. 在引进微分概念之后，我们知道 $\frac{dy}{dx}$ 表示的是函数微分与自变量微分的商，所以导数又称为微商. 由于求微分的问题可归结为求导数的问题，因此求导数与求微分的方法叫做微分法.

例 5.1 求函数 $y = x^3$ 在 $x = 2$，$\Delta x = 0.02$ 时的微分.

解 先求函数在任意点 x 的微分

$$dy = (x^3)'\Delta x = 3x^2\Delta x$$

再求函数在 $x=2$，$\Delta x=0.02$ 时的微分

$$\mathrm{d}y\Big|_{\substack{x=2\\ \Delta x=0.02}}=3x^2\Delta x\Big|_{\substack{x=2\\ \Delta x=0.02}}=3\times 2^2\times 0.02=0.24$$

二、微分的几何意义

在直角坐标系中作函数 $y=f(x)$ 的图形，如图 2.7 所示. 在曲线上取定一点 $M(x,y)$，过 M 点作曲线的切线，则此切线的斜率为

$$f'(x)=\tan\alpha$$

当自变量在点 x 处取得改变量 Δx 时，就得到曲线上另外一点 $M'(x+\Delta x, y+\Delta y)$. 由图 2.7 易知

$$MN=\Delta x,\ NM'=\Delta y$$

且
$$NT=MN\cdot\tan\alpha=f'(x)\Delta x=\mathrm{d}y$$

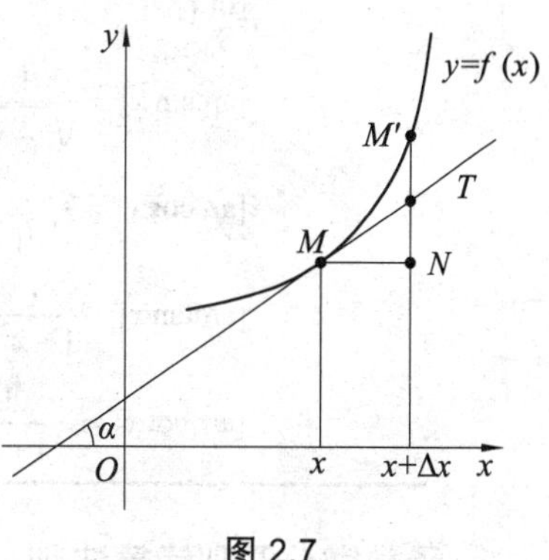

图 2.7

因此，函数 $y=f(x)$ 的微分 $\mathrm{d}y$ 就是过点 $M(x,y)$ 的切线的纵坐标的改变量. 图中线段 TM' 是 Δy 与 $\mathrm{d}y$ 之差，它是 Δx 的高阶无穷小量，即

$$\lim_{\Delta x\to 0}\frac{\Delta y-\mathrm{d}y}{\Delta x}=0$$

三、基本初等函数的微分公式与微分运算法则

从函数的微分表达式

$$\mathrm{d}y=f'(x)\mathrm{d}x$$

可以看出，要计算函数的微分，只要计算函数的导数，再乘以自变量的微分即可. 因此可得如下的微分公式和微分运算法则.

1. 基本初等函数的微分公式

由基本初等函数的导数公式，可以直接写出基本初等函数的微分公式，为了便于对照，列表 2.1 如下：

表 2.1　基本初等函数的微分公式

导数公式	微分公式
$[C]'=0$（C 为常数）	$\mathrm{d}C=0$（C 为常数）
$[\sin x]'=\cos x$	$\mathrm{d}\sin x=\cos x\mathrm{d}x$
$[\cos x]'=-\sin x$	$\mathrm{d}\cos x=-\sin x\mathrm{d}x$
$[\tan x]'=\sec^2 x$	$\mathrm{d}\tan x=\sec^2 x\mathrm{d}x$
$[\cot x]'=-\csc^2 x$	$\mathrm{d}\cot x=-\csc^2 x\mathrm{d}x$

续表

导数公式	微分公式
$[\sec x]' = \sec x \tan x$	$\mathrm{d}\sec x = \sec x \tan x\mathrm{d}x$
$[\csc x]' = -\csc x \cot x$	$\mathrm{d}\csc x = -\csc x \cot x\mathrm{d}x$
$[a^x]' = a^x \ln a$	$\mathrm{d}a^x = a^x \ln a\mathrm{d}x$
$[\mathrm{e}^x]' = \mathrm{e}^x$	$\mathrm{d}\mathrm{e}^x = \mathrm{e}^x\mathrm{d}x$
$[\log_a x]' = \dfrac{1}{x\ln a}$	$\mathrm{d}\log_a x = \dfrac{1}{x\ln a}\mathrm{d}x$
$[\ln x]' = \dfrac{1}{x}$	$\mathrm{d}\ln x = \dfrac{1}{x}\mathrm{d}x$
$[\arcsin x]' = \dfrac{1}{\sqrt{1-x^2}}$	$\mathrm{d}\arcsin x = \dfrac{1}{\sqrt{1-x^2}}\mathrm{d}x$
$[\arccos x]' = -\dfrac{1}{\sqrt{1-x^2}}$	$\mathrm{d}\arccos x = -\dfrac{1}{\sqrt{1-x^2}}\mathrm{d}x$
$[\arctan x]' = \dfrac{1}{1+x^2}$	$\mathrm{d}\arctan x = \dfrac{1}{1+x^2}\mathrm{d}x$
$[\mathrm{arc}\cot x]' = -\dfrac{1}{1+x^2}$	$\mathrm{d}\mathrm{arccot}\, x = -\dfrac{1}{1+x^2}\mathrm{d}x$

2. 函数微分四则运算法则

由函数和、差、积、商的求导法则，可推得相应的微分法则，表 2.2 中 $u = u(x)$， $v = v(x)$.

表 2.2　函数微分四则运算法则

求导法则	微分法则
$[u \pm v]' = u' \pm v'$	$\mathrm{d}[u \pm v] = \mathrm{d}u \pm \mathrm{d}v$
$[ku]' = ku'$（k 为常数）	$\mathrm{d}[ku] = k\mathrm{d}u$ （k 为常数）
$[uv]' = u'v + uv'$	$\mathrm{d}[uv] = v\mathrm{d}u + u\mathrm{d}v$
$\left[\dfrac{u}{v}\right]' = \dfrac{u'v - uv'}{v^2}\ (v \neq 0)$	$\mathrm{d}\left[\dfrac{u}{v}\right] = \dfrac{v\mathrm{d}u - u\mathrm{d}v}{v^2}$

现在，我们以乘积的微分法则为例加以证明.

因为

$$\mathrm{d}[uv] = [uv]'\mathrm{d}x$$

而

$$[uv]' = u'v + uv'$$

于是

$$\mathrm{d}[uv] = [u'v + uv']\mathrm{d}x = vu'\mathrm{d}x + uv'\mathrm{d}x = v\mathrm{d}u + u\mathrm{d}v$$

四、微分形式不变性

我们知道，如果函数 $y = f(u)$ 对 u 是可导的，则当 u 是自变量时，函数的微分为

$$dy = f'(u)du$$

当 u 是中间变量，即 $u=\varphi(x)$ 为 x 的可导函数时，则 y 为 x 的复合函数

$$y = f[\varphi(x)]$$

根据复合函数求导法则，有

$$\frac{dy}{dx} = f'(u)\varphi'(x)$$

于是

$$dy = f'(u)\varphi'(x)dx$$

而 $du = \varphi'(x)dx$，所以

$$dy = f'(u)du$$

由此可见，对函数 $y = f(u)$ 来说，不论 u 是自变量还是自变量的可导函数，它的微分形式都是

$$dy = f'(u)du$$

这叫做微分形式的不变性.

例 5.2　设 $y = e^{\sin x}$，求 dy.

解（方法 1）　微分与导数的关系

$$dy = [e^{\sin x}]'dx = e^{\sin x}\cos x dx$$

（方法 2）　微分形式不变性

$$dy = e^{\sin x}d(\sin x) = e^{\sin x}\cos x dx$$

例 5.3　设 $y = \ln(1+e^{2x})$，求 dy.

解　由微分形式不变性，得

$$dy = \frac{1}{1+e^{2x}}\cdot d(1+e^{2x}) = \frac{1}{1+e^{2x}}\cdot e^{2x}\cdot 2dx = \frac{2e^{2x}}{1+e^{2x}}dx$$

例 5.4　设 $y = e^{-ax}\sin bx$，求 dy.

解　$dy = \sin bx de^{-ax} + e^{-ax}d(\sin bx) = \sin bx\cdot e^{-ax}(-a)dx + e^{-ax}\cos bx\cdot bdx$

$= e^{-ax}(-a\sin bx + b\cos bx)dx$.

五、微分在近似计算中的应用

在工程问题中，经常会遇到一些复杂的计算公式，如果直接用这些公式进行计算，将很繁琐、费力，但利用微分往往可以将公式改用简单的近似公式来代替.

由前面知道，如果 $y = f(x)$ 在点 x_0 处的导数 $f'(x_0)\neq 0$，且 $|\Delta x|$ 很小时，有

$$\Delta y \approx dy = f'(x_0)\Delta x$$

这个式子可以写为

$$\Delta y = f(x_0+\Delta x) - f(x_0) \approx f'(x_0)\Delta x$$

即
$$f(x_0+\Delta x)\approx f(x_0)+f'(x_0)\Delta x$$

记 $x=x_0+\Delta x$，上式又可写成
$$f(x)\approx f(x_0)+f'(x_0)(x-x_0)$$

在 $x_0=0$ 的情况下，有
$$f(x)\approx f(0)+f'(0)x \quad (|x|\text{很少})$$
此为 $x_0=0$ 附近函数值的近似公式.

例 5.5 一个外直径为 8cm 的球，球壳厚度为 $\frac{1}{16}$ cm，试求球壳体积的近似值.

解 半径为 r 的球体积为
$$V=f(r)=\frac{4}{3}\pi r^3$$
球壳体积为 ΔV，用 $\mathrm{d}V$ 作为其近似值有
$$\mathrm{d}V=f'(r)\Delta r=4\pi r^2\Delta r=4\pi\cdot 4^2\cdot\left(-\frac{1}{16}\right)\approx -12.56\left(\text{其中}r=4,\ \Delta r=-\frac{1}{16}\right)$$
所求球壳体积 $|\Delta V|$ 的近似值 $|\mathrm{d}V|$ 为 12.56 cm^3.

当 $|x|$ 较小时，我们有工程上常用的近似公式：

（i）$\sqrt[n]{1+x}\approx 1+\frac{1}{n}x$；

（ii）$\sin x\approx x$（x 用弧度）；

（iii）$\tan x\approx x$（x 用弧度）；

（iv）$\mathrm{e}^x\approx 1+x$；

（v）$\ln(1+x)\approx x$.

例 5.6 计算 $\sqrt{1.05}$ 的近似值.

解
$$\sqrt{1.05}=\sqrt{1+0.05}$$
令 $x=0.05$，显然 $|x|$ 较小，于是用微分近似公式有
$$\sqrt{1.05}\approx 1+\frac{1}{2}\times 0.05=1.025$$

习题 2.5

基础练习

1. 求函数 $y=\sqrt[3]{x}$ 在 $x=1$ 当 $\Delta x=0.003$ 时的微分.

2. 求下列函数的微分.

（1）$y=\frac{1}{x}+2\sqrt{x}$；（2）$y=\frac{x}{\sin x}$；

（3）$y=x\sin 2x$；（4）$y=3^{\ln x}$.

3. 变量 y 关于 x 的函数由方程式 $xy+\ln y=1$ 确定，求微分 $\mathrm{d}y$.

提高练习

4. 设 $y=\ln\dfrac{\cos x}{x^2-1}$，求 d$y$.

5. $y=\ln(1+\mathrm{e}^{x^2})$，求 d$y$.

6. 求近似值 $\sqrt{1.02}$.

拓展练习

7. 设 $y=\mathrm{e}^{1-3x}\cos x$，求 d$y$.

8. 证明参数方程的求导公式 $\dfrac{\mathrm{d}y}{\mathrm{d}x}=\dfrac{\frac{\mathrm{d}y}{\mathrm{d}t}}{\frac{\mathrm{d}x}{\mathrm{d}t}}$.

复习题二

一、选择题

1. 设 $f(x)$ 可导且下列各极限均存在，则（　　）成立.

A. $\lim\limits_{x\to 0}\dfrac{f(x)-f(0)}{x}=f'(0)$　　B. $\lim\limits_{h\to 0}\dfrac{f(a+2h)-f(a)}{h}=f'(a)$

C. $\lim\limits_{\Delta x\to 0}\dfrac{f(x_0)-f(x_0-\Delta x)}{\Delta x}=f'(x_0)$　　D. $\lim\limits_{\Delta x\to 0}\dfrac{f(x_0+\Delta x)-f(x_0-\Delta x)}{2\Delta x}=f'(x_0)$

2. 若 $\lim\limits_{\Delta x\to 0}\dfrac{f(x)-f(a)}{x-a}=A$，$A$ 为常数，则有（　　）.

A. $f(x)$ 在点 $x=a$ 处连续　　B. $f(x)$ 在点 $x=a$ 处可导

C. $\lim\limits_{x\to a}f(x)$ 存在　　D. $f(x)-f(a)=A(x-a)+o(x-a)$

3. 若 $f(x)$ 在 x_0 可导，则 $|f(x)|$ 在 x_0 处（　　）.

A. 必可导　　B. 连续但不一定可导

C. 一定不可导　　D. 不连续

4. 下列命题中正确的是（　　）.

A. $f(x)$ 在点 x_0 可导是 $f(x)$ 在点 x_0 连续的必要条件

B. $f(x)$ 在点 x_0 连续是 $f(x)$ 在点 x_0 可导的充分条件

C. $f(x)$ 在点 x_0 的左导数 $f'_-(x_0)$ 及右导数 $f'_+(x_0)$ 都存在是 $f(x)$ 在点 x_0 可导的充分条件

D. $f(x)$ 在点 x_0 可导是 $f(x)$ 在点 x_0 可微的充要条件

5. $y=|x-1|$ 在 $x=1$ 处（　　）.

A. 连续　　B. 不连续　　C. 可导　　D. 不可导

6. $f(x)=\begin{cases}1-x^2, & x>0\\ 1, & x=0\\ x-1, & x<0\end{cases}$（　　）.

A. 在点 $x=0$ 处可导　　B. 在点 $x=0$ 处不可导

C. 在点 $x=1$ 处可导　　D. 在点 $x=1$ 处不可导

7. 若函数 $f(x)$ 在点 x_0 处有导数，而函数 $g(x)$ 在点 x_0 处没有导数，则 $F(x)=f(x)+g(x)$，$G(x)=f(x)-g(x)$ 在 x_0 处（　　）.

A. 一定都没有导数　　B. 一定都有导数

C. 恰有一个有导数　　D. 至少有一个有导数

二、解答题

1. 根据导数的定义求下列函数的导数：

（1）$y=1-2x^2$；　　（2）$y=\dfrac{1}{x^2}$；　　（3）$y=\sqrt[3]{x^2}$.

2. 给定函数 $f(x)=ax^2+bx+c$，其中 a,b,c 为常量，求：$f'(x), f'(0), f'\left(\dfrac{1}{2}\right), f'\left(-\dfrac{b}{2a}\right)$.

3. 一物体的运动方程为 $s=t^3+10$，求该物体在 $t=3$ 时的瞬时速度.

4. 讨论下列函数在指定点的连续性与可导性：

（1）$f(x)=\begin{cases} x^2+1, & 0\leqslant x<1 \\ 3x-1, & 1\leqslant x \end{cases}$，$x=1$ 处；

（2）$f(x)=\begin{cases} \ln(1+x) \\ \sqrt{1+x}-\sqrt{1-x} \end{cases}$，$x=0$ 处.

5. 求下列各函数的导数（其中 a,b 为常量）：

（1）$y=3x^2-x+5$；（2）$y=2\sqrt{x}-\dfrac{1}{x}+4\sqrt{3}$；

（3）$y=\dfrac{1-x^3}{\sqrt{x}}$；（4）$y=x^2(2x-1)$；

（5）$y=(x+1)\sqrt{2x}$；（6）$y=(1+ax^b)(1+bx^a)$.

6. 求下列各函数的导数：

（1）$y=x\sin x+\cos x$；（2）$y=\dfrac{x}{1-\cos x}$；

（3）$y=\dfrac{5\sin x}{1+\cos x}$；（4）$y=\dfrac{\sin x}{x}+\dfrac{x}{\sin x}$.

7. 求下列各函数的导数：

（1）$y=(1+x)(1+x^2)^2$；（2）$y=(1-x)(1-2x)$；（3）$y=(3x+5)^3(5x+4)^5$；

（4）$y=(2+3x^2)\sqrt{1+5x^2}$；（5）$y=\dfrac{(x+4)^2}{x+3}$.（6）$y=\arcsin\dfrac{x}{2}$；

（7）$y=\operatorname{arc}\cot\dfrac{1}{x}$；（8）$y=\arctan\dfrac{2x}{1-x^2}$.

学习自测题二

（时间：90 分钟　100 分）

一、判断题（每小题 3 分，共 30 分）

1. $(x^2+1)'=2x+1$.（　　）
2. 若 $y=f(x)$ 在点 $(x_0,f(x_0))$ 处有切线，则 $f'(x_0)$ 一定存在.（　　）
3. 设函数 $f(x)$ 在 x 处可导，那么 $\lim\limits_{\Delta x\to 0}\dfrac{f(x)-f(x-\Delta x)}{\Delta x}=f'(x)$ 成立.（　　）
4. 如果 $y=f(x)$ 在 x_0 处的导数为无穷大，那么 $y=f(x)$ 在该点处的切线垂直于 x 轴.（　　）
5. 设函数 $y=\mathrm{e}^x$，则 $y^{(n)}=n\mathrm{e}^x$.（　　）
6. $f''(x_0)=[f'(x_0)]'$.（　　）
7. 若 $u(x),v(x),w(x)$ 都是 x 的可导函数，则 $(uvw)'=u'vw+uv'w+uvw'$.（　　）
8. 若 $y=f(\mathrm{e}^x)\mathrm{e}^{f(x)}$，$f'(x)$ 存在，那么有 $y'_x=f'(\mathrm{e}^x)\mathrm{e}^{f(x)}+\mathrm{e}^{f(x)}f'(x)f(\mathrm{e}^x)$.（　　）
9. 若 $y=x^{2x}$，则 $y'=2x\cdot x^{2x-1}=2x^{2x}$.（　　）
10. 函数 $f(x)$ 在 x 处可微与可导是等价的.（　　）

二、填空题（每小题 2 分，共 16 分）

1. 函数 $y=x^3-2$，当 $x=2$，$\Delta x=0.1$ 时，$\dfrac{\Delta y}{\Delta x}=$__________.
2. 若函数 $f(x)$ 可导及 n 为自然数，则 $\lim\limits_{n\to\infty}n\left[f\left(x+\dfrac{1}{n}\right)-f(x)\right]=$__________.
3. 曲线 $y=f(x)$ 在点 $M(x_0,f(x_0))$ 的法线斜率为__________.
4. 设 $y=\sqrt{x\sqrt{x\sqrt{x}}}$，则 $y'=$__________.
5. 设 $y=\sqrt{x^2-3x+5}$，则 $\dfrac{\mathrm{d}y}{\mathrm{d}x}=$__________.
6. 设函数 $y=y(x)$ 由方程 $x^2+y^2=1$ 确定，则 $y'=$__________.
7. d____$=\sin 3x\mathrm{d}x$.
8. 设 $y=x\cos x\ln x$，则 $y'=$__________.

三、选择题（每小题 2 分，共 16 分）

1. 下列函数中，在 $x=0$ 处可导的是（　　）.

   A. $y=|x|$　　B. $y=2\sqrt{x}$　　C. $y=x^3$　　D. $y=|\sin x|$

2. 下列函数在 $x=0$ 处不可导的是（　　）.

   A. $y=2\sqrt{x}$　　B. $y=\sin x$　　C. $y=\cos x$　　D. $y=x^3$

3. 等边双曲线 $y=\dfrac{1}{x}$ 在点 $\left(\dfrac{1}{2},2\right)$ 处的切线方程为（　　）.

A. $x+4y-4=0$　　B. $4x+y-4=0$

C. $x+4y+4=0$　　D. $4x+y+4=0$

4. 设函数 $y=\begin{cases} x^2, & x\leqslant 1 \\ ax+b, & x>1 \end{cases}$ 在 $x=1$ 处连续且可导，则（　　）.

A. $a=1,\ b=2$　　B. $a=3,\ b=2$

C. $a=-2,\ b=1$　　D. $a=2,\ b=-1$

5. 设 $f(x)$ 在 x_0 处可导，则 $\lim\limits_{\Delta x\to 0}\dfrac{f(x_0-\Delta x)-f(x_0)}{\Delta x}=$（　　）.

A. $-f'(x_0)$　　B. $f'(-x_0)$　　C. $f'(x_0)$　　D. $2f'(x_0)$

6. 设 $f(x)$ 在 $x=x_0$ 可导，当 $f'(x_0)=$（　　）时，有 $\lim\limits_{x\to 0}\dfrac{x}{f(x_0-2x)-f(x_0)}=\dfrac{1}{4}$.

A. 4　　B. -4　　C. 2　　D. -2

7. 设 $f(x)=|x|$，则 $f'(0)=$（　　）.

A. 0　　B. 1　　C. -1　　D. 不存在

8. 设 $f(x)$ 在 x_0 处不连续，则 $f(x)$ 在 x_0 处（　　）.

A. 必不可导　　B. 一定可导　　C. 可能可导　　D. 无极限

四、计算题（每小题 3 分，共 18 分）

1. 求 $y=\dfrac{x^2\sqrt{x}}{\sqrt[3]{x^2}}$ 的导数.

2. 设函数 $y=(1+x^2)\arctan x$，求 y''.

3. 求 $y=\mathrm{e}^{ax}$ 的 n 阶导数.

4. 求参数方程 $\begin{cases} x=\ln(1+t^2) \\ y=t-\arctan t \end{cases}$ 的导数 $\dfrac{\mathrm{d}y}{\mathrm{d}x}$.

5. 设函数 $y=y(x)$ 由方程 $x^2+y^2=1+\mathrm{e}^{xy}$ 确定，求 $\dfrac{\mathrm{d}y}{\mathrm{d}x}$.

6. 设 y 是由方程 $y=1+x\mathrm{e}^y$ 确定的函数，求 $\mathrm{d}y$.

五、证明题（每小题 10 分，共 20 分）

1. 证明函数 $y=|\sin x|$ 在 $x=0$ 点连续但不可导.

2. 证明函数 $y=\begin{cases} x^2\sin\dfrac{1}{x}, & x\neq 0 \\ 0, & x=0 \end{cases}$ 在 $x=0$ 点可导.

第三章　微分中值定理与导数的应用

在上一章，我们介绍了微分学的两个基本概念——导数与微分及其计算方法．本章以微分学基本定理——微分中值定理为基础，进一步介绍利用导数研究函数的性态及其图形，并利用这些性态解决实际问题．

本章主要介绍微分中值定理，洛比达法则，函数的单调性和凹凸性，函数的极值、最大（小）值以及函数作图的方法，其知识结构图如下：

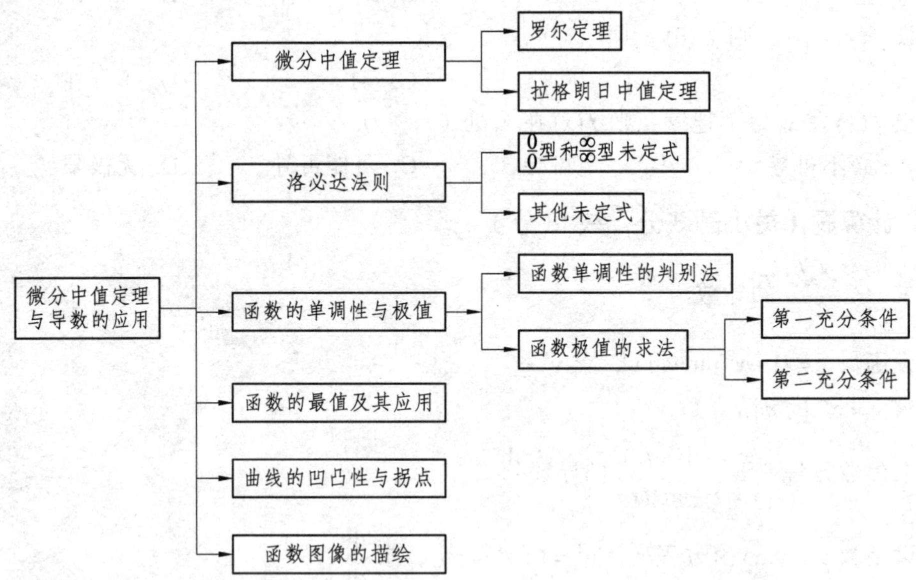

【学习能力目标】

- 了解罗尔定理和拉格朗日中值定理的内容，会求满足定理的点．
- 掌握利用洛必达法则求函数极限的方法．
- 掌握利用导数判别函数单调性的方法，并会求单调区间．
- 理解极值的概念，掌握用一阶导数和二阶导数判别函数极值的方法．
- 掌握曲线凹凸性的判别方法与拐点的求法．
- 掌握求函数最大值和最小值的方法．
- 会求函数的渐近线，能描绘简单函数的图形．

第一节　微分中值定理

本节将介绍的两个定理是微分学的理论基础，下面将由特殊到一般情形，依次介绍这两个微分中值定理及其推论．

一、罗尔（Rolle）定理

定理 1.1　如果函数 $y=f(x)$ 满足：

（1）在闭区间 $[a,b]$ 上连续；

（2）在开区间 (a,b) 内可导；

（3）在区间端点的函数值相等，即 $f(a)=f(b)$，

则在开区间 (a,b) 内至少有一点 $\xi(a<\xi<b)$，使函数 $f(x)$ 在该点的导数等于 0，即

$$f'(\xi)=0$$

证明略.

该定理的几何解释如图 3.1. 函数曲线 $y=f(x)$ 是一条以 $A(a,f(a))$，$B(b,f(b))$ 为端点的连续曲线弧段，除端点 A,B 外，处处有不垂直于 x 轴的切线，由于 $f(a)=f(b)$，故线段 AB 平行于 x 轴. 定理的结论表示了这样一个几何事实：在曲线弧 AB 上至少有一点 C，坐标为 $(\xi,f(\xi))$，在该点处曲线的切线平行于 x 轴，如图 3.1 所示.

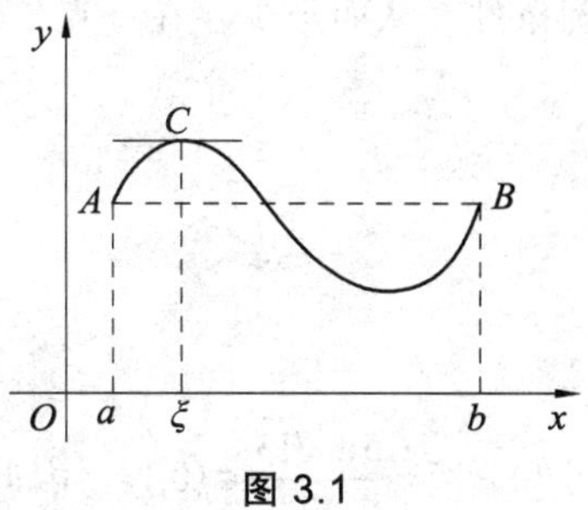

图 3.1

例 1.1　验证函数 $f(x)=(x^2-1)^2+1$ 在区间 $[-2,2]$ 上满足罗尔定理的三个条件，并求出满足 $f'(\xi)=0$ 的点 ξ.

解　因为 $f(x)=(x^2-1)^2+1$ 是多项式，所以在 $(-\infty,+\infty)$ 内 $f(x)$ 是可导的，故它在闭区间 $[-2,2]$ 上连续，在开区间 $(-2,2)$ 内可导，且 $f(-2)=f(2)=10$，所以 $f(x)$ 满足罗尔定理的三个条件. 又

$$f'(x)=4x(x^2-1)$$

令 $f'(x)=0$，即

$$x(x^2-1)=0$$

解得 $x=0$ 及 $x=\pm1$，即在 $(-2,2)$ 内存在三个点 $-1, 0, 1$，均是满足罗尔定理结论 $f'(\xi)=0$ 的点 ξ.

二、拉格朗日（Lagrange）中值定理

定理 1.2　如果函数 $y=f(x)$ 满足：

（1）在闭区间 $[a,b]$ 上连续；

（2）在开区间 (a,b) 内可导，

则在开区间 (a,b) 内至少有一点 ξ $(a<\xi<b)$，使得

$$f'(\xi)=\frac{f(b)-f(a)}{b-a}.$$

与罗尔定理相比较，拉格朗日中值定理的条件仅少了函数在区间两端点的值相等这一条件. 在结论中，$\dfrac{f(b)-f(a)}{b-a}$ 正是曲线两端点 $A(a,f(a)), B(b,f(b))$ 连线的斜率，因此 $f'(\xi)=\dfrac{f(b)-f(a)}{b-a}$ 表示区间 (a,b) 内至少有一点 ξ，使曲线上对应于 ξ 的点 $C(\xi,f(\xi))$ 处的切线

与弦 AB 平行，见图 3.2. 如果此时恰有 $f(a)=f(b)$ 成立，则弦 AB 平行于 x 轴，因而点 C 处的切线也就随之平行于 x 轴了. 这也正是罗尔定理对应的情形. 可见，罗尔定理是拉格朗日中值定理的特殊情形..

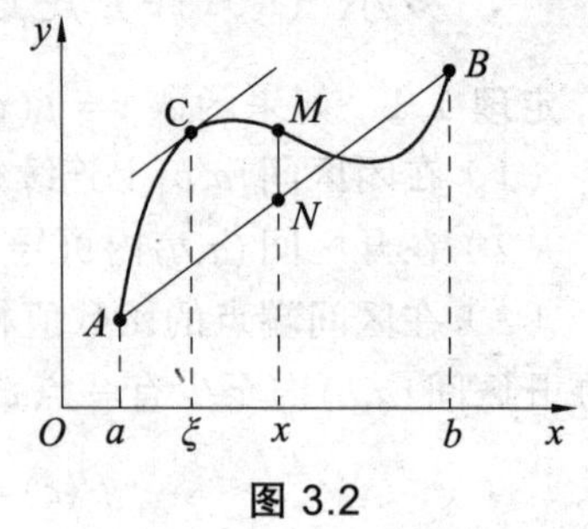

图 3.2

例 1.2　验证 $f(x)=4x^3-5x^2+x-2$ 在区间$[0,1]$上拉格朗日中值定理成立，并求满足定理结论的ξ.

解　函数 $f(x)=4x^3-5x^2+x-2$ 在区间$[0,1]$上连续，在$(0,1)$内可导，所以 $f(x)$ 在$[0,1]$上满足拉格朗日中值定理条件，从而至少存在一点 $\xi\in(0,1)$，使得

$$f'(\xi)=\frac{f(1)-f(0)}{1-0}=\frac{-2-(-2)}{1}=0.$$

又由

$$f'(\xi)=12\xi^2-10\xi+1=0$$

可知，$\xi=\dfrac{5\pm\sqrt{13}}{13}\in(0,1)$，因此拉格朗日中值定理对函数 $f(x)=4x^3-5x^2+x-2$ 在区间$[0,1]$上是成立的.

例 1.3　判断函数 $f(x)=\ln(x+1)$ 在区间$[0,1]$上是否满足拉格朗日中值定理的条件，如果满足，再求满足定理结论的ξ.

解　显然，$f(x)=\ln(x+1)$ 在$[0,1]$上连续，在$(0,1)$内可导，所以 $f(x)$ 满足拉格朗日中值定理的条件，从而存在一点ξ，使得

$$f'(\xi)=\frac{f(1)-f(0)}{1-0}$$

又 $f'(x)=\dfrac{1}{x+1}$，$f(1)=\ln 2$，$f(0)=0$，所以

$$f'(\xi)=\frac{1}{1+\xi}=\ln 2$$

解得 $\xi=\dfrac{1}{\ln 2}-1$.

我们已经知道，如果函数 $f(x)$ 在某区间上是一个常数，那么 $f(x)$ 在该区间上的导数恒为零. 作为拉格朗日中值定理的一个应用，我们将给出如下结论.

推论 1　如果函数 $f(x)$ 在区间 (a,b) 上的导数恒为零，那么 $f(x)$ 在区间 (a,b) 上是一个常数，即任意 $x\in(a,b)$，若 $f'(x)\equiv 0$，则

$$f(x)\equiv C\text{（其中 }C\text{ 为常数）}$$

证明　在区间 (a,b) 上任取两点 x_1,x_2，且 $x_1<x_2$，在 (x_1,x_2) 上应用拉格朗日中值定理，有

$$f(x_2)-f(x_1)=f'(\xi)(x_2-x_1)\quad(x_1<\xi<x_2)$$

由假定，$f'(\xi)=0$，所以

$$f(x_2)-f(x_1)=0$$

即

$$f(x_1)=f(x_2)$$

由于 x_1, x_2 是 (a,b) 上任意两点，所以在 (a,b) 上 $f(x)$ 的函数值总不变，即 $f(x)$ 在区间 (a,b) 上是一个常数.

推论 2　如果对于任意的 $x\in(a,b)$ 都有 $f'(x)=g'(x)$，则 $f(x)$ 与 $g(x)$ 在区间 (a,b) 内仅仅相差一个常数，即

$$f(x)-g(x)=C$$

证明　因为对于任意的 $x\in(a,b)$ 都有

$$(f(x)-g(x))'=f'(x)-g'(x)=0$$

所以根据推论 1，得

$$f(x)-g(x)=C$$

例 1.4　证明恒等式 $\arcsin x+\arccos x=\frac{\pi}{2}\ (-1<x<1)$.

证明　设函数 $f(x)=\arcsin x+\arccos x,\ x\in(-1,1)$，因为

$$f'(x)=\frac{1}{\sqrt{1-x^2}}-\frac{1}{\sqrt{1-x^2}}\equiv 0$$

故

$$f(x)\equiv C$$

取 $x=0$，得 $f(0)=\frac{\pi}{2}=C$. 因此

$$\arcsin x+\arccos x=\frac{\pi}{2}\ (-1<x<1)$$

习题 3.1

基础练习

1. 下列函数中在区间 $[-1,1]$ 上满足罗尔定理条件的是（　　）.

A. $y=\mathrm{e}^x$　　B. $y=\ln|x|$　　C. $y=1-x^2$　　D. $y=\frac{1}{x^2}$

2. 函数 $f(x)=\frac{1}{x}$ 满足拉格朗日中值定理条件的区间是（　　）.

A. $[1,2]$　　B. $[-2,2]$　　C. $[-2,0]$　　D. $[0,1]$

3. 下列函数在给定区间上不满足拉格朗日中值定理条件的是（　　）.

A. $y=\frac{2x}{1+x^2}, x\in[-1,1]$　　B. $y=\ln|x|, x\in[-1,2]$

C. $y=4x^3-5x^2+x-2, x\in[0,1]$　　D. $y=\ln(x^2+1), x\in[0,3]$

4. $f(x)=x^2+1$在区间$[0,1]$上满足拉格朗日中值定理条件的$\xi=$________.

提高练习

5. 验证函数$f(x)=x^3+4x^2-7x-10$在区间$[-1,2]$上满足罗尔定理的条件，并求出满足$f'(\xi)=0$的ξ.

6. 验证函数$f(x)=x^3-x$在区间$[0,1]$上满足拉格朗日中值定理的条件，并求出满足条件的ξ.

拓展练习

7. 证明恒等式$\sin^2 x+\cos^2 x=1$（$x\in\mathbf{R}$）.

第二节　洛必达（L′Hospital）法则

在求极限时，有时会遇到求两个无穷小量或无穷大量之比的极限，这类极限可能存在，也可能不存在，通常称这类极限为“未定式”. 求“未定式”就是判断两个无穷小量之比（或无穷大量之比）是否有极限，并在有极限的情况下把极限求出来.

如果当$x\to x_0$（或$x\to\infty$）时，两个函数$f(x)$与$g(x)$都趋于零或都趋于无穷大，那么这种类型的极限$\lim\limits_{\substack{x\to x_0\\(x\to\infty)}}\dfrac{f(x)}{g(x)}$称为$\dfrac{0}{0}$或$\dfrac{\infty}{\infty}$型未定式.

例如：$\lim\limits_{x\to 0}\dfrac{\sin x}{x}$是两个无穷小量之比的极限，此极限为$\dfrac{0}{0}$型未定式，而$\lim\limits_{x\to\infty}\dfrac{x^2}{2x^2+1}$是两个无穷大量之比的极限，此极限为$\dfrac{\infty}{\infty}$型未定式.

本节将给出计算未定式极限的一种简单有效的法则——洛必达法则.

1. $\dfrac{0}{0}$型未定式

定理 2.1　洛必达（L’Hospital）法则 I　如果函数$f(x)$与$g(x)$满足下列三个条件：

（1）$\lim\limits_{x\to x_0}f(x)=0,\ \lim\limits_{x\to x_0}g(x)=0$；

（2）$f(x)$与$g(x)$在点x_0的某个邻域内（点x_0可以除外）可导，且$g'(x)\neq 0$；

（3）极限$\lim\limits_{x\to x_0}\dfrac{f'(x)}{g'(x)}=A$（或$\infty$），

那么

$$\lim_{x\to x_0}\frac{f(x)}{g(x)}=\lim_{x\to x_0}\frac{f'(x)}{g'(x)}$$

这种在一定条件下通过分子、分母分别求导后，再求极限，从而确定未定式的值的方法，称为洛必达法则.

例 2.1　求$\lim\limits_{x\to 0}\dfrac{\sin 2x}{\sin 3x}$.

解　这是$\frac{0}{0}$型未定式，由洛必达法则，得

$$\lim_{x\to 0}\frac{\sin 2x}{\sin 3x}=\lim_{x\to 0}\frac{(\sin 2x)'}{(\sin 3x)'}=\lim_{x\to 0}\frac{2\cos 2x}{3\cos 3x}=\frac{2}{3}$$

例 2.2　求$\lim\limits_{x\to 0}\frac{x-\sin x}{x^3}$.

解　这是$\frac{0}{0}$型未定式，由洛必达法则，得

$$\begin{aligned}\lim_{x\to 0}\frac{x-\sin x}{x^3}&=\lim_{x\to 0}\frac{(x-\sin x)'}{(x^3)'}=\lim_{x\to 0}\frac{1-\cos x}{3x^2}\\&=\lim_{x\to 0}\frac{(1-\cos x)'}{(3x^2)'}=\lim_{x\to 0}\frac{\sin x}{6x}=\frac{1}{6}\end{aligned}$$

例 2.3　求$\lim\limits_{x\to 1}\frac{x^3-3x+2}{x^3-x^2-x+1}$.

解　这是$\frac{0}{0}$型未定式，由洛必达法则，得

$$\begin{aligned}\lim_{x\to 1}\frac{x^3-3x+2}{x^3-x^2-x+1}&=\lim_{x\to 1}\frac{(x^3-3x+2)'}{(x^3-x^2-x+1)'}=\lim_{x\to 1}\frac{3x^2-3}{3x^2-2x-1}\\&=\lim_{x\to 1}\frac{(3x^2-3)'}{(3x^2-2x-1)'}=\lim_{x\to 1}\frac{6x}{6x-2}=\frac{6}{4}=\frac{3}{2}\end{aligned}$$

注　当使用一次洛必达法则后，所得极限式仍是未定式，可以继续利用洛必达法则. 但每次利用洛必达法则时，需检查极限式是否为未定式，如果已经不是未定式，还继续使用法则，势必出现错误.

例 2.4　求$\lim\limits_{x\to +\infty}\frac{\frac{\pi}{2}-\arctan x}{\frac{1}{x}}$.

解　这是$\frac{0}{0}$型未定式，由洛必达法则，得

$$\begin{aligned}\lim_{x\to +\infty}\frac{\frac{\pi}{2}-\arctan x}{\frac{1}{x}}&=\lim_{x\to +\infty}\frac{\left(\frac{\pi}{2}-\arctan x\right)'}{\left(\frac{1}{x}\right)'}=\lim_{x\to +\infty}\frac{-\frac{1}{1+x^2}}{-\frac{1}{x^2}}\\&=\lim_{x\to +\infty}\frac{x^2}{1+x^2}=\lim_{x\to +\infty}\frac{1}{1+\frac{1}{x^2}}=1\end{aligned}$$

注意：法则Ⅰ对于$x\to\infty$, $x\to\pm\infty$时的$\frac{0}{0}$型未定式同样适用.

2. $\frac{\infty}{\infty}$型未定式

定理 2.2　洛必达（L'Hospital）法则Ⅱ　如果函数 $f(x)$ 与 $g(x)$ 满足条件：

（1）$\lim\limits_{x \to x_0} f(x) = \infty$，$\lim\limits_{x \to x_0} g(x) = \infty$；

（2）$f(x)$ 与 $g(x)$ 在点 x_0 的某个邻域内（点 x_0 可以除外）可导，且 $g'(x) \neq 0$；

（3）极限 $\lim\limits_{x \to x_0} \frac{f'(x)}{g'(x)} = A$（或 ∞），

那么
$$\lim_{x \to x_0} \frac{f(x)}{g(x)} = \lim_{x \to x_0} \frac{f'(x)}{g'(x)}$$

与法则Ⅰ相同，法则Ⅱ对于 $x \to \infty$，$x \to \pm\infty$ 时的 $\frac{\infty}{\infty}$ 型未定式同样适用，并且对使用后得到的 $\frac{\infty}{\infty}$ 或 $\frac{0}{0}$ 型未定式，只要满足条件，可以连续使用洛必达法则.

例 2.5　求 $\lim\limits_{x \to +\infty} \frac{\ln x}{x^3}$.

解　这是 $x \to +\infty$ 时的 $\frac{\infty}{\infty}$ 型.
$$\lim_{x \to +\infty} \frac{\ln x}{x^3} = \lim_{x \to +\infty} \frac{(\ln x)'}{(x^3)'} = \lim_{x \to +\infty} \frac{\frac{1}{x}}{3x^2} = \lim_{x \to +\infty} \frac{1}{3x^3} = 0$$

例 2.6　求 $\lim\limits_{x \to \frac{\pi}{2}} \frac{\tan 3x}{\tan x}$.

解　这是 $x \to \frac{\pi}{2}$ 时的 $\frac{\infty}{\infty}$ 型.
$$\lim_{x \to \frac{\pi}{2}} \frac{\tan 3x}{\tan x} = \lim_{x \to \frac{\pi}{2}} \frac{3\sec^2 3x}{\sec^2 x} = \lim_{x \to \frac{\pi}{2}} \frac{3\cos^2 x}{\cos^2 3x} \quad \left(\frac{0}{0}\text{型未定式}\right)$$
$$= \lim_{x \to \frac{\pi}{2}} \frac{6\cos x(-\sin x)}{2\cos 3x(-3\sin 3x)} = \lim_{x \to \frac{\pi}{2}} \frac{\sin 2x}{\sin 6x} \quad \left(\frac{0}{0}\text{型未定式}\right)$$
$$= \lim_{x \to \frac{\pi}{2}} \frac{2\cos 2x}{6\cos 6x} = \frac{1}{3}$$

需要说明的是，洛必达法则是求未定式的一种有效方法，但最好能与其他方法结合使用，这样可以使运算更简捷.

例 2.7　求 $\lim\limits_{x \to 0} \frac{x - \sin x}{\sin^3 x}$

解（方法 1）　这是 $\frac{0}{0}$ 型未定式，使用洛必达法则，得
$$\lim_{x \to 0} \frac{x - \sin x}{\sin^3 x} = \lim_{x \to 0} \frac{(x - \sin x)'}{(\sin^3 x)'} = \lim_{x \to 0} \frac{1 - \cos x}{3\sin^2 x \cos x}$$

最后的极限仍然是$\frac{0}{0}$型未定式，继续使用洛必达法则得

$$\lim_{x\to 0}\frac{x-\sin x}{\sin^3 x}=\lim_{x\to 0}\frac{(1-\cos x)'}{(3\sin^2 x\cos x)'}=\lim_{x\to 0}\frac{\sin x}{6\sin x\cos x-3\sin^3 x}$$

$$=\lim_{x\to 0}\frac{1}{6\cos x-3\sin^2 x}=\frac{1}{6}$$

由上述计算我们发现，若直接用洛必达法则，分母的导数会比较复杂，特别是若需反复使用洛必达法则时，分母的高阶导数形式会更复杂，所以可以利用等价无穷小量进行变换，并在计算过程中注意整理，以及使用已知结论.

（方法 2） 当$x\to 0$时，$\sin x\sim x$，所以

$$\lim_{x\to 0}\frac{x-\sin x}{\sin^3 x}=\lim_{x\to 0}\frac{x-\sin x}{x^3}$$

由例 2.2 得

$$\lim_{x\to 0}\frac{x-\sin x}{\sin^3 x}=\lim_{x\to 0}\frac{x-\sin x}{x^3}=\frac{1}{6}$$

洛必达法则并非万能的，有时会失效. 事实上，法则只有当极限$\lim\limits_{x\to x_0}\frac{f'(x)}{g'(x)}$存在或为$\infty$时，才能够使用. 也就是说，若无法断定$\frac{f'(x)}{g'(x)}$的极限状态，或能断定它振荡而无极限时，洛必达法则失效.

例 2.8　求$\lim\limits_{x\to\infty}\frac{x+\sin x}{1+x}$.

解　这是$\frac{\infty}{\infty}$型的未定式，但

$$\lim_{x\to\infty}\frac{x+\sin x}{1+x}=\lim_{x\to\infty}\frac{(x+\sin x)'}{(1+x)'}=\lim_{x\to\infty}(1+\cos x)$$

此式振荡无极限，因而不能用洛必达法则. 此时，只能用其他方法.

$$\lim_{x\to\infty}\frac{x+\sin x}{1+x}=\lim_{x\to\infty}\frac{\frac{x+\sin x}{x}}{\frac{1+x}{x}}=\lim_{x\to\infty}\frac{1+\frac{\sin x}{x}}{1+\frac{1}{x}}=1$$

未定式除了前面讨论的两种基本类型外，还有其他类型的未定式.

3. $0\cdot\infty$ 及 $\infty-\infty$ 型未定式

这两种类型的未定式均可经过适当变型，转化为$\frac{0}{0}$型或$\frac{\infty}{\infty}$型，再考虑使用洛必达法则.

例 2.9　求$\lim\limits_{x\to+\infty}x\left(\frac{\pi}{2}-\arctan x\right)$.

解　这是$0\cdot\infty$型，参看例 2.4，变形为$\frac{0}{0}$型.

$$\lim_{x\to+\infty} x\left(\frac{\pi}{2}-\arctan x\right)=\lim_{x\to+\infty}\frac{\frac{\pi}{2}-\arctan x}{\frac{1}{x}}=1$$

例 2.10　求$\lim\limits_{x\to0^+} x\ln x$.

解　这也是$0\cdot\infty$型，但变型为$\frac{\infty}{\infty}$型较简捷.

$$\lim_{x\to0^+} x\ln x=\lim_{x\to0^+}\frac{\ln x}{\frac{1}{x}}=\lim_{x\to0^+}\frac{(\ln x)'}{\left(\frac{1}{x}\right)'}=\lim_{x\to0^+}\frac{\frac{1}{x}}{-\frac{1}{x^2}}=-\lim_{x\to0^+} x=0$$

例 2.11　求$\lim\limits_{x\to\frac{\pi}{2}}(\sec x-\tan x)$.

解　这是$\infty-\infty$型，通分即可化为$\frac{0}{0}$型.

$$\lim_{x\to\frac{\pi}{2}}(\sec x-\tan x)=\lim_{x\to\frac{\pi}{2}}\left(\frac{1}{\cos x}-\frac{\sin x}{\cos x}\right)=\lim_{x\to\frac{\pi}{2}}\frac{1-\sin x}{\cos x}=\lim_{x\to\frac{\pi}{2}}\frac{-\cos x}{-\sin x}=0$$

例 2.12　求$\lim\limits_{x\to1}\left(\frac{x}{x-1}-\frac{1}{\ln x}\right)$.

解　这是$\infty-\infty$型.

$$\lim_{x\to1}\left(\frac{x}{x-1}-\frac{1}{\ln x}\right)=\lim_{x\to1}\frac{x\ln x-x+1}{(x-1)\ln x}=\lim_{x\to1}\frac{\ln x+1-1}{\ln x+\frac{x-1}{x}}$$

$$=\lim_{x\to1}\frac{\ln x}{\ln x+1-\frac{1}{x}}=\lim_{x\to1}\frac{\frac{1}{x}}{\frac{1}{x}+\frac{1}{x^2}}=\frac{1}{2}$$

4. 0^0，1^∞及∞^0型未定式

这类未定式源于幂指函数$y=[f(x)]^{g(x)}$，因此通常可以用取对数的方法或换底的方法来解决，通过这两种方法变形后的未定式为$0\cdot\infty$型.

例 2.13　求$\lim\limits_{x\to0^+} x^x$.

解　这是0^0型，所以

$$\lim_{x\to0^+} x^x=\lim_{x\to0^+}\mathrm{e}^{\ln x^x}=\lim_{x\to0^+}\mathrm{e}^{x\ln x}=\mathrm{e}^{\lim\limits_{x\to0^+}x\ln x}=\mathrm{e}^0=1$$

（这里由例 2.10 知$\lim\limits_{x\to0^+} x\ln x=0$）.

例 2.14　求 $\lim\limits_{x\to1}x^{\frac{1}{x-1}}$.

解　这是1^{∞}型，则

$$\lim_{x\to0^+}x^{\frac{1}{x-1}}=\lim_{x\to0^+}e^{\ln x^{\frac{1}{x-1}}}=\lim_{x\to0^+}e^{\frac{1}{x-1}\ln x}=e^{\lim\limits_{x\to0^+}\frac{\ln x}{x-1}}=e^0=1$$

例 2.15　求 $\lim\limits_{x\to+\infty}x^{\frac{1}{x}}$.

解　这是∞^0型未定式，将其化为$0\cdot\infty$型，再将其$\frac{\infty}{\infty}$型未定式.

$$\lim_{x\to+\infty}x^{\frac{1}{x}}=\lim_{x\to+\infty}e^{\frac{1}{x}\cdot\ln x}=\lim_{x\to+\infty}e^{\frac{\ln x}{x}}=e^{\lim\limits_{x\to+\infty}\frac{\ln x}{x}}=e^{\lim\limits_{x\to+\infty}\frac{\frac{1}{x}}{1}}=e^0=1$$

习题 3.2

基础练习

1. 利用洛必达法则求下列极限.

（1）$\lim\limits_{x\to0}\dfrac{\sin5x}{2x}$；　（2）$\lim\limits_{x\to1}\dfrac{\ln x}{x-1}$；　（3）$\lim\limits_{x\to0}\dfrac{e^x-e^{-x}}{x}$；

（4）$\lim\limits_{x\to1}\dfrac{x^2-x}{\ln x-x+1}$；　（5）$\lim\limits_{x\to0}\dfrac{e^x-x-1}{x(e^x-1)}$；　（6）$\lim\limits_{x\to+\infty}\dfrac{\ln\ln x}{x}$；

（7）$\lim\limits_{x\to+\infty}\dfrac{x^2}{e^{2x}}$；　（8）$\lim\limits_{x\to1}\dfrac{x^3-3x^2+2}{x^3-2x^2+1}$；　（9）$\lim\limits_{x\to\frac{\pi}{2}}\dfrac{\sec x}{\tan x}$；

（10）$\lim\limits_{x\to0}\dfrac{e^x-e^{-x}}{\sin x}$；　（11）$\lim\limits_{x\to0}\dfrac{\tan x-x}{x-\sin x}$；　（12）$\lim\limits_{x\to\frac{\pi}{2}^+}\dfrac{\ln\left(x-\frac{\pi}{2}\right)}{\tan x}$.

提高练习

2. 利用洛必达法则求下列极限.

（1）$\lim\limits_{x\to0}\dfrac{e^x-\cos x}{x\sin x}$；　（2）$\lim\limits_{x\to0}\dfrac{1-\cos x^2}{x^2\sin x^2}$；　（3）$\lim\limits_{x\to0}\dfrac{(1-\cos x)\sin x}{x^3}$；

（4）$\lim\limits_{x\to+\infty}\dfrac{\ln\left(1+\frac{1}{x}\right)}{\operatorname{arccot}x}$；　（5）$\lim\limits_{x\to\frac{\pi}{4}}\dfrac{\sin x-\cos x}{1-\tan^2x}$；　（6）$\lim\limits_{x\to0}\dfrac{e^x\cos x-1}{\sin2x}$；

（7）$\lim\limits_{x\to0}\dfrac{\ln(\sin x+1)}{\ln e^x}$；　（8）$\lim\limits_{x\to0^+}\dfrac{\ln\cot x}{\ln x}$；　（9）$\lim\limits_{x\to0^+}\dfrac{\ln(\sin2x)}{\ln(\sin7x)}$；

（10）$\lim\limits_{x\to0}\dfrac{x-\arcsin x}{\ln\left(1-\frac{1}{3}x^3\right)}$；　（11）$\lim\limits_{x\to\frac{\pi}{2}}\dfrac{\ln\sin x}{(\pi-2x)^2}$；　（12）$\lim\limits_{x\to+\infty}\dfrac{\sqrt{1+x^2}}{x}$.

拓展练习

3. 利用洛必达法则求下列极限.

（1）$\lim\limits_{x\to 0} x\cot x$；　（2）$\lim\limits_{x\to 0}\left(\dfrac{2}{\pi}\arccos x\right)^{\frac{1}{x}}$；　（3）$\lim\limits_{x\to 0^+}(\sin x)^x$；

（4）$\lim\limits_{x\to \frac{\pi}{2}}(\cos x)^{\frac{\pi}{2}-x}$；　（5）$\lim\limits_{x\to 0}\left(\dfrac{1}{x}-\dfrac{1}{e^x-1}\right)$；　（6）$\lim\limits_{x\to 0}\left(\dfrac{x}{x-1}-\dfrac{1}{\ln x}\right)$；

（7）$\lim\limits_{x\to 0}\left(\dfrac{(1+x)^{\frac{1}{x}}}{e}\right)^{\frac{1}{x}}$；　（8）$\lim\limits_{x\to 0^+}\left(\dfrac{1}{x}\right)^{\tan x}$.

第三节　函数单调性及其极值

在第一章第一节中已经介绍了函数在区间上单调的概念，然而直接根据定义来判断函数的单调性，对很多函数来说往往有一定的难度，下面我们利用导数对函数的单调性进行研究.

一、函数单调性的判别法

从几何上看，如果函数 $y=f(x)$ 在区间 (a,b) 上单调增加，那么它的图形是一条沿 x 轴正向上升的曲线，这时曲线上各点的切线斜率都是非负的，即 $y'=f'(x)\geqslant 0$，如图 3.3（a）；类似的，若函数 $f(x)$ 在区间 (a,b) 上单调减少，那么其图形是一条沿 x 轴正向下降的曲线，并且曲线上各点的切线斜率是非正的，即 $y'=f'(x)\leqslant 0$，如图 3.3（b）. 由此可见，函数的单调性与导数的符号有着密切的联系. 因此，可以考虑能否用导数的符号来判定函数的单调性？我们给出下面的定理：

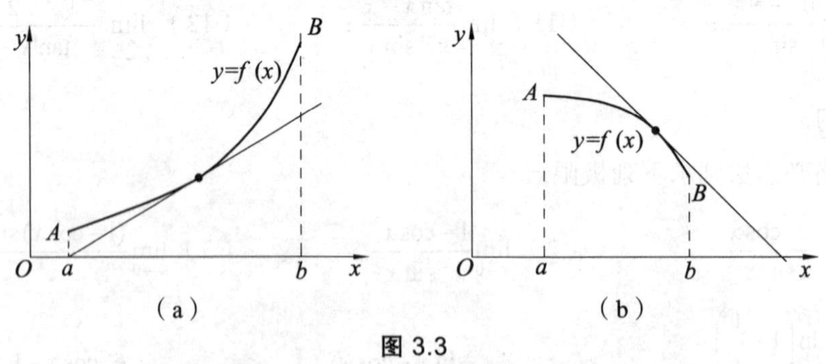

图 3.3

定理 3.1　设函数 $f(x)$ 在闭区间 $[a,b]$ 上连续，在开区间 (a,b) 内可导.

（1）若在 (a,b) 内 $f'(x)>0$，那么函数 $y=f(x)$ 在 $[a,b]$ 上单调增加；

（2）若在 (a,b) 内 $f'(x)<0$，那么函数 $y=f(x)$ 在 $[a,b]$ 上单调减少.

需要说明的是，如果把这个定理中的闭区间换成其他各种形式的区间（开区间、半开区间、无穷区间），结论也成立.

例 3.1　判定函数 $y=x+\operatorname{arccot}x$ 在区间 $[0,+\infty)$ 上的单调性.

解　因为在 $(0,+\infty)$ 内，

$$y' = 1 - \frac{1}{1+x^2} > 0$$

所以由定理 3.1 可知，函数 $y = x - \arctan x$ 在 $[0,+\infty)$ 上单调增加.

例 3.2 讨论函数 $y = \mathrm{e}^x - x - 1$ 的单调性.

解 因

$$y' = \mathrm{e}^x - 1$$

而函数 $y = \mathrm{e}^x - x - 1$ 的定义域为 $(-\infty,+\infty)$，在 $(-\infty,0)$ 内，$y' < 0$，所以函数 $y = \mathrm{e}^x - x - 1$ 在 $(-\infty,0]$ 上单调减少；在 $(0,+\infty)$ 内，$y' > 0$，所以函数 $y = \mathrm{e}^x - x - 1$ 在 $[0,+\infty)$ 上单调增加.

例 3.3 讨论函数 $y = \sqrt[3]{x^2}$ 的单调性.

解 该函数的定义域为 $(-\infty,+\infty)$.

当 $x \neq 0$ 时，

$$y' = (x^{\frac{2}{3}})' = \frac{2}{3}x^{-\frac{1}{3}} = \frac{2}{3\sqrt[3]{x}}$$

当 $x = 0$ 时，函数的导数不存在. 但 $x = 0$ 却将定义域分成两部分：

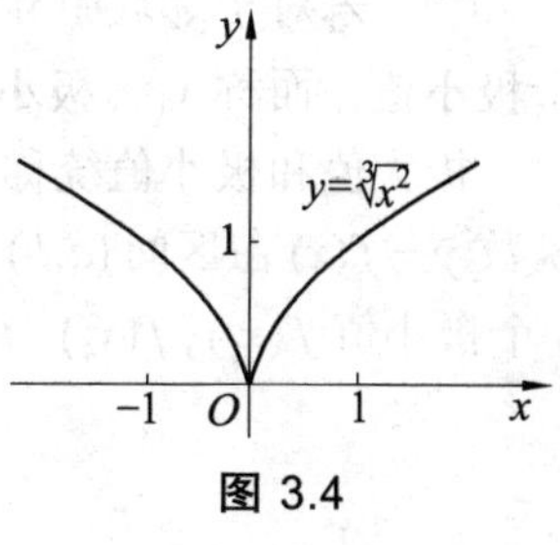

图 3.4

在 $(-\infty,0)$ 内，$y' < 0$，所以函数 $y = \sqrt[3]{x^2}$ 在 $(-\infty,0]$ 上单调减少；

在 $(0,+\infty)$ 内，$y' > 0$，所以函数 $y = \sqrt[3]{x^2}$ 在 $[0,+\infty)$ 上单调增加.

函数图形见图 3.4.

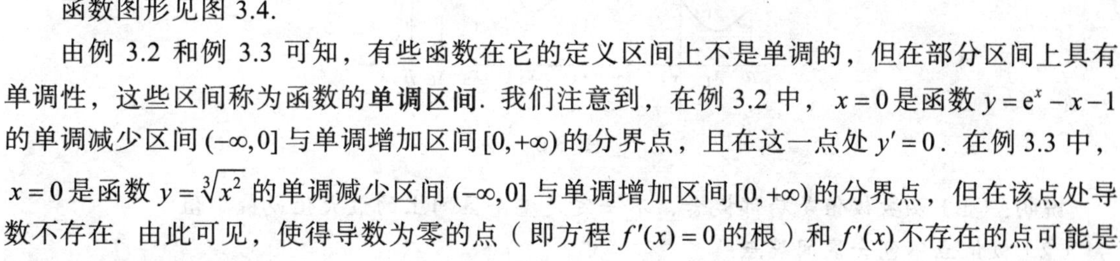

由例 3.2 和例 3.3 可知，有些函数在它的定义区间上不是单调的，但在部分区间上具有单调性，这些区间称为函数的**单调区间**. 我们注意到，在例 3.2 中，$x = 0$ 是函数 $y = \mathrm{e}^x - x - 1$ 的单调减少区间 $(-\infty,0]$ 与单调增加区间 $[0,+\infty)$ 的分界点，且在这一点处 $y' = 0$. 在例 3.3 中，$x = 0$ 是函数 $y = \sqrt[3]{x^2}$ 的单调减少区间 $(-\infty,0]$ 与单调增加区间 $[0,+\infty)$ 的分界点，但在该点处导数不存在. 由此可见，使得导数为零的点（即方程 $f'(x) = 0$ 的根）和 $f'(x)$ 不存在的点可能是函数单调区间的分界点.

综上所述，判断函数单调性的步骤如下：

（1）确定函数的定义域；

（2）求出使得 $f'(x) = 0$ 的点和 $f'(x)$ 不存在的点；

（3）用（2）中求出的点将函数的定义域分成若干个部分区间，由 $f'(x)$ 在各个部分区间上的符号判断函数 $f(x)$ 在相应区间上的单调性，根据单调性得出单调区间.

例 3.4 讨论函数 $y = x^3$ 的单调性.

解 函数的定义域为 $(-\infty,+\infty)$.

$$y' = 3x^2$$

显然，当 $x \neq 0$ 时，总有 $y' > 0$，而当 $x = 0$ 时 $y' = 0$，这样函数 $y = x^3$ 在区间 $(-\infty,0]$ 及 $[0,+\infty)$ 上都是单调增加的，因此在整个定义域 $(-\infty,+\infty)$ 内是单调增加的，见图 3.5. 这里导数为零的点 $x = 0$ 并不是单调区间的分界点，仅仅表明函数曲线在该点处有一条水平切线.

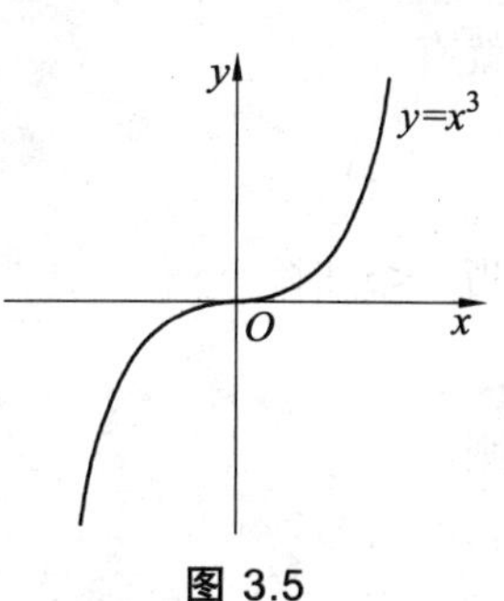

图 3.5

一般地，如果 $f'(x)$ 在某区间内的有限点处为零，其余各点处均为正（或负），那么 $f(x)$ 在该区间上仍是单调增加（或减少）的.

二、函数的极值及其求法

如果连续函数 $f(x)$ 在点 x_0 的左侧邻近和右侧邻近的单调性相反，那么曲线 $y=f(x)$ 在点 $(x_0,f(x_0))$ 处就出现了“峰”或“谷”. 这样的点在应用与研究中有着重要意义. 下面将对此进行讨论.

定义 3.1 设函数 $f(x)$ 在点 x_0 的某个邻域内有定义，且

（1）若对于邻域中异于 x_0 的任何点 x， $f(x)<f(x_0)$ 均成立，则称 $f(x_0)$ 为函数 $f(x)$ 的一个**极大值**，而称 x_0 为**极大值点**.

（2）若对于邻域中异于 x_0 的任何点 x， $f(x)>f(x_0)$ 均成立，则称 $f(x_0)$ 为函数 $f(x)$ 的一个**极小值**，而称 x_0 为**极小值点**.

极大值和极小值统称为**极值**，极大值点和极小值点统称为**极值点**. 例如，图 3.6 反映了函数 $y=f(x)$ 在区间 (a,b) 内极值点的各种情况. 图中，函数 $f(x)$ 有 2 个极大值 $f(x_2),f(x_5)$，3 个极小值 $f(x_1),f(x_4),f(x_6)$.

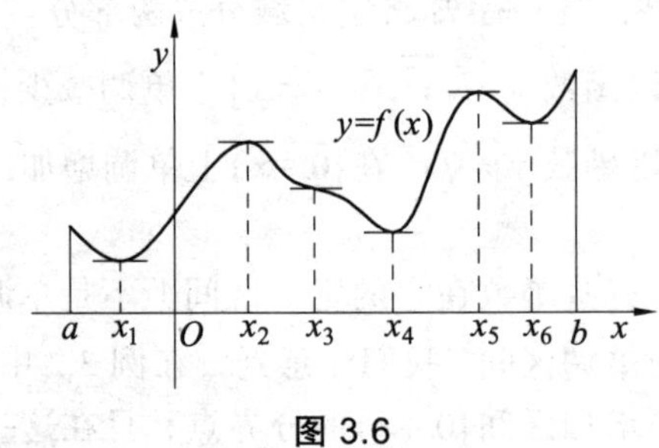

图 3.6

说明：（1）函数极值是局部概念，不一定是整个区间上的最大值或最小值.

（2）极值点不包含区间端点.

（3）在一个区间中可以有多个极值，甚至某个极大值小于某个极小值（见图 3.6 $f(x_2)<f(x_6)$）.

下面先介绍函数取得极值的必要条件.

定理 3.2（极值存在的必要条件） 设函数 $f(x)$ 在点 x_0 有导数，且在 x_0 处 $f(x)$ 取得极值，那么这个函数在 x_0 处的导数 $f'(x_0)=0$.

证明 设 $f(x)$ 在 x_0 取得极大值 $f(x_0)$，那么在 x_0 的某个邻域内的任何点 x，只要 $x\neq x_0$，就有

$$f(x)<f(x_0)$$

当 $x<x_0$ 时，

$$\frac{f(x)-f(x_0)}{x-x_0}>0$$

则

$$f'(x_0)=\lim_{x\to x_0^-}\frac{f(x)-f(x_0)}{x-x_0}\geqslant 0$$

当 $x > x_0$ 时，
$$\frac{f(x)-f(x_0)}{x-x_0}<0$$

则
$$f'(x_0)=\lim_{x\to x_0^+}\frac{f(x)-f(x_0)}{x-x_0}\leqslant 0$$

所以
$$f'(x_0)=0$$

$f(x)$ 在 x_0 处取得极小值时可类似地证明.

我们把使得导数为零的点，即方程 $f'(x)=0$ 的实根，叫做函数 $f(x)$ 的**驻点**.

定理 3.2 告诉我们，可导函数 $f(x)$ 的极值点必定是它的驻点，但驻点不一定是极值点. 例如，$f(x)=x^3$ 在 $x=0$ 处有 $f'(0)=0$，但 $x=0$ 却不是该函数的极值点.

但是，定理 3.2 只讨论了对可导函数如何寻找可能极值点的方法，对于不可导的函数显然不能用此定理. 然而，许多函数在导数不存在的点处却也可能取得极值. 例如：函数 $f(x)=|x|$，在 $x=0$ 处取得极小值，但在点 $x=0$ 却不可导.

综上所述，要确定函数的极值点，应从函数导数为零的点和导数不存在的点中去寻找，而这两类点在单调区间的计算中已经多次用到过，它们往往是单调区间的分界点，那么若能确定函数的单调性，就能判定可能极值点的函数值与它两侧各点函数值的大小关系，从而确定该点是否为极值点. 这就是下面定理要给出的结论.

定理 3.3（极值存在的第一充分条件）　设函数 $f(x)$ 在点 x_0 的一个邻域内连续，且在此邻域内可导（x_0 可以除外），那么

（1）若 $x<x_0$ 时，$f'(x)>0$，而 $x>x_0$ 时，$f'(x)<0$，则 $f(x)$ 在 x_0 取到极大值，见图 3.7（a）.

（2）若 $x<x_0$ 时，$f'(x)<0$，而 $x>x_0$ 时，$f'(x)>0$，则 $f(x)$ 在 x_0 取到极小值，见图 3.7（b）.

（3）若 $x\neq x_0$ 时，$f'(x)<0$，或当 $x\neq x_0$ 时，$f'(x)>0$，则 x_0 不是 $f(x)$ 的极值点，见图 3.7（c）、（d）.

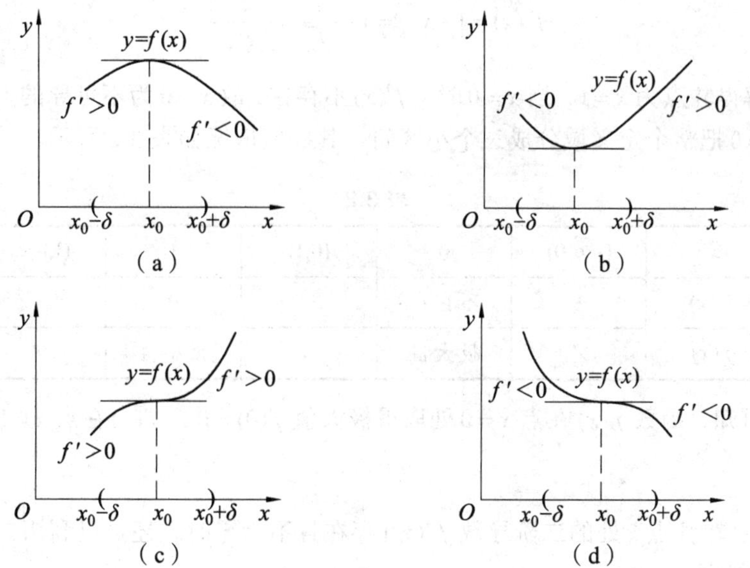

图 3.7

上述定理可简单地这样看，当一个连续函数的自变量从左到右变化经过某一点时，其导数改变符号，那么函数在该点取得极值：若导数符号由正变负，则取得极大值；若导数符号由负变正，则取得极小值；而若导数符号不变，那么函数在该点无极值.

根据前面的讨论，可以将求函数 $f(x)$ 的极值点和极值的步骤归纳如下：

（1）求出函数 $f(x)$ 的定义域；

（2）求出 $f'(x)$，确定 $f(x)$ 的可能极值点（驻点及导数不存在的点）.

（3）考察 $f'(x)$ 在可能极值点两侧的符号是否发生改变，确定极大值点和极小值点.

（4）求出各极值点处的函数值.

例 3.5 求函数 $f(x)=2x^3-9x^2+12x-3$ 的极值.

解 函数的定义域为 $(-\infty,+\infty)$.

$$f'(x)=6x^2-18x+12=6(x-1)(x-2)$$

令 $f'(x)=0$，解得驻点 $x=1$ 及 $x=2$. $f(x)$ 作为多项式无不可导的点. 列表 3.1 讨论：

表 3.1

x	$(-\infty,1)$	1	$(1,2)$	2	$(2,+\infty)$
$f'(x)$	+	0	−	0	+
$f(x)$	↗	极大值	↘	极小值	↗

由表 3.1 可知，函数 $f(x)$ 在点 $x=1$ 处取得极大值 $f(1)=2$； $f(x)$ 在点 $x=2$ 处取得极小值 $f(2)=1$.

例 3.6 求函数 $f(x)=x-\frac{3}{2}x^{\frac{2}{3}}$ 的极值.

解 函数的定义域为 $(-\infty,+\infty)$.

$$f'(x)=1-x^{-\frac{1}{3}}=1-\frac{1}{\sqrt[3]{x}}=\frac{\sqrt[3]{x}-1}{\sqrt[3]{x}}$$

令 $f'(x)=0$，解得驻点为 $x=1$. 当 $x=0$ 时，$f'(x)$ 不存在，故 $x=0$ 为不可导的点. 其驻点 $x=1$ 和不可导点 $x=0$ 把整个定义域分成三个小区间，其极值情况如表 3.2 所示.

表 3.2

x	$(-\infty,0)$	0	$(0,1)$	1	$(1,+\infty)$
$f'(x)$	+	不存在	−	0	+
$f(x)$	↗	极大值	↘	极小值	↗

由表 3.2 可知，函数 $f(x)$ 在点 $x=0$ 处取得极大值 $f(0)=0$； $f(x)$ 在点 $x=1$ 处取得极小值 $f(1)=-\frac{1}{2}$.

当函数 $f(x)$ 在驻点 x 处的二阶导数 $f''(x_0)$ 存在且不为零时，还可以利用二阶导数来确定 $f(x)$ 在 x_0 处的极值.

定理 3.4（极值存在的第二充分条件）　设函数 $f(x)$ 在点 x_0 处具有二阶导数且 $f'(x_0)=0$，$f''(x_0)\neq 0$，则

（1）当 $f''(x_0)<0$ 时，函数 $f(x)$ 在点 x_0 处取得极大值；

（2）当 $f''(x_0)>0$ 时，函数 $f(x)$ 在点 x_0 处取得极小值.

证明　仅就 $f''(x_0)<0$ 的情形进行证明.

由于 $f'(x_0)=0$，按二阶导数的定义有

$$f''(x_0)=\lim_{x\to x_0}\frac{f'(x)-f'(x_0)}{x-x_0}=\lim_{x\to x_0}\frac{f'(x)}{x-x_0}<0$$

根据函数极限的性质，在 x_0 的某个邻域内，当 $x\neq x_0$ 时，就有

$$\frac{f'(x)}{x-x_0}<0$$

所以，在这个邻域内，$f'(x)$ 与 $x-x_0$ 的符号相反，即当 $x<x_0$ 时，$f'(x)>0$，当 $x>x_0$ 时，$f'(x)<0$，因此，$f(x)$ 在 x_0 处取得极大值.

类似地可以证明 $f''(x_0)>0$ 时的结论.

例 3.7　求函数 $f(x)=x^3-3x$ 的极值.

解　函数的定义域为 $(-\infty,+\infty)$.

$$f'(x)=3x^2-3$$

令 $f'(x)=0$，解得驻点 $x=\pm 1$.

又

$$f''(x)=6x$$

由于 $f''(-1)=-6<0$，故 $f(x)$ 在 $x=-1$ 取得极大值 $f(-1)=2$；
同理，因为 $f''(1)=6>0$，所以 $f(x)$ 在 $x=1$ 取得极小值 $f(1)=-2$.

例 3.8　求函数 $f(x)=(x^2-1)^3+1$ 的极值.

解　函数在定义域 $(-\infty,+\infty)$ 内连续且可导.

$$f'(x)=6x(x^2-1)^2$$

令 $f'(x)=0$，得驻点 $x=0$，$x=1$ 及 $x=-1$.

$$f''(x)=6(x^2-1)(5x^2-1)$$

由于 $f''(0)=6>0$，则 $f(x)$ 在 $x=0$ 处取得极小值，极小值为 $f(0)=0$；

又 $f''(-1)=f''(1)=0$，所以定理 3.4 失效. 现在考察一阶导数 $f'(x)$ 在驻点 $x=1$ 及 $x=-1$ 左右邻近的符号：在 $(-\infty,-1)$ 内，$f'(x)<0$；在 $(-1,0)$ 内，$f'(x)<0$；在 $(0,1)$ 内，$f'(x)>0$；在 $(1,+\infty)$ 内，$f'(x)>0$. 也就是说，在 $x=-1$ 及 $x=1$ 两侧邻近，$f'(x)$ 的符号没有改变，所以这两个驻点都不是极值点.

注意： 函数 $f(x)$ 在点 x_0 处如果二阶导数不存在，就不能使用定理 3.4，或者如果 $f(x)$ 在驻点 x_0 处二阶导数为零，即 $f''(x_0)=0$，也不能使用定理 3.4，这时 x_0 是否为 $f(x)$ 的极值点还得用定理 3.3 来判断.

习题 3.3

基础练习

1. 选择题.

（1）下列函数在 $(-\infty,+\infty)$ 内单调增加的是（　　）.

A. $y=\sin x$　　B. $y=e^x$　　C. $y=x^2$　　D. $y=3-x$

（2）设函数 $f(x)$ 在 $(-\infty,+\infty)$ 内可导，且恒有 $f'(x)>0$，则下列正确的是（　　）.

A. $f(x)$ 在 $(-\infty,+\infty)$ 内单调减少　　B. $f(x)$ 在 $(-\infty,+\infty)$ 内是常数

C. $f(x)$ 在 $(-\infty,+\infty)$ 内不是单调的　　D. $f(x)$ 在 $(-\infty,+\infty)$ 内单调递增

（3）设函数 $y=f(x)$ 在点 $x=x_0$ 取得极大值，则必有（　　）.

A. $f'(x_0)=0$　　B. $f''(x_0)<0$

C. $f'(x_0)=0$ 且 $f''(x_0)<0$　　D. $f'(x_0)=0$ 或不存在

（4）设函数 $f(x)=x^3-12x+1$ 在定义域内（　　）.

A. 单调增加　　B. 单调减少

C. 有增有减　　D. 不确定

2. 填空题.

（1）函数 $y=x-e^x$ 的单调增区间为________.

（2）设函数 $f(x)=x^3-3x^2-9x+5$，则 $f(x)$ 的驻点为________，单调递增区间为________，单调递减区间为________，极小值点为________，极大值点为________，极小值为________，极大值为________.

3. 判断题（正确的划√，不正确的划×）

（1）函数 $f(x)$ 在区间 (a,b) 上可以有多个极大值和极小值.（　　）

（2）函数 $f(x)$ 的极大值一定大于它的极小值.（　　）

（3）函数 $f(x)$ 的极值可以在定义区间的端点取得.（　　）

（4）函数 $f(x)$ 的极值点是它的驻点.（　　）

（5）函数 $f(x)$ 的极值点不一定可导.（　　）

4. 解答题.

（1）判断函数 $f(x)=\arctan x-x$ 的单调性.

（2）判断函数 $f(x)=x+\cos x\ (0\leqslant x\leqslant 2\pi)$ 的单调性.

提高练习

5. 求下列函数的单调区间.

（1）$f(x)=7x^2+14x+1$；　　（2）$f(x)=2x^3-6x^2-18x-7$；

（3）$y=e^{-x^2}$；　　（4）$y=2x^2-\ln x$；

（5）$f(x)=(x^2-4)^2$；　　（6）$y=(x-1)^3(x+1)^2$.

6. 求下列函数的极值点和极值.

（1）$f(x)=x^2-\frac{1}{2}x^4$；　　（2）$f(x)=4x^3-3x^2-6x+2$；

（3）$f(x)=\sin x-2x$；　　（4）$y=x+\sqrt{1-x}$.

7. 求函数 $y=\frac{1}{2}-\cos x$ 在区间 $[0,2\pi]$ 上的极值.

拓展练习

8. 求函数 $f(x)=\sqrt{-x^2+6x-8}$ 的单调区间.

9. 求函数 $f(x)=\frac{x^2}{1+x^2}$ 的单调区间和极值.

10. 求函数 $f(x)=(x^2-1)^3+1$ 的极值.

第四节　函数的最大值和最小值

在许多实际问题中，常常遇到这样一类问题：在一定条件下，怎样使投入最少、产出最多、成本最低、效率最高、路程最短、利润最大等问题. 用数学的方法进行描述，它们都可归结为求一个函数的最大值、最小值问题.

由闭区间上连续函数的性质，$f(x)$ 在 $[a,b]$ 上必存在最大值和最小值，其最大值和最小值可能在区间内部取得，也可能在区间的端点取得. 如果在区间内部某点取得最大值或最小值，那么这个值也一定相应地是函数的极大值或极小值. 因此，可以用如下方法求 $[a,b]$ 上的连续函数 $f(x)$ 的最大值和最小值.

由此，我们得到闭区间 $[a,b]$ 上连续函数求最值的步骤：

（1）求出函数 $f(x)$ 在开区间 (a,b) 内的所有可能极值点：驻点及不可导点；

（2）计算函数 $f(x)$ 在驻点、不可导点处以及区间端点 a, b 处的函数值；

（3）比较这些函数值，其中最大的为函数的最大值，最小的为函数的最小值.

例 4.1　求函数 $f(x)=x^4-2x^2+3$ 在区间 $[-2,2]$ 上的最大值和最小值.

解　因为函数 $f(x)$ 在 $[-2,2]$ 上连续，所以 $f(x)$ 在 $[-2,2]$ 上必有最大值和最小值.

$$f'(x)=4x^3-4x=4x(x^2-1)$$

令 $f'(x)=0$，得驻点 $x_1=0$，$x_2=1$，$x_3=-1$，且无不可导点.

计算函数 $f(x)$ 在驻点、区间端点处的函数值：

$$f(-1)=2,\ f(0)=3,\ f(1)=2,\ f(2)=11,\ f(-2)=11$$

比较大小可知，函数 $f(x)$ 在区间 $[-2,2]$ 上的最大值为 11，最小值为 2.

注意两种特殊情况：

（1）在闭区间 $[a,b]$ 上单调增加或单调减少的函数，必在端点处取得最大值或最小值.

（2）连续函数 $f(x)$ 在开区间 (a,b) 内有且仅有一个极值点，则一定在该点处取得最值. 若此极值点为极大值点，则函数在该点必取得最大值，见图 3.8（a）；若此极值点为极小值点，则函数在该点必取得最小值，见图 3.8（b）.

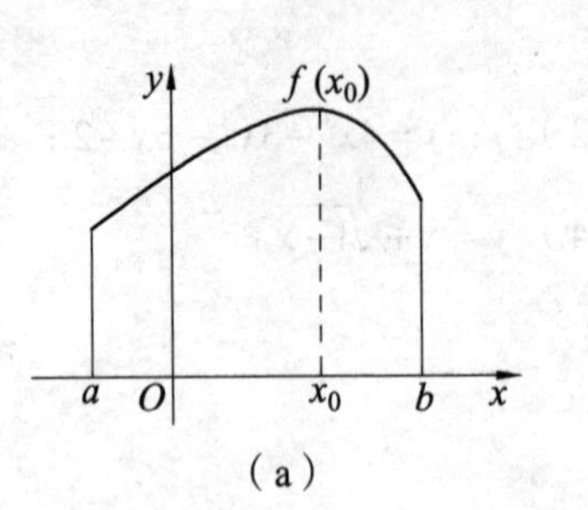

（a）

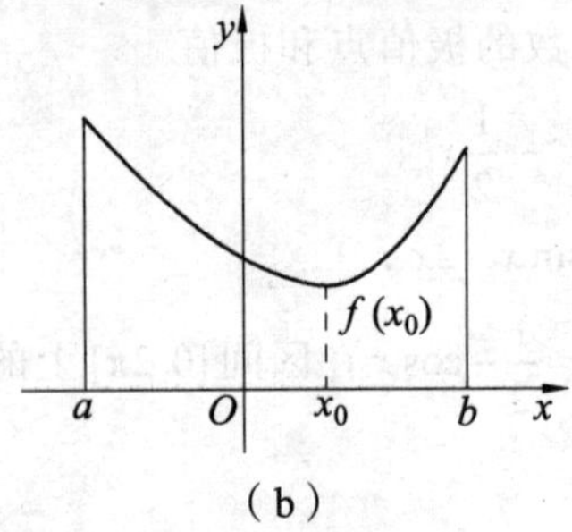

（b）

图 3.8

在实际问题中，如果在 (a,b) 内部 $f(x)$ 有唯一的一个驻点 x_0，且由实际问题本身可知，在 (a,b) 内必有最大值或最小值，则 $f(x_0)$ 就是所要求的最大值或最小值.

下面举一些实际问题的例子，这些问题都可以归结为求函数的最大值或最小值问题.

例 4.2 要做一个容积为 V 的圆柱形煤气罐，问怎样设计才能使所用材料最省？

解 设煤气罐的底半径为 r，高为 h，如图 3.9 所示，则煤气罐的侧面积为 $2\pi rh$，底面积为 πr^2，表面积为

$$S = 2\pi r^2 + 2\pi rh$$

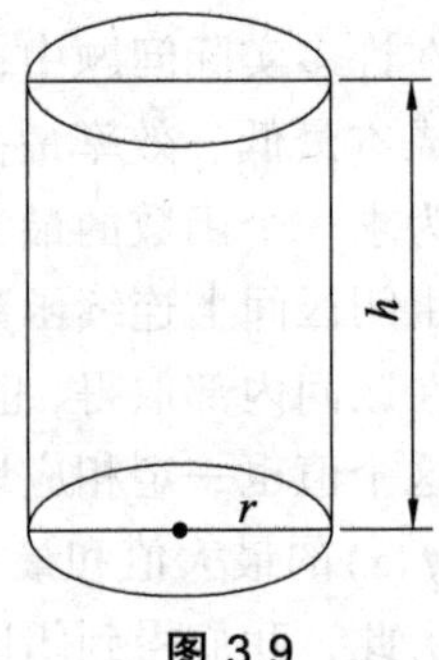

图 3.9

由 $V = \pi r^2 h$ 得，

$$h = \frac{V}{\pi r^2}$$

所以

$$S = 2\pi r^2 + \frac{2V}{r}, \quad r \in (0,+\infty)$$

则

$$S' = 4\pi r - \frac{2V}{r^2} = \frac{2(2\pi r^3 - V)}{r^2}$$

令 $S' = 0$，有唯一驻点 $r = \left(\frac{V}{2\pi}\right)^{\frac{1}{3}} \in (0,+\infty)$. 因此它一定是使 S 达到最小值的点. 此时对应的高为

$$h = \frac{V}{\pi r^2} = 2\left(\frac{V}{2\pi}\right)^{\frac{1}{3}} = 2r$$

即当煤气罐的高和底的直径相等时，所用材料最省.

例 4.3 一房地产公司有 50 套公寓房要出租，当租金定为 180 元/套 · 月时，公寓可全部租出；当租金提高 10 元/套 · 月，租不出的公寓就增加一套；已租出的公寓整修维护费用为 20 元/套 · 月. 问租金定价多少时可获得最大月收入？

解 设租金为 x（元/套 · 月），据设 $x \geqslant 180$. 此时未租出公寓为 $\frac{x-180}{10}$ 套，租出公寓为

$$50 - \frac{x-180}{10} = 68 - \frac{x}{10} \text{（套）}$$

从而月收入

$$R(x)=\left(68-\frac{x}{10}\right)\cdot(x-20)$$

则
$$R'(x)=-\frac{1}{10}(x-20)+\left(68-\frac{x}{10}\right)=-\frac{1}{5}x+70$$

令 $R'(x)=0$，得唯一解 $x=350$.

由本题实际意义，适当的租金价位必定能使月收入达到最大，而函数 $R(x)$ 仅有唯一驻点，因此这个驻点必定是最大值点. 所以租金定为 350/套 · 月时，可获得最大月收入.

例 4.4　铁路线上 AB 段的距离为 100 千米，工厂 C 距 A 处为 20 千米，AC 垂直于 AB，见图 3.10. 为了运输需要，要在 AB 线上选定一点 D 向工厂修筑一条公路，已知铁路每千米货运的运费与公路每千米的运费之比为 3∶5. 为了使货物在 B 与 C 之间运送的费用最省，问 D 点应选在何处？

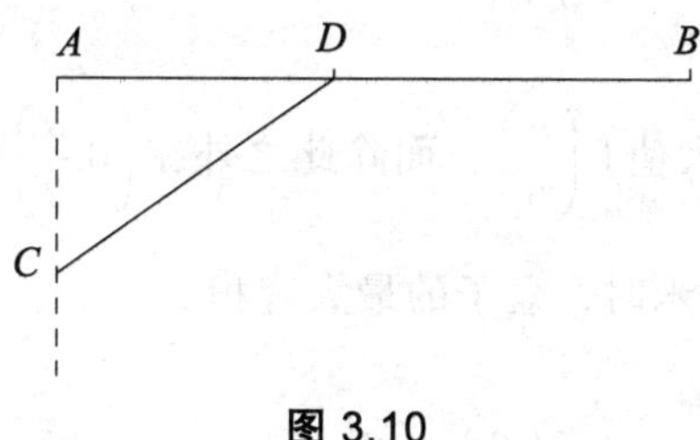

图 3.10

解　如图 3.10，设 $AD=x$（千米），那么

$$DB=100-x,\ \ CD=\sqrt{20^2+x^2}$$

设铁路每千米运费为 $3k$，公路每千米运费为 $5k$（k 为一大于零的常数），则 B 与 C 之间运费的总费用

$$y=5k\cdot CD+3k\cdot DB$$

即
$$y=5k\sqrt{400+x^2}+3k(100-x)\quad (0\leqslant x\leqslant 100)$$

下面只需求出当 x 在 $[0,100]$ 上取值时，函数 y 的最小值.

$$y'=k\left(\frac{5x}{\sqrt{400+x^2}}-3\right)$$

令 $y'=0$，得 $x=15$（千米）. 由于

$$y(0)=400k,\ \ y(15)=380k,\ \ y(100)=500k\sqrt{1+\frac{1}{5^2}}$$

因此当 $AD=15$ 千米时，总运费最省.

例 4.5　一正方形铁皮，边长为 a 厘米，从它的四角截去四个相等的小正方形，见图 3.11，剩下的部分做成一个无盖的盒子，问被截去的小正方形的边长为多少厘米时，才能使盒子的容积最大？

解　设截下去的小正方形的边长为 x 厘米，则盒子的容积为

$$V = x(a-2x)^2 \quad \left(0 < x < \frac{a}{2}\right)$$

求 V 的一阶、二阶导数，得

$$V' = (a-2x)(a-6x)$$

$$V'' = 8(3x-a)$$

令 $V'=0$，得驻点 $x=\frac{a}{2}$ 及 $x=\frac{a}{6}$. 可见，在区间 $\left(0,\frac{a}{2}\right)$ 内的驻点只能是 $x=\frac{a}{6}$. 由于

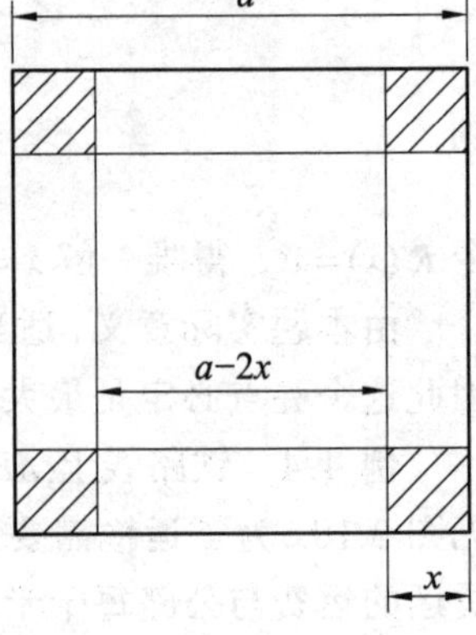

图 3.11

$$V''\left(\frac{a}{6}\right) = -4a < 0$$

所以 $x=\frac{a}{6}$ 时，体积值 V 有极大值 $V\left(\frac{a}{6}\right)$，而除此之外在 $\left(0,\frac{a}{2}\right)$ 内，体积 V 没有其他极值，故 $V\left(\frac{a}{6}\right)$ 也是最大值. 当 $x=\frac{a}{6}$ 厘米时，盒子的最大容积

$$V\left(\frac{a}{6}\right) = \frac{2a^3}{27} \text{（厘米}^3\text{）}$$

习题 3.4

基础练习

1. 设函数 $f(x)=x^2-x$ 在区间 $[0,1]$ 上的最大值为（　　）.

A. 0　　B. $-\frac{1}{4}$　　C. $1-\sin 1$　　D. $\frac{\pi}{2}$

2. 设函数 $f(x)=x-\sin x$ 在区间 $[0,1]$ 上的最大值为（　　）.

A. 0　　B. 1　　C. $1-\sin 1$　　D. $\frac{\pi}{2}$

3. 函数 $f(x)=x^3-3x+3$ 在区间 $\left[-3,\frac{3}{2}\right]$ 上的最大值为________，最小值为________.

提高练习

4. 求下列函数在给定区间上的最大值和最小值.

（1）$f(x)=2x^3-3x^2, x\in[-1,4]$；　（2）$f(x)=x^5-5x^4+5x^3+1, x\in[-1,2]$；

（3）$f(x)=\sin 2x - x, x\in\left[-\frac{\pi}{2},\frac{\pi}{2}\right]$；　（4）$f(x)=\sqrt{100-x^2}, x\in[-6,8]$.

拓展练习

5. 用长 6 cm 的铝合金材料加工一个日字形窗框，问窗框的长和宽各为多少时，才能使窗户的面积最大？最大面积是多少？

6. 设某商店以每件 10 元的进价购进一批衬衫，并设此商品的需求函数

$Q=80-2p$（其中 Q 为需求量，单位为件，p 为销售价格，单位为元），

问该商店应将售价定为多少元时，才能获得最大利润？最大利润是多少？

第五节 函数的凹凸性与拐点

在前面的学习中，我们研究了函数的单调性和极值，这对于描绘函数图形有很大的作用，但是仅仅知道这些还不能准确地描绘函数的图形. 如图 3.12 中的两条曲线弧，虽然它们都是上升的，但它们的弯曲方向却不一样，因而图形有着显著的差别. $\overset{\frown}{ACB}$ 弧上每一点的切线位于曲线弧的上方，其图形是凸起的；而 $\overset{\frown}{ADB}$ 弧上每一点的切线位于曲线弧的下方，其图形是凹下的. 下面我们就来研究曲线的凹凸性及其判别法.

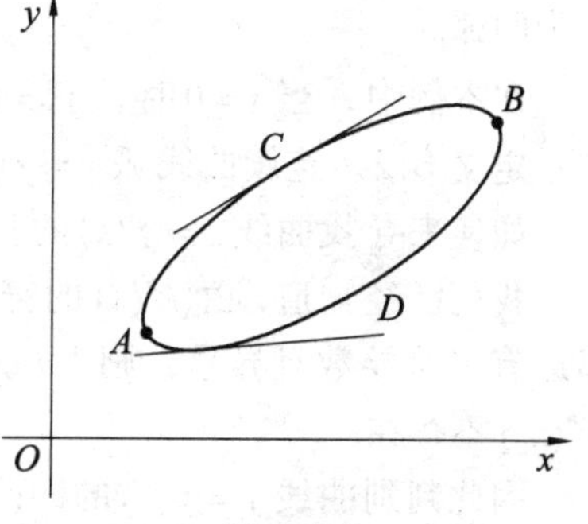

图 3.12

定义 5.1 函数 $y=f(x)$ 在区间 (a,b) 内可导，如果在区间 (a,b) 内曲线 $y=f(x)$ 总位于它每一点处切线的上方，则称曲线 $y=f(x)$ 在区间 (a,b) 上是凹的，区间 (a,b) 称为凹区间；如果在区间 (a,b) 内曲线 $y=f(x)$ 总位于它每一点处切线的下方，则称曲线 $y=f(x)$ 在区间 (a,b) 上是凸的，区间 (a,b) 称为凸区间.

从图 3.13（a）看到，凹的曲线 $f(x)$ 的切线斜率 $k=\tan\alpha=f'(x)$ 随着 x 的增大而增大，即 $f'(x)$ 是单调增加的；而图 3.13（b）中凸的曲线 $f(x)$ 的切线斜率 $k=\tan\alpha=f'(x)$ 随着 x 的增大而减小，即 $f'(x)$ 是单调减少的.

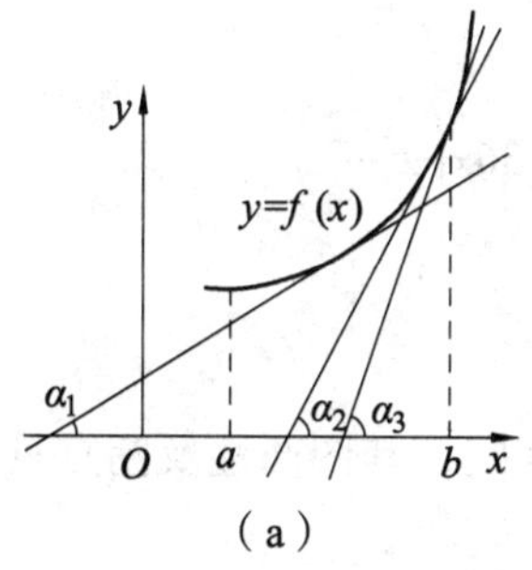

（a）

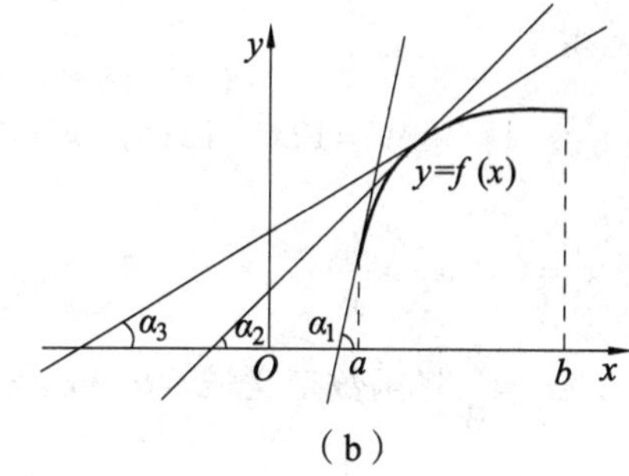

（b）

图 3.13

由此可见，曲线 $f(x)$ 的凹凸性可以用导数 $f'(x)$ 的单调性来判定，而 $f'(x)$ 的单调性又可以用它的导数 $(f'(x))'$，即 $f(x)$ 的二阶导数 $f''(x)$ 的符号来判定，故曲线 $f(x)$ 的凹凸性与 $f''(x)$ 的符号有关，因此，有如下曲线凹凸性的判定定理：

定理 5.1 设函数 $f(x)$ 在区间 (a,b) 内具有二阶导数，那么

（1）若在 (a,b) 内 $f''(x)>0$，则曲线 $y=f(x)$ 在 (a,b) 内是凹的；

（2）若在 (a,b) 内 $f''(x)<0$，则曲线 $y=f(x)$ 在 (a,b) 内是凸的.

例 5.1 判定 $y=x-\ln x$ 的凹凸性.

解 因为

$$y'=1-\frac{1}{x}, \quad y''=\frac{1}{x^2}>0$$

所以，在函数的定义域 $(0,+\infty)$ 内，曲线 $y=x-\ln x$ 是凹的.

例 5.2 判断 $y=x^3$ 的凹凸性.

解 因为

$$y'=3x^2, \quad y''=6x$$

所以当 $x<0$ 时，$y''<0$，曲线 $y=x^3$ 在 $(-\infty,0]$ 上为凸弧；当 $x>0$ 时，$y''>0$，曲线 $y=x^3$ 在 $[0,+\infty)$ 上为凹弧.

在本例中，当 $x=0$ 时，$y''=0$，同时点 $(0,0)$ 是曲线 $y=x^3$ 由凸变凹的分界点.

定义 5.2 连续曲线弧 $y=f(x)$ 上凹弧与凸弧的分界点 $(x_0,f(x_0))$ 称为曲线的拐点.

如何来寻找曲线 $y=f(x)$ 的拐点呢？

我们已经知道，由 $f''(x)$ 的符号可以判断曲线的凹凸性，若函数 $y=f(x)$ 在点 x_0 左右两侧邻近有二阶导数且异号，则点 $(x_0,f(x_0))$ 必定是曲线的一个拐点，而在拐点处，$f''(x_0)=0$ 或 $f''(x_0)$ 不存在.

因此判别曲线 $y=f(x)$ 的凹凸性及拐点，可以按下列步骤进行：

（1）求函数的二阶导数 $f''(x)$；

（2）令 $f''(x)=0$，求出二阶导数为零的点，并确定二阶导数不存在的点；

（3）对于（2）中确定的每个点 x_0，检查 $f''(x)$ 在点 x_0 左、右两侧邻近的符号是否相反，若符号保持不变，则 $(x_0,f(x_0))$ 不是拐点，若符号相反，则 $(x_0,f(x_0))$ 就是曲线 $y=f(x)$ 的拐点.

例 5.3 求曲线 $y=3x^4-4x^3+1$ 的凹凸区间与拐点.

解 函数的定义域为 $(-\infty,+\infty)$.

求导数，得

$$y'=12x^3-12x^2, \quad y''=36x^2-24x=36x\left(x-\frac{2}{3}\right)$$

令 $y''=0$，得 $x_1=0$，$x_2=\dfrac{2}{3}$.

由 $x_1=0$，$x_2=\dfrac{2}{3}$ 将函数定义域 $(-\infty,+\infty)$ 分成三个小区间，其凹凸性及拐点见表 3.3.

表 3.3

x	$(-\infty,0)$	0	$\left(0,\frac{2}{3}\right)$	$\frac{2}{3}$	$\left(\frac{2}{3},+\infty\right)$
$f''(x)$	+	0	−	0	+
$f(x)$	凹的	拐点 $(0,1)$	凸的	拐点 $\left(\frac{2}{3},\frac{11}{27}\right)$	凹的

由表 3.3 可知，曲线的凹区间是 $(-\infty,0)$ 和 $\left(\frac{2}{3},+\infty\right)$；凸区间为 $\left(0,\frac{2}{3}\right)$；拐点是 $(0,1)$ 和 $\left(\frac{2}{3},\frac{11}{27}\right)$.

例 5.4　考察曲线 $y=x^4$ 是否有拐点?

解　对函数求导，得

$$y'=4x^3\,,\quad y''=12x^2$$

显然，在 $x=0$ 有 $y''=0$，当 $x\neq 0$ 时 $y''>0$. 因此点 $(0,0)$ 不是曲线 $y=x^4$ 的拐点，曲线 $y=x^4$ 在 $(-\infty,+\infty)$ 内是凹的，没有拐点.

例 5.5　考察曲线 $y=\sqrt[3]{x}$ 是否有拐点?

解　函数的定义域为 $(-\infty,+\infty)$.

当 $x\neq 0$ 时，有

$$y'=\frac{1}{3}x^{-\frac{2}{3}}\,,\quad y''=-\frac{2}{9}x^{-\frac{5}{3}}=-\frac{2}{9}\frac{1}{\sqrt[3]{x^5}}$$

当 $x=0$ 时，函数 $y=\sqrt[3]{x}$ 的 y',y'' 均不存在. 但是，在 $(-\infty,0)$ 内，$y''>0$，所以曲线在 $(-\infty,0]$ 上是凹的；在 $(0,+\infty)$ 内，$y''<0$，所以曲线在 $[0,+\infty)$ 上是凸的；而当 $x=0$ 时，$y=0$，故点 $(0,0)$ 是曲线 $y=\sqrt[3]{x}$ 的拐点.

习题 3.5

基础练习

1. 函数 $y=3x-x^3$ 的拐点是（　　）.

   A. $(0,1)$　　B. $(-1,0)$　　C. $(0,0)$　　D. $(\sqrt{3},0)$

2. 条件 $f''(x_0)=0$ 是函数 $f(x)$ 的图形在点 $x=x_0$ 处有拐点的（　　）.

   A. 必要条件　　B. 充分条件

   C. 充分必要条件　　D. 无关

3. 函数 $y=\frac{1}{3}x^3-x^2+1$ 的图形在区间 $(0,1)$ 内（　　）.

   A. 是凹的　　B. 是凸的

   C. 是直线段　　D. 部分是凹的，部分是凸的

4. 曲线 $f(x)=x^4$ 的拐点是________.

5. 曲线 $f(x)=2+(x-4)^{\frac{1}{3}}$ 的凹区间是________，凸区间是________，拐点是________.

6. 曲线 $f(x)=(x-1)^2(x-3)^2$ 的拐点个数为________.

提高练习

7. 求曲线 $f(x)=x^4-2x^3+1$ 的凹凸区间和拐点.

8. 判断曲线 $f(x)=(2x-1)^4+1$ 是否有拐点.

9. 求曲线 $y=xe^{-x}$ 的拐点.

拓展练习

10. 求曲线 $y=(x-1)\sqrt[3]{x^5}$ 的凹凸区间以及拐点.

11. 已知曲线 $y=x^3+ax^2-9x+4$ 在点 $x=1$ 处有拐点，试确定系数 a，并求曲线的凹凸区间及拐点.

*第六节　函数图形的描绘

前几节讨论了函数的一阶、二阶导数与函数图形的变化性态的关系，这些结果都可用于函数作图，但要比较准确地描绘出函数的图形，除了掌握函数的增减性、凹凸性、极值和拐点外，还需要知道曲线无限延伸时的走向和趋势. 为此，下面我们先讨论曲线的渐近线.

一、曲线的渐近线

定义 6.1　若曲线上的点沿曲线趋于无穷远时，该点与某一直线的距离趋于零，则称此直线是曲线的一条渐近线. 渐近线分为斜渐近线、水平渐近线和垂直渐近线三种. 这里只讨论水平渐近线和垂直渐近线.

1. 水平渐近线

考察函数 $y=\mathrm{e}^x$ 的图像. 如图 3.14 所示，当 $x\to-\infty$ 时，曲线越来越接近于水平直线 x 轴，即直线 $y=0$. 对于这种情况有下列定义.

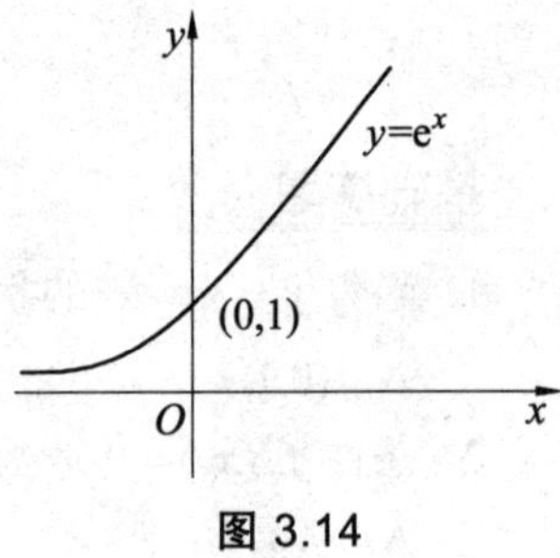

图 3.14

定义 6.2　如果曲线 $y=f(x)$ 的定义域是无限区间，且有

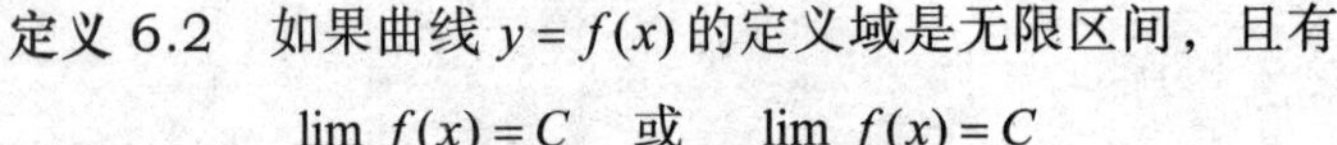

$$\lim_{x\to-\infty}f(x)=C \quad 或 \quad \lim_{x\to+\infty}f(x)=C$$

则称直线 $y=C$ 为曲线 $y=f(x)$ 的一条水平渐近线.

例 6.1　求曲线 $y=\arctan x$ 的渐近线.

解　按水平渐近线定义，

$$\lim_{x\to-\infty}\arctan x=-\frac{\pi}{2},\quad \lim_{x\to+\infty}\arctan x=\frac{\pi}{2}$$

所以曲线 $y=\arctan x$ 有两条水平渐近线：$y=-\dfrac{\pi}{2}$ 和 $y=\dfrac{\pi}{2}$，如图 3.15 所示.

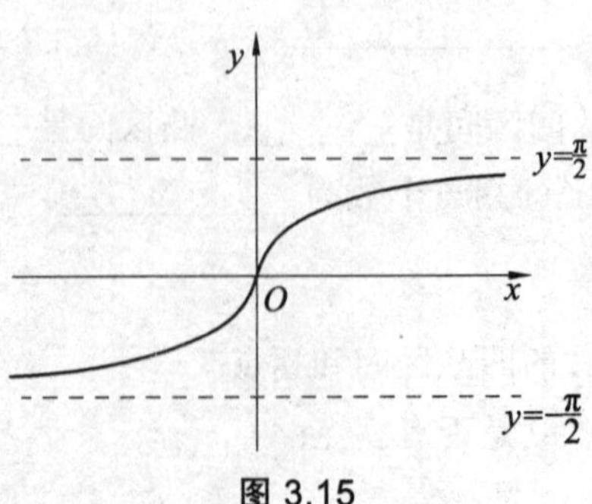

图 3.15

2. 垂直渐近线

定义 6.3　如果曲线 $y=f(x)$ 在点 a 处间断，且

$$\lim_{x\to a^-} f(x)=\infty \quad 或 \quad \lim_{x\to a^+} f(x)=\infty$$

则称直线 $x=a$ 为曲线 $y=f(x)$ 的一条铅直渐近线.

例 6.2　求曲线 $y=\dfrac{1}{x-1}$ 的渐近线.

解　因为 $\lim\limits_{x\to\infty}\dfrac{1}{x-1}=0$，所以 $y=0$ 是曲线的水平渐近线.

又因为 $\lim\limits_{x\to 1}\dfrac{1}{x-1}=\infty$，所以 $x=1$ 是曲线的垂直渐近线.

见图 3.16.

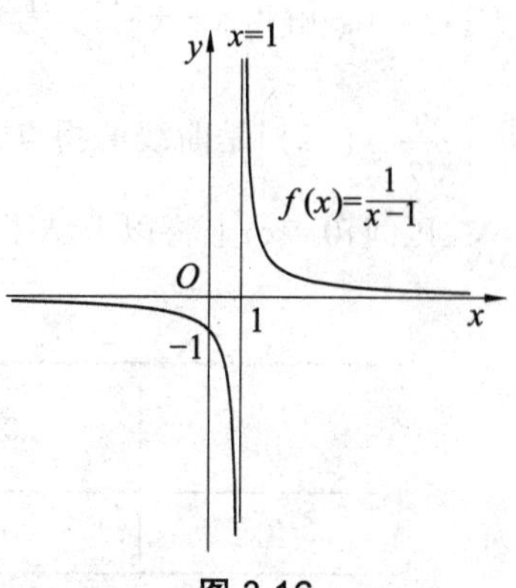

图 3.16

例 6.3　求曲线 $y=\dfrac{x^3}{x^2+2x-3}$ 的渐近线.

解　函数曲线为 $y=\dfrac{x^3}{(x+3)(x-1)}$，因为

$$\lim_{x\to 1}\frac{x^3}{(x-1)(x+3)}=\infty \quad 及 \quad \lim_{x\to -3}\frac{x^3}{(x-1)(x+3)}=\infty$$

所以 $x=1$ 及 $x=-3$ 是曲线的两条垂直渐近线.

二、函数图形的作法

描绘函数图形的过程，是对前一阶段所学习的函数各种性态的一种综合应用的过程. 基本的作图步骤如下：

（1）确定函数的定义域，讨论对称性及周期性.

（2）确定函数的单调区间和极值.

（3）确定函数的凹凸区间和拐点.

（4）确定函数曲线的水平渐近线、铅直渐近线和斜渐近线.

（5）描出极值点、拐点，作出各条渐近线，然后结合（2）和（3）的结果，用光滑的曲线弧连接描出的各个点，画出函数图形.

如果函数图形具有对称性或周期性，则可以先考虑函数在某一部分范围的图形，再根据对称性或周期性作出其他范围的图形. 描点时，如果极值点、拐点比较少，为使图形更准确，可以另外补充描绘一些点，再连接曲线弧.

例 6.4　作函数 $f(x)=\mathrm{e}^{-x^2}$ 的图形.

解　（1）$f(x)$ 的定义域为 $(-\infty,+\infty)$. 显然，$f(x)$ 为偶函数，其图形关于 y 轴对称，所以可以只讨论函数在 $[0,+\infty)$ 上的图形.

（2）确定 $f(x)$ 的单调性和极值.

$$f'(x)=-2x\mathrm{e}^{-x^2}$$

令 $f'(x)=0$，解得 $x=0$. 当 $x<0$ 时，$f'(x)>0$，当 $x>0$ 时，$f'(x)<0$，所以 $x=0$ 为 $f(x)$ 的极大值点，极大值 $f(0)=1$.

（3）确定 $f(x)$ 的凹凸性和拐点.

$$f''(x)=(4x^2-2)e^{-x^2}$$

令 $f''(x)=0$，解得 $x=\pm\dfrac{1}{\sqrt{2}}$. 考虑 $x=\dfrac{1}{\sqrt{2}}$，当 x 从该点左侧变化到右侧时，$f''(x)$ 符号不同，所以 $\left(\dfrac{1}{\sqrt{2}},f(\sqrt{2})\right)$ 是曲线的拐点，即 $\left(\dfrac{1}{\sqrt{2}},\dfrac{1}{\sqrt{e}}\right)$ 是拐点.

在区间 $[0,+\infty)$ 上将以上结果列表 3.4 如下：

表 3.4

x	0	$\left(0,\dfrac{1}{\sqrt{2}}\right)$	$\dfrac{1}{\sqrt{2}}$	$\left(\dfrac{1}{\sqrt{2}},+\infty\right)$
$f'(x)$	0	–	–	–
$f''(x)$	–	–	0	+
$f(x)$	极大值	↘	有拐点	↘

（4）因为 $\lim\limits_{x\to\infty}e^{-x^2}=0$，所以直线 $y=0$ 是曲线的水平渐近线.

（5）描点 $M_1(0,1)$，$M_2\left(\dfrac{1}{\sqrt{2}},\dfrac{1}{\sqrt{e}}\right)$，另外补描一点 $M_3\left(1,\dfrac{1}{e}\right)$，结合表 3.4 中的结论作出函数在 $[0,+\infty)$ 上的图形，最后利用对称性可得函数在 $(-\infty,0]$ 上的图形，见图 3.17.

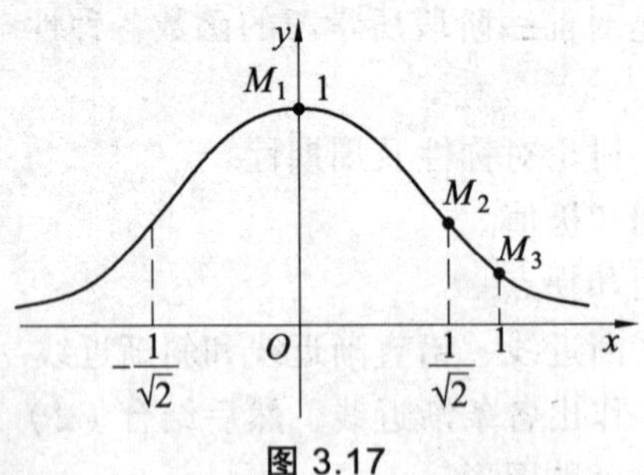

图 3.17

例 6.5 作函数 $y=\dfrac{(x-3)^2}{4(x-1)}$ 的图形.

解 （1）定义域为 $(-\infty,1)$ 及 $(1,+\infty)$.

（2）求函数的一阶导数和二阶导数.

$$y'=\frac{(x-3)(x+1)}{4(x-1)^2},\quad y''=\frac{2}{(x-1)^3}$$

令 $y'=0$，得驻点 $x=-1$ 及 $x=3$. 因为 $f''(-1)<0$，所以 $f(-1)=-2$ 是极大值；又因 $f''(3)>0$，所以 $f(3)=0$ 是极小值.

（3）由 $y''=\dfrac{2}{(x-1)^3}$ 可以看出曲线无拐点.

把以上结果列表 3.5 如下：

表 3.5

x	$(-\infty,-1)$	-1	$(-1,1)$	1	$(1,3)$	3	$(3,+\infty)$
$f'(x)$	+	0	–	无	–	0	+
$f''(x)$	–	–	–	无	+	+	+
$f(x)$	↗	极大值	↘	无	↘	极小值	↗

（4）因为

$$\lim_{x\to 1}\frac{(x-3)^2}{4(x-1)}=\infty$$

所以直线 $x=1$ 是函数曲线的铅直渐近线. 又

$$k=\lim_{x\to\infty}\frac{f(x)}{x}=\lim_{x\to\infty}\frac{(x-3)^2}{4x(x-1)}=\frac{1}{4}$$

$$b=\lim_{x\to\infty}[f(x)-kx]=\lim_{x\to\infty}\left[\frac{(x-3)^2}{4(x-1)}-\frac{1}{4}x\right]=\lim_{x\to\infty}\frac{-5x+9}{4(x-1)}=-\frac{5}{4}$$

所以直线 $y=\dfrac{1}{4}(x-5)$ 是函数曲线的斜渐近线.

（5）描出点 $M_1(-1,-2)$，$M_2(3,0)$，再补描几点：$A\left(-2,-\dfrac{25}{12}\right)$，$B\left(0,-\dfrac{9}{4}\right)$，$C\left(2,\dfrac{1}{4}\right)$，以虚线表示两条渐近线，即可作出函数图形. 见图 3.18.

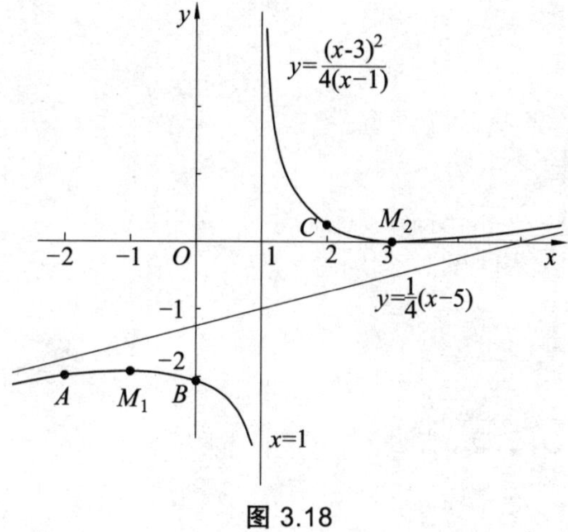

图 3.18

习题 3.6

作出下列函数的图像：

（1）$y=e^x-x-1$；（2）$y=2-x-x^3$；（3）$y=\frac{1}{4}x^4-\frac{3}{2}x^2$；

（4）$y=\ln(x^2+1)$；（5）$y=\frac{x}{x+1}$；（6）$y=x^2+\frac{1}{x}$.

复习题三

一、选择题

1. 下列函数中在给定区间上满足罗尔定理条件的是（　　）.

A. $y=x^2-5x+6, x\in[2,3]$　　B. $y=\dfrac{1}{\sqrt[3]{(x-1)^2}}, x\in[0,2]$

C. $y=xe^{-x}, x\in[0,1]$　　D. $y=|x-1|, x\in[0,2]$

2. 函数 $y=x\ln x$ 在区间 $[1,2]$ 上满足拉格朗日定理条件的 ξ 是（　　）.

A. $\dfrac{e}{4}$　　B. $\dfrac{4}{e}$　　C. $2\ln 2$　　D. 1

3. 设 $y=\dfrac{1}{3}x^3-4x+4$，那么在区间 $(-\infty,-2)$ 和 $(2,+\infty)$ 内，y 分别为（　　）.

A. 单调增加，单调增加　　B. 单调增加，单调减少

C. 单调减少，单调增加　　D. 单调减少，单调减少

4. 函数 $f(x)=(x-3)^{\frac{2}{3}}$ 在点 $x=3$ 处是 $f(x)$ 的（　　）.

A. 可导点　　B. 拐点　　C. 驻点　　D. 极值点

5. 函数 $f(x)=3x^3-4x^2+7$ 在区间 $(1,+\infty)$ 上是（　　）.

A. 单调递增而且凹的　　B. 单调递减而且凹的

C. 单调递增而且凸的　　D. 单调递减而且凸的

6. 条件 $f'(x_0)=0$ 是函数 $y=f(x)$ 在 x_0 点处有极值的（　　）.

A. 必要条件　　B. 充分条件

C. 充分必要条件　　D. A, B, C 都不是

7. 曲线 $f(x)=x^3(1-x)$ 的拐点是（　　）.

A. $\left(\dfrac{1}{2},0\right)$　　B. $\left(0,\dfrac{1}{2}\right)$　　C. $\left(0,\dfrac{1}{16}\right)$　　D. $\left(\dfrac{1}{2},\dfrac{1}{16}\right)$

8. 曲线 $f(x)=\dfrac{1}{\ln(1+x)}$ 的渐近线情况是（　　）.

A. 既有水平渐近线，又有垂直渐近线

B. 既无水平渐近线，又无垂直渐近线

C. 只有水平渐近线

D. 只有垂直渐近线

二、填空题

1. 函数 $y=x^3+12x^2+1$ 的单调减少的区间为____________.

2. 点 $(0,1)$ 是曲线 $y=ax^3+bx+c$ 的拐点，则常数 $a=$______，$b=$______，$c=$______.

3. 函数 $y=x^3-6x^2+9x$ 的极大值点为________，拐点为________.

4. 函数 $y=\ln(1+x^2)$ 在 $[-1,2]$ 上的最大值为________，最小值为________.

5. 曲线 $y = \operatorname{arccot} x$ 有两条水平渐近线，分别为________和________.

6. 曲线 $y = \dfrac{2x-1}{(x-1)^2}$ 的垂直渐近线为________.

三、计算题

1. 求下列极限.

（1）$\lim\limits_{x\to\frac{\pi}{4}}\dfrac{\tan x-1}{\sin 4x}$；（2）$\lim\limits_{x\to 0^+}\dfrac{x^3}{e^x}$；（3）$\lim\limits_{x\to\pi}\dfrac{\sin 3x}{\tan 5x}$；

（4）$\lim\limits_{x\to+\infty}\dfrac{x^5-3x^2}{e^{5x}}$；（5）$\lim\limits_{x\to a}\dfrac{x^m-a^m}{x^n-a^n}$；（6）$\lim\limits_{x\to+\infty}\dfrac{x^2+1nx}{x\ln x}$；

（7）$\lim\limits_{x\to+\infty}\dfrac{e^x+e^{-x}}{e^x-e^{-x}}$；（8）$\lim\limits_{x\to 0}\dfrac{(1-\cos x)e^x}{x^2\ln(x+1)}$；（9）$\lim\limits_{x\to 0}\left(\dfrac{1}{x^2}-\dfrac{1}{x\tan x}\right)$；

（10）$\lim\limits_{x\to 1}\left(\dfrac{2}{x^2-1}-\dfrac{1}{x-1}\right)$；（11）$\lim\limits_{x\to\pi}\left(1-\tan\dfrac{x}{4}\right)\sec\dfrac{x}{2}$；（12）$\lim\limits_{x\to 0}x^2e^{\frac{1}{x^2}}$；

（13）$\lim\limits_{x\to+\infty}\left(\dfrac{2}{\pi}\arctan x\right)^x$；（14）$\lim\limits_{x\to 0^+}\left(\dfrac{1}{x}\right)^{\tan x}$；（15）$\lim\limits_{x\to 0}(1+\sin x)^{\frac{1}{x}}$；

（16）$\lim\limits_{x\to 0^+}x^{\ln(1+x)}$；（17）$\lim\limits_{x\to 0^+}\left(\ln\dfrac{1}{x}\right)^x$；（18）$\lim\limits_{x\to 1}(x-1)\tan\dfrac{\pi x}{2}$.

2. 求函数 $y = x^3-6x^2+9x-4$ 的极值和单调区间.

3. 求函数 $y = x^3-\dfrac{3}{2}x^2-6x+10$ 的单调区间和极值.

4. 求函数 $y = x^3-6x^2+9x-4$ 的单调区间、极值、凹凸区间和拐点.

5. 讨论函数 $f(x) = \dfrac{\ln x}{x}$ 的单调性和凹凸性.

6. 求函数 $y = x^4-8x^2+2$ 在区间 $[-1,3]$ 上的最大值与最小值.

7. 求函数 $y = x^3-3x+1$ 在区间 $[-2,0]$ 上的最大值和最小值.

8. 试确定常数 a, b, c 的值，使曲线 $y = x^3+ax^2+bx+c$ 在点 $x=2$ 处取到极值，且与直线 $y=-3x+3$ 相切于点 $(1,0)$.

9. 以直的河岸为一边用篱笆围出一矩形场地，现有 36 米长的篱笆，问能围出的最大场地的面积是多少？

10. 从一块半径为 R 的圆铁片上挖去一个扇形做成漏斗，问剩下的扇形的中心角 φ 取多大时，挖去的那一块做成的漏斗容积最大？

11. 以汽船拖载重量相等的小船若干只，在两港之间来回运货，已知每次拖 4 只小船一日能来回 16 次，每次拖 7 只则一日能来回 10 次，如果小船增多的只数与来回减少的次数成正比，问每日来回多少次，每次拖多少只小船才能使运货总量达到最大？

12. 作下列函数的图形：

（1）$y = \dfrac{x}{1+x^2}$；（2）$y = x^2+\dfrac{1}{x^2}$；（3）$y = (x+1)(x-2)^2$.

学习自测题三

（时间：90 分钟　100 分）

一、选择题（每小题 3 分，共 30 分）

1. 在区间 $[-1,1]$ 上满足罗尔定理条件的函数是（　　）.

A. $f(x)=\dfrac{\sin x}{x}$　　B. $f(x)=(x+1)^2$

C. $f(x)=x^{\frac{2}{3}}$　　D. $f(x)=x^2+1$

2. 下列函数在给定区间上满足拉格朗日中值定理条件的有（　　）.

A. $y=\dfrac{x}{1+x^2}, x\in[-1,1]$　　B. $y=\dfrac{|x|}{x}, x\in[-1,1]$

C. $y=|x|, x\in[-2,2]$　　D. $y=\begin{cases}x+1, & -1\leqslant x<0\\ x^2+1, & 0\leqslant x\leqslant 1\end{cases}$

3. 函数 $y=x+\dfrac{4}{x}$ 的单调减少区间为（　　）.

A. $(-\infty,-2)\cup(2,+\infty)$　　B. $(-2,2)$

C. $(-\infty,0)\cup(0,+\infty)$　　D. $(-2,0)\cup(0,2)$

4. 当 $a=$（　　）时，$f(x)=a\sin x+\dfrac{\sin 3x}{3}$ 在 $x=\dfrac{\pi}{3}$ 处取到极值.

A. 1　　B. 2　　C. $\dfrac{\pi}{3}$　　D. 0

5. 设 $f'(x)=(x-1)(2x+1)$，则在区间 $\left(\dfrac{1}{2},1\right)$ 内（　　）.

A. $y=f(x)$ 单调增加，曲线 $y=f(x)$ 为凹的

B. $y=f(x)$ 单调减少，曲线 $y=f(x)$ 为凹的

C. $y=f(x)$ 单调减少，曲线 $y=f(x)$ 为凸的

D. $y=f(x)$ 单调增加，曲线 $y=f(x)$ 为凸的

6. 若 $(x_0, f(x_0))$ 为连续曲线 $y=f(x)$ 上的凹弧与凸弧的分界点，则（　　）.

A. $(x_0, f(x_0))$ 必为曲线的拐点　　B. $(x_0, f(x_0))$ 必定为曲线的驻点

C. x_0 为 $f(x)$ 的极值点　　D. x_0 必定不是 $f(x)$ 的极值

7. $y=x\mathrm{e}^{-x}$ 的凸区间是（　　）.

A. $(-\infty,2)$　　B. $(-\infty,-2)$　　C. $(2,+\infty)$　　D. $(-2,+\infty)$

8. 设 $f(x)$ 在 $[a,b]$ 上连续，在 (a,b) 内可导，且当 $x\in(a,b)$ 时，有 $f'(x)>0$，又知 $f(a)<0$，则（　　）.

A. $f(x)$ 在 $[a,b]$ 上单调增加，且 $f(b)>0$

B. $f(x)$ 在 $[a,b]$ 上单调增加，且 $f(b)<0$

C. $f(x)$ 在 $[a,b]$ 上单调减少，且 $f(b)<0$

D. $f(x)$ 在 $[a,b]$ 上单调增加，$f(b)$ 的符号无法确定

9. 点 $(1,2)$ 是曲线 $y=ax^3+bx^2$ 的拐点，则（　　）.

A. $a=-1, b=3$　　B. $a=0, b=1$

C. a 为任意数，$b=3$　　D. $a=-1$，b 为任意数

10. 曲线 $y=\dfrac{x}{3-x^2}$ 的渐近线（　　）.

A. 无水平渐近线，也无斜渐近线

B. $x=\sqrt{3}$ 为垂直渐近线，无水平渐近线

C. 有水平渐近线，也有垂直渐近线

D. 只有水平渐近线

二、填空题（每小题 2 分，共 20 分）

1. 函数 $y=x^2-1$ 在 $[-1,1]$ 上满足罗尔定理条件的 $\xi=$__________.
2. 函数 $y=\ln(x+1)$ 在区间 $[0,1]$ 上满足拉格朗日中值定理的 $\xi=$__________.
3. 函数 $y=x^3-5x^2+3x+5$，则该函数的拐点是__________.
4. 函数 $f(x)=\dfrac{x^2}{1+x^2}$，其极小值为__________.
5. 函数 $y=x+\sqrt{1-x}$，在区间 $[-5,1]$ 上的最大值为__________，最小值为__________.
6. 曲线 $y=\dfrac{x^4}{12}-\dfrac{x^2}{2}+x+1$ 的凹区间为__________，凸区间为__________.
7. 曲线 $y=\dfrac{4(x-1)}{(x-3)^2}$，其垂直渐近线方程是__________，水平渐近线方程是__________.

三、计算题

1. 求下列极限.（每小题 5 分，共 20 分）

（1）$\lim\limits_{x\to 0}\dfrac{x^2-1+\ln x}{\mathrm{e}^x-\mathrm{e}}$.　　（2）$\lim\limits_{x\to +\infty}\dfrac{\ln\left(1+\dfrac{1}{x}\right)}{\arctan\dfrac{1}{x}}$.

（3）$\lim\limits_{x\to 0}\dfrac{\sin x-x\cos x}{x^2\sin x}$.　　（4）$\lim\limits_{x\to 0}\dfrac{\sqrt{1+x^2}-\sqrt{\cos x}}{(x+x^2)\sin x}$.

2.（10 分）求函数 $y=x^3-6x^2+9x-4$ 的单调区间、极值、凹凸区间和拐点.

3.（10 分）求函数 $y=\sqrt{5-4x}$ 在 $[-1,1]$ 上的最大值与最小值.

四、应用题（10 分）

某车间靠墙壁盖一间长方形小屋，现有存砖只够砌 20 m 长的墙壁，问应围成怎样的长方形才能使这间小屋的面积最大？

第四章　不定积分

正如加法有其逆运算减法，乘法有其逆运算除法，微分法同样有它的逆运算——积分法. 在前面已经介绍了已知函数求导数或微分的问题，那么与之相反的问题是：已知导函数求其函数，即求一个未知函数，使其导函数恰好是某一已知函数. 这种由导数或微分求原来函数的逆运算叫做求原函数，也就是求不定积分. 本章将介绍不定积分的概念及其计算方法. 其知识结构图如下：

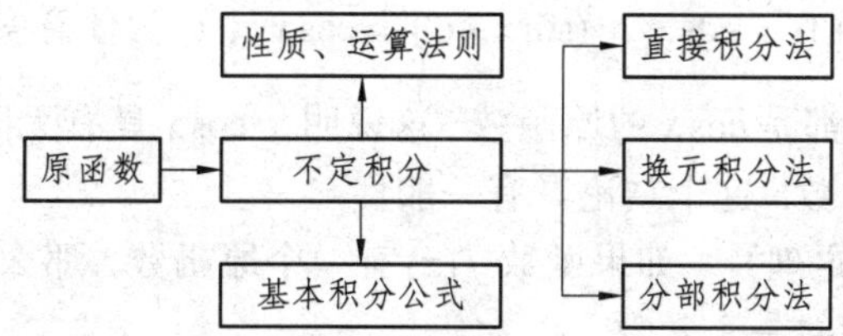

【学习能力目标】

- 了解原函数的概念和不定积分性质.
- 熟悉不定积分的基本公式和基本运算法则.
- 灵活运用利用不定积分性质和直接积分法求不定积分.
- 理解不定积分的概念和不定积分的几何意义.
- 理解凑微分法.
- 熟练掌握换元积分法求不定积分.
- 掌握 $u(x)$ 和 $v'(x)$ 的选取，熟练掌握分部换元积分法求不定积分.

第一节　不定积分的概念和性质

一、原函数

在实际问题中常常会遇到微分学中导数的反问题. 例如，某曲线 $y=F(x)$ 在任意点处的切线的斜率为 $2x$，问该条曲线 $y=F(x)$ 的曲线方程是什么？

这个例子就涉及微分学中求导数（或求微分）的相反问题，即已知函数的导数（或微分），反过来求这个函数.

定义 1.1　如果在区间 D 内，可导函数 $F(x)$ 的导函数为 $f(x)$，即对任意 $x\in D$，均有

$$F'(x)=f(x) \quad 或 \quad dF(x)=f(x)dx$$

则称函数 $F(x)$ 为 $f(x)$ 在区间 D 上的**原函数**（简称为 $f(x)$ 的**原函数**）.

例如，因 $(\sin x)'=\cos x$，故 $\sin x$ 是 $\cos x$ 的一个原函数.

又如，因 $(x^2)'=2x$，故 x^2 是 $2x$ 的一个原函数.

由前面的讨论，我们知道有些函数的导数是不存在的，那么对原函数而言，哪些函数的原函数是存在的？

定理 1.1（原函数存在定理） 如果函数 $f(x)$ 在区间 D 上连续，那么函数 $f(x)$ 在该区间上的原函数一定存在，即在区间 D 上存在可导函数 $F(x)$，使对任意 $x\in D$，都有 $F'(x)=f(x)$.

简单言之：连续函数一定有原函数. 例如，一切初等函数在其定义区间上都连续，所以都有原函数.

关于原函数还需要作以下两点说明：

（1）如果函数存在一个原函数，那么这个函数的原函数是否唯一？

（2）如果不唯一，那么这些原函数之间有什么联系？

我们注意到，$\sin x$ 是 $\cos x$ 的一个原函数，而

$$(\sin x+1)'=\cos x，(\sin x+C)'=\cos x \text{（}C\text{ 为任意实数）}$$

从而 $\sin x+1$ 和 $\sin x+C$ 也都是 $\cos x$ 的原函数. 这说明，$\cos x$ 具有无限多个原函数，而且这些原函数之间仅相差一个常数. 这个结论具有一般性.

定理 1.2（原函数族定理） 如果函数 $f(x)$ 有一个原函数，那么它就有无限多个原函数，而且这些原函数之间仅相差一个常数.

一般地，若 $F(x)$ 是 $f(x)$ 的原函数，那么 $f(x)$ 的所有原函数（称为原函数族）就是 $F(x)+C$（其中 C 为任意常数）.

若 $F(x)$ 和 $G(x)$ 都是 $f(x)$ 的原函数，则

$$F(x)-G(x)=C_0 \text{（其中 }C_0\text{ 为某个常数）}$$

这表明 $f(x)$ 的任意两个原函数只差一个常数.

二、不定积分概念

定义 1.2 如果 $F(x)$ 是 $f(x)$ 的一个原函数，那么 $f(x)$ 的所有原函数 $F(x)+C$ 称为 $f(x)$ 的不定积分，记为 $\int f(x)\mathrm{d}x$，即

$$\int f(x)\mathrm{d}x=F(x)+C$$

其中 $\int$ 称为**积分号**，$f(x)$ 称为**被积函数**，$f(x)\mathrm{d}x$ 称为**被积表达式**，x 称为**积分变量**，任意常数 C 称为**积分常数**.

由不定积分的定义可知，求函数 $f(x)$ 的不定积分，只需求出 $f(x)$ 的一个原函数 $F(x)$ 再加上积分常数 C 即可.

由前面例题可知：

（1）$\int\cos x\mathrm{d}x=\sin x+C$；

（2）$\int 2x\mathrm{d}x=x^2+C$.

例 1.1 求不定积分 $\int x^2\mathrm{d}x$.

解　因为对任意 $x\in(-\infty,+\infty)$ 有

$$\left(\frac{1}{3}x^3\right)'=x^2$$

则 $\frac{1}{3}x^3$ 是 x^2 的一个原函数，故

$$\int x^2\mathrm{d}x=\frac{1}{3}x^3+C$$

例 1.2　求不定积分 $\int\sin 3x\mathrm{d}x$.

解　因为对任意 $x\in(-\infty,+\infty)$ 有

$$\left(-\frac{1}{3}\cos 3x\right)'=\sin 3x$$

则 $-\frac{1}{3}\cos 3x$ 是 $\sin 3x$ 的一个原函数，故

$$\int x^2\mathrm{d}x=\frac{1}{3}x^3+C$$

例 1.3　求不定积分 $\int\frac{1}{x}\mathrm{d}x$.

解　当 $x>0$ 时，由 $(\ln x)'=\frac{1}{x}$，所以

$$\int\frac{1}{x}\mathrm{d}x=\ln x+C$$

当 $x<0$ 时，由 $(\ln(-x))'=\frac{1}{x}$，所以

$$\int\frac{1}{x}\mathrm{d}x=\ln(-x)+C$$

结合这两种情况可得

$$\int\frac{1}{x}\mathrm{d}x=\ln|x|+C$$

三、不定积分的几何意义

在几何上，我们通常把函数 $f(x)$ 的一个原函数 $y=F(x)$ 的图形称为函数 $f(x)$ 的**积分曲线**，而函数 $f(x)$ 的不定积分 $\int f(x)\mathrm{d}x=F(x)+C$ 在几何上表示一族曲线，称之为**积分曲线族**. 这一积分曲线族具有以下两个特点：其一是每一条积分曲线上横坐标相同的点处的切线彼此平

行，斜率都等于 $f(x)$；其二是积分曲线族中任意两条积分曲线仅相差一个常数，见图 4.1.

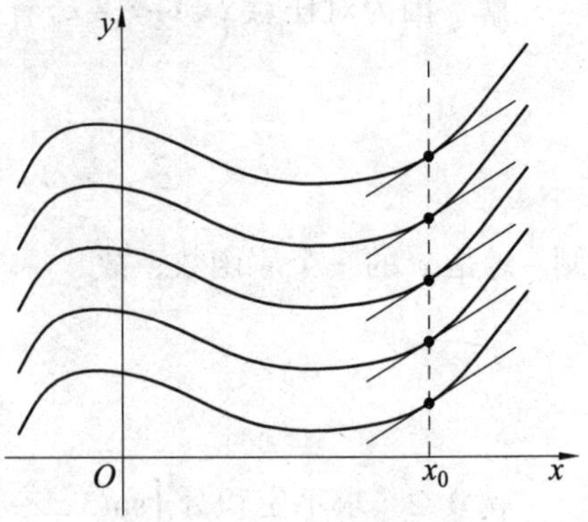

因此，函数 $f(x)$ 的不定积分 $\int f(x)\mathrm{d}x$ 的几何意义是 $f(x)$ 的积分曲线族，其表达式为

$$y = F(x) + C\ （C 为任意常数）$$

图 4.1　积分曲线族

例 1.4　设已知曲线通过点 $(1,2)$，且其上任一点处的切线斜率为 $2x$，求此曲线的方程.

解　设所求曲线方程为 $y = F(x)$，由导数的几何意义知

$$F'(x) = 2x$$

由不定积分的定义可得

$$y = \int 2x\mathrm{d}x = x^2 + C$$

又曲线经过点 $(1,2)$，所以将 $x = 1$，$y = 2$ 代入上式可得：

$$2 = 1^2 + C$$

从而 $C = 1$，故所求曲线为

$$y = x^2 + 1$$

四、不定积分的性质

由不定积分的定义可知，不定积分与导数（或微分）互为逆运算，有如下的关系：

（1）若先积分后微分，两者的作用相互抵消. 即

$$\left(\int f(x)\mathrm{d}x\right)' = f(x) \quad 或 \quad \mathrm{d}\left[\int f(x)\mathrm{d}x\right] = f(x)\mathrm{d}x$$

（2）若先微分后积分，抵消后相差一个常数，即

$$\int F'(x)\mathrm{d}x = F(x) + C \quad 或 \quad \int \mathrm{d}F(x) = F(x) + C$$

也就是说，函数不定积分的导数（或微分）等于被积函数（或被积表达式），而函数的导数（或微分）的不定积分与这个函数仅相差一个积分常数.

例如：$\left(\int \cos x\mathrm{d}x\right)' = \cos x$.

$\int (\cos x)'\mathrm{d}x = \cos x + C$.

习题 4.1

基础练习

1. 写出下列函数的一个原函数.

（1）$3x^2$；　（2）$\cos 2x$；　（3）e^x；　（4）$\dfrac{1}{x^2}$；　（5）$\dfrac{1}{\sqrt{x}}$；　（6）2^x.

2. 判断下列式子是否正确.

（1）$\int x\mathrm{d}x=\frac{1}{2}x^2$；（2）$\int x\mathrm{d}x=\frac{1}{2}x^2+2$；

（3）$\int x\mathrm{d}x=\frac{1}{2}x^2+C$；（4）$\frac{\mathrm{d}}{\mathrm{d}x}\left[\int f(x)\mathrm{d}x\right]=f(x)$；

（5）$\mathrm{d}\left[\int f(x)\mathrm{d}x\right]=f(x)$；（6）$\int f'(x)\mathrm{d}x=f(x)$.

提高练习

3. 已知函数 $f(x)$ 的一个原函数为 $\ln x$，求 $f'(x)$.

4. 已知曲线 $y=F(x)$ 通过点 $(0,3)$，且在任一点处的切线斜率为 e^x，求该曲线的方程.

拓展练习

5. 证明：若 $\int f(t)\mathrm{d}t=F(t)+C$，则 $\int f(ax+b)\mathrm{d}x=\frac{1}{a}F(ax+b)+C$.

第二节　基本积分公式与法则 直接积分法

一、基本积分公式

既然求不定积分与求导数（或求微分）是互逆的，那么很自然地就可以从导数的基本公式得到相应的基本积分公式.

例如，因为

$$(x^{\mu+1})'=(\mu+1)x^{\mu}$$

即

$$\left(\frac{x^{\mu+1}}{\mu+1}\right)'=x^{\mu}$$

故 $\frac{x^{\mu+1}}{\mu+1}$ 是 x^{μ} 的一个原函数，从而

$$\int x^{\mu}\mathrm{d}x=\frac{x^{\mu+1}}{\mu+1}+C\quad(\mu\neq-1)$$

类似地根据其他导数基本公式就可以得到相对应的基本积分公式，如表 4.1 所示：

表 4.1

序列	基本积分公式	导数基本公式
1	$\int 0\,\mathrm{d}x=C$	$(C)'=0$
2	$\int x^{\mu}\mathrm{d}x=\frac{1}{\mu+1}x^{\mu+1}+C$（$\mu\neq-1$）	$\left(\frac{1}{\mu+1}x^{\mu+1}\right)'=x^{\mu}$（$\mu\neq-1$）
3	$\int\frac{1}{x}\mathrm{d}x=\ln\lvert x\rvert+C$	$(\ln x)'=\frac{1}{x}$

续表

序列	基本积分公式	导数基本公式
4	$\int a^x dx = \frac{a^x}{\ln a} + C$	$(a^x)' = a^x \ln a$
5	$\int e^x dx = e^x + C$	$(e^x)' = e^x$
6	$\int \sin x dx = -\cos x + C$	$(\cos x)' = -\sin x$
7	$\int \cos x dx = \sin x + C$	$(\sin x)' = \cos x$
8	$\int \sec^2 x dx = \int \frac{1}{\cos^2 x} dx = \tan x + C$	$(\tan x)' = \sec^2 x = \frac{1}{\cos^2 x}$
9	$\int \csc^2 x dx = \int \frac{1}{\sin^2 x} dx = -\cot x + C$	$(\cot x)' = -\csc^2 x = -\frac{1}{\sin^2 x}$
10	$\int \sec x \tan x dx = \sec x + C$	$(\sec x)' = \sec x \tan x$
11	$\int \csc x \cot x dx = -\csc x + C$	$(\csc x)' = -\csc x \cot x$
12	$\int \frac{1}{\sqrt{1-x^2}} dx = \arcsin x + C$	$(\arcsin x)' = \frac{1}{\sqrt{1-x^2}}$
13	$\int \frac{1}{1+x^2} dx = \arctan x + C$	$(\arctan x)' = \frac{1}{1+x^2}$

以上 13 个基本积分公式是求不定积分的基础，必须熟记并熟练应用，有时需要对被积函数进行适当的恒等变形.

例 2.1 求不定积分 $\int x^3 dx$.

解 $\int x^3 dx = \frac{1}{3+1} x^{3+1} + C = \frac{1}{4} x^4 + C$.

例 2.2 求不定积分 $\int x^3 \sqrt{x} dx$.

解 $\int x^3 \sqrt{x} dx = \int x^{\frac{7}{2}} dx = \frac{1}{\frac{7}{2}+1} x^{\frac{7}{2}+1} + C = \frac{2}{9} x^{\frac{9}{2}} + C$.

例 2.3 求不定积分 $\int \frac{1}{x\sqrt[3]{x}} dx$.

解 $\int \frac{1}{x\sqrt[3]{x}} dx = \int x^{-\frac{4}{3}} dx = \frac{1}{-\frac{4}{3}+1} x^{-\frac{4}{3}+1} + C = -3x^{-\frac{1}{3}} + C = -\frac{3}{\sqrt[3]{x}} + C$.

上面三个例子表明，有时被积函数实际上是幂函数，但用分式或根式表示，遇到这种情形，往往先把它化成幂函数 x^μ 的形式，然后再用幂函数的积分公式来求不定积分.

二、不定积分的运算法则

根据不定积分的定义，可以推得不定积分有以下两个性质：

法则 1 设函数 $f(x)$ 的原函数存在，则

$$\int kf(x) dx = k\int f(x) dx \quad （k \neq 0 为常数）$$

即求不定积分时，被积函数中的非零常数因子可以提到积分号外.

法则 2　设函数 $f(x)$ 和 $g(x)$的原函数都存在，则

$$\int[f(x)\pm g(x)]\mathrm{d}x=\int f(x)\mathrm{d}x\pm\int g(x)\mathrm{d}x$$

即两个函数代数和的不定积分等于各函数不定积分的代数和.

法则 2 对于有限个函数都是成立的，即

$$\int[f_1(x)\pm f_2(x)\pm\cdots\pm f_n(x)]\mathrm{d}x=\int f_1(x)\mathrm{d}x\pm\int f_2(x)\mathrm{d}x\pm\cdots\pm\int f_n(x)\mathrm{d}x$$

将被积函数经过适当的恒等变形，再利用积分基本公式和不定积分的运算法则，可以计算一些函数的不定积分，这种方法一般称为直接积分法.

例 2.4　求不定积分 $\int(1+3x^2+\cos x-\mathrm{e}^x)\mathrm{d}x$.

解　$\int(1+3x^2+\cos x-\mathrm{e}^x)\mathrm{d}x=\int\mathrm{d}x+3\int x^2\mathrm{d}x+\int\cos x\mathrm{d}x-\int\mathrm{e}^x\mathrm{d}x$

$$=x+3\cdot\frac{1}{2+1}x^{2+1}+\sin x-\mathrm{e}^x+C$$

$$=x+x^3+\sin x-\mathrm{e}^x+C.$$

例 2.5　求不定积分 $\int\left(2x+\cos x-\frac{1}{x\sqrt{x}}\right)\mathrm{d}x$.

解　$\int\left(2x+\cos x-\frac{1}{x\sqrt{x}}\right)\mathrm{d}x=\int\left(2x+\cos x-x^{-\frac{3}{2}}\right)\mathrm{d}x$

$$=\int 2x\mathrm{d}x+\int\cos x\mathrm{d}x-\int x^{-\frac{3}{2}}\mathrm{d}x$$

$$=x^2+\sin x+2x^{-\frac{1}{2}}+C.$$

注：（1）当每个函数的不定积分求完之后，结果中都含有任意常数，因任意常数之和还是任意常数，因而只用一个任意常数表示即可. 并且，当各等式右边尚有积分号时，隐含着任意常数，可以不写“$+C$”，当右边的所有积分号都消失时，再写上“$+C$”；

（2）若被积函数为 1 时，可以省略不写，记为 $\int 1\mathrm{d}x=\int\mathrm{d}x$；

（3）检验不定积分的结果是否正确，只需将结果进行求导数即可，看它的导数是否等于被积函数，若相等，则说明结果正确，否则结果是错误的.

如对例 2.5 的结果，由于

$$\left(x^2+\sin x+2x^{-\frac{1}{2}}+C\right)'=2x+\cos x+2\cdot\left(-\frac{1}{2}\right)x^{-\frac{3}{2}}=2x+\cos x-\frac{1}{x\sqrt{x}}$$

则说明结果是正确的.

例 2.6　求不定积分 $\int\left(\frac{x-1}{x}\right)^3\mathrm{d}x$.

解　$\int\left(\frac{x-1}{x}\right)^3\mathrm{d}x=\int\left(1-\frac{1}{x}\right)^3\mathrm{d}x=\int\left(1-\frac{3}{x}+\frac{3}{x^2}-\frac{1}{x^3}\right)\mathrm{d}x$

$$=x-3\ln|x|-\frac{3}{x}+\frac{1}{2x^2}+C.$$

例 2.7　求不定积分 $\int(\mathrm{e}^x-3\cos x)\mathrm{d}x$.

解　$\int(\mathrm{e}^x-3\cos x)\mathrm{d}x=\int\mathrm{e}^x\mathrm{d}x-3\int\cos x\mathrm{d}x=\mathrm{e}^x+3\sin x+C$.

有一些不定积分，被积函数在基本积分公式中没有，我们可以通过简单的恒等变形化成基本积分公式中所列类型的不定积分后再求不定积分. 有一些则需要把它们进行分项（或拆项）后，再逐项积分. 下面举出一些此类型积分的例子.

例 2.8　求不定积分 $\int 3^x\mathrm{e}^x\mathrm{d}x$.

解　这里，由 $3^x\mathrm{e}^x=(3\mathrm{e})^x$，并把 3e 看成整体，即基本积分公式 4 中的 a，再用这个公式.

$$\int 3^x\mathrm{e}^x\mathrm{d}x=\int(3\mathrm{e})^x\mathrm{d}x=\frac{1}{\ln(3\mathrm{e})}(3\mathrm{e})^x+C=\frac{3^x\mathrm{e}^x}{1+\ln 3}+C$$

例 2.9　求不定积分 $\int\frac{x^2}{1+x^2}\mathrm{d}x$.

解
$$\int\frac{x^2}{1+x^2}\mathrm{d}x=\int\frac{1+x^2-1}{1+x^2}\mathrm{d}x=\int\left(1-\frac{1}{1+x^2}\right)\mathrm{d}x=\int\mathrm{d}x-\int\frac{1}{1+x^2}\mathrm{d}x$$
$$=x-\arctan x+C.$$

例 2.10　求不定积分 $\int\frac{1+2x^2}{x^2(1+x^2)}\mathrm{d}x$.

解
$$\int\frac{1+2x^2}{x^2(1+x^2)}\mathrm{d}x=\int\frac{1+x^2+x^2}{x^2(1+x^2)}\mathrm{d}x=\int\left(\frac{1}{x^2}+\frac{1}{1+x^2}\right)\mathrm{d}x$$
$$=\int\frac{1}{x^2}\mathrm{d}x+\int\frac{1}{1+x^2}\mathrm{d}x=-\frac{1}{x}+\arctan x+C.$$

还有一些不定积分，被积函数可利用三角函数恒等变形，化为基本积分公式中已有的类型，然后再求不定积分.

例 2.11　求不定积分 $\int\frac{1}{1+\cos 2x}\mathrm{d}x$.

解　$\int\frac{1}{1+\cos 2x}\mathrm{d}x=\int\frac{1}{1+2\cos^2 x-1}\mathrm{d}x=\frac{1}{2}\int\frac{1}{\cos^2 x}\mathrm{d}x=\frac{1}{2}\tan x+C$.

例 2.12　求不定积分 $\int\tan^2 x\mathrm{d}x$.

解　$\int\tan^2 x\mathrm{d}x=\int(\sec^2 x-1)\mathrm{d}x=\int\sec^2 x\mathrm{d}x-\int\mathrm{d}x=\tan x-x+C$.

例 2.13　求不定积分 $\int\cos^2\frac{x}{2}\mathrm{d}x$.

解　$\int\cos^2\frac{x}{2}\mathrm{d}x=\int\frac{1+\cos x}{2}\mathrm{d}x=\frac{1}{2}\int\mathrm{d}x+\frac{1}{2}\int\cos x\mathrm{d}x=\frac{1}{2}x+\frac{1}{2}\sin x+C$.

例 2.14　求不定积分 $\int\frac{1}{\sin^2 x\cos^2 x}\mathrm{d}x$.

解
$$\int\frac{1}{\sin^2 x\cos^2 x}\mathrm{d}x=\int\frac{\sin^2 x+\cos^2 x}{\sin^2 x\cos^2 x}\mathrm{d}x=\int\left(\frac{1}{\sin^2 x}+\frac{1}{\cos^2 x}\right)\mathrm{d}x$$
$$=\int\frac{1}{\sin^2 x}\mathrm{d}x+\int\frac{1}{\cos^2 x}\mathrm{d}x=\tan x-\cot x+C.$$

习题 4.2

基础练习

1. 填空题.

（1）若 $\int f(x)\mathrm{d}x=\sqrt{x}-3x+C$，则 $f(x)=$____________.

（2）若 $\int f(x)\mathrm{d}x=x+\cos 2x+C$，则 $f(x)=$____________.

（3）设 $f(x)=\frac{1}{x}$，则 $\int f'(x)\mathrm{d}x=$____________.

（4）$\int (x\mathrm{e}^x)'\mathrm{d}x=$____________.

（5）$\int \frac{1}{x^2\sqrt{x}}\mathrm{d}x=$____________.

（6）$\int 3^x\mathrm{d}x=$____________.

2. 求下列函数的不定积分.

（1）$\int x(x+1)\mathrm{d}x$；　（2）$\int \left(\mathrm{e}^x+\frac{1}{x}+\frac{1}{x^2}\right)\mathrm{d}x$；

（3）$\int (1+3x^2+\cos x-\mathrm{e}^x)\mathrm{d}x$；　（4）$\int (5^x+x^5)\mathrm{d}x$；

（5）$\int (2\cos x-\sin x)\mathrm{d}x$；　（6）$\int \left(\cos x-\frac{2}{x^2+1}+\frac{1}{4\sqrt{1-x^2}}\right)\mathrm{d}x$.

提高练习

3. 求下列函数的不定积分.

（1）$\int \left(x+\frac{1}{x^2}\right)\sqrt{x}\mathrm{d}x$；　（2）$\int \frac{3-\sqrt{x^3}+x\sin x}{x}\mathrm{d}x$；

（3）$\int \frac{1}{x^2(1+x^2)}\mathrm{d}x$；　（4）$\int \frac{\cos 2x}{\sin x+\cos x}\mathrm{d}x$；

（5）$\int \frac{1}{1-\cos 2x}\mathrm{d}x$；　（6）$\int \sin^2\frac{x}{2}\mathrm{d}x$.

拓展练习

4. 求不定积分 $\int \sqrt{x\sqrt{x\sqrt{x}}}\,\mathrm{d}x$.

5. 求不定积分 $\int \left(\sqrt{\frac{1+x}{1-x}}+\sqrt{\frac{1-x}{1+x}}\right)\mathrm{d}x$.

第三节　换元积分法

从上一节的例题可以看到，能用直接积分法计算的不定积分是十分有限的，例如

$$\int \cos 2x\mathrm{d}x\text{，}\int \mathrm{e}^{-3x}\mathrm{d}x \quad \text{及} \quad \int \frac{\sqrt{\ln x}}{x}\mathrm{d}x$$

就无法利用直接积分法求出. 为解决此类不定积分的求法，需进一步对不定积分的计算方法进行研究，本节我们将介绍不定积分的换元积分法.

换元积分法是将复合函数的求导法则反过来用于不定积分，通过适当的变量替换（换元），把某些不定积分化为基本积分公式表中所列函数的形式，再计算出所求的不定积分.

一、第一类换元积分法（凑微分法）

对于不定积分 $\int \cos 2x\mathrm{d}x$，不能直接使用基本积分公式 $\int \cos x\mathrm{d}x = \sin x + C$ 来计算，其原因是被积函数 $\cos 2x$ 是由 $y = \cos u$ 和 $u = 2x$ 构成的复合函数，其变量"$u = 2x$"，与积分变量"x"不同. 但若能把被积表达式改变一下，使得被积函数的变量与积分变量相同，那么就可用公式 $\int \cos u\mathrm{d}u = \sin u + C$（$u$ 是 x 的函数，上一节中的基本积分公式表当中的每一个公式的积分变量 x 用其他变量或关于 x 的函数来替换仍然成立)来求此不定积分.

因为 $u = 2x$，则利用微分可得 $\mathrm{d}u = 2\mathrm{d}x$，即 $\mathrm{d}x = \frac{1}{2}\mathrm{d}u$，故

$$\int \cos 2x\mathrm{d}x = \int \cos u \cdot \frac{1}{2}\mathrm{d}u = \frac{1}{2}\int \cos u\mathrm{d}u = \frac{1}{2}\sin u + C$$

再将 u 还原成 $2x$，即有

$$\int \cos 2x\mathrm{d}x = \frac{1}{2}\sin 2x + C$$

注意到在求解过程当中，主要思想是将不定积分 $\int \cos 2x\mathrm{d}x$ 转化为 $\int \cos 2x \cdot \frac{1}{2}\mathrm{d}(2x)$ 来求解，再将复合函数的中间变量 $u = 2x$ 当作新的积分变量，利用基本积分公式求出结果，这种积分方法称为**第一类换元积分法**，也称**凑微分法**.

定理 3.1（第一类换元积分法） 设 $F(u)$ 是 $f(u)$ 的一个原函数，即 $\int f(u)\mathrm{d}u = F(u) + C$，$u = \varphi(x)$ 可导，则有换元公式

$$\int f[\varphi(x)]\varphi'(x)\mathrm{d}x = F[\varphi(x)] + C$$

第一类换元积分法的主要思想是：在不定积分 $\int f[\varphi(x)]\varphi'(x)\mathrm{d}x$ 中，若函数 $f(u)$ 的原函数 $F(u)$ 比较容易求出，那么就可以用 $u = \varphi(x)$ 对原式作换元，这时利用微分公式就有 $\mathrm{d}u = \varphi'(x)\mathrm{d}x$，从而就有

$$\begin{aligned}
\int f[\varphi(x)]\varphi'(x)\mathrm{d}x &= \int f[\varphi(x)]\mathrm{d}\varphi(x) && \text{（凑微分）}\\
&= \int f(u)\mathrm{d}u && \text{（换元）}\\
&= F(u) + C && \text{（积分公式）}\\
&= F[\varphi(x)] + C. && \text{（还原）}
\end{aligned}$$

注意：将被积函数变成 $f[\varphi(x)]\varphi'(x)$ 是学习中的一个难点，很多时候没有 $\varphi'(x)$，需要"凑"上. 对于第一类换元积分法的掌握基于我们对基本积分公式的熟练程度及对复合函数分解的熟练程度，同时还会将微分公式反过来使用.

"凑微分"的方法有：

（1）根据被积函数是复合函数的特点和基本积分公式的形式，依据恒等变形的原则，把 $\mathrm{d}x$ 凑成 $\mathrm{d}\varphi(x)$. 如

$$\int \mathrm{e}^{2x}\mathrm{d}x=\frac{1}{2}\int \mathrm{e}^{2x}\mathrm{d}(2x)=\frac{1}{2}\int \mathrm{e}^{u}\mathrm{d}u=\frac{1}{2}\mathrm{e}^{u}+C=\frac{1}{2}\mathrm{e}^{2x}+C$$

（2）把被积函数中的某一因子与 $\mathrm{d}x$ 凑成一个新的微分 $\mathrm{d}\varphi(x)$. 如

$$\int \frac{\sqrt{\ln x}}{x}\mathrm{d}x=\int \sqrt{\ln x}\mathrm{d}(\ln x)=\int u^{\frac{1}{2}}\mathrm{d}u=\frac{2}{3}u^{\frac{3}{2}}+C=\frac{2}{3}(\ln x)^{\frac{3}{2}}+C$$

例 3.1 求不定积分 $\int \mathrm{e}^{-3x}\mathrm{d}x$.

解 设 $u=-3x$，则 $\mathrm{d}u=-3\mathrm{d}x$，即 $\mathrm{d}x=-\frac{1}{3}\mathrm{d}u$，故

$$\int \mathrm{e}^{-3x}\mathrm{d}x=\int \mathrm{e}^{-3x}\cdot\left(-\frac{1}{3}\right)\mathrm{d}(-3x)=-\frac{1}{3}\int \mathrm{e}^{u}\mathrm{d}u=-\frac{1}{3}\mathrm{e}^{u}+C=-\frac{1}{3}\mathrm{e}^{-3x}+C$$

例 3.2 求不定积分 $\int \sin\frac{3}{2}x\mathrm{d}x$.

解 设 $u=\frac{3}{2}x$，则 $\mathrm{d}u=\frac{3}{2}\mathrm{d}x$，即 $\mathrm{d}x=\frac{2}{3}\mathrm{d}u$，故

$$\int \sin\frac{3}{2}x\mathrm{d}x=\int \sin\frac{3}{2}x\cdot\frac{2}{3}\mathrm{d}\left(\frac{3}{2}x\right)=\frac{2}{3}\int \sin u\mathrm{d}u=-\frac{2}{3}\cos u+C=-\frac{2}{3}\cos\frac{3}{2}x+C$$

例 3.3 求不定积分 $\int \mathrm{e}^{x}\cos \mathrm{e}^{x}\mathrm{d}x$.

解 设 $u=\mathrm{e}^{x}$，则 $\mathrm{d}u=\mathrm{e}^{x}\mathrm{d}x$，故

$$\int \mathrm{e}^{x}\cos \mathrm{e}^{x}\mathrm{d}x=\int \cos \mathrm{e}^{x}\mathrm{d}(\mathrm{e}^{x})=\int \cos u\mathrm{d}u=\sin u+C=\sin \mathrm{e}^{x}+C$$

例 3.4 求不定积分 $\int \frac{1}{x(1+\ln x)}\mathrm{d}x$.

解 设 $u=1+\ln x$，则 $\mathrm{d}u=\frac{1}{x}\mathrm{d}x$，故

$$\int \frac{1}{x(1+\ln x)}\mathrm{d}x=\int \frac{1}{1+\ln x}\mathrm{d}(1+\ln x)=\int \frac{1}{u}\mathrm{d}u=\ln|u|+C=\ln|1+\ln x|+C$$

例 3.5 求不定积分 $\int x\mathrm{e}^{x^2}\mathrm{d}x$.

解 设 $u=x^2$，则 $\mathrm{d}u=2x\mathrm{d}x$，即 $x\mathrm{d}x=\frac{1}{2}\mathrm{d}u$，故

$$\int x\mathrm{e}^{x^2}\mathrm{d}x=\int \mathrm{e}^{x^2}\cdot\frac{1}{2}\mathrm{d}(x^2)=\frac{1}{2}\int \mathrm{e}^{u}\mathrm{d}u=\frac{1}{2}\mathrm{e}^{u}+C=\frac{1}{2}\mathrm{e}^{x^2}+C$$

例 3.6　求不定积分$\int\frac{\sin\sqrt{x}}{\sqrt{x}}\mathrm{d}x$.

解　设$u=\sqrt{x}$，则$\mathrm{d}u=\frac{1}{2\sqrt{x}}\mathrm{d}x$，即$\frac{1}{\sqrt{x}}\mathrm{d}x=2\mathrm{d}u$，故

$$\int\frac{\sin\sqrt{x}}{\sqrt{x}}\mathrm{d}x=\int\sin\sqrt{x}\cdot 2\mathrm{d}(\sqrt{x})=2\int\sin u\mathrm{d}u=-2\cos u+C=-2\cos\sqrt{x}+C$$

在对变量代换比较熟练以后，就不一定要写出中间变量u，而直接把“$\varphi(x)$”整体作为变量“u”与$\mathrm{d}x$凑微分，再利用基本积分公式解决，但心里一定要清楚是在对谁求不定积分.例如例 3.1 和例 3.6 可以分别写为

$$\int\mathrm{e}^{-3x}\mathrm{d}x=-\frac{1}{3}\int\mathrm{e}^{-3x}\mathrm{d}(-3x)=-\frac{1}{3}\mathrm{e}^{-3x}+C$$

$$\int\frac{\sin\sqrt{x}}{\sqrt{x}}\mathrm{d}x=2\int\sin\sqrt{x}\mathrm{d}(\sqrt{x})=-2\cos\sqrt{x}+C$$

例 3.7　求不定积分$\int(4x-1)^{20}\mathrm{d}x$.

解　$$\int(4x-1)^{20}\mathrm{d}x=\frac{1}{4}\int(4x-1)^{20}\mathrm{d}(4x-1)=\frac{1}{4}\cdot\frac{1}{21}(4x-1)^{21}+C$$
$$=\frac{1}{84}(4x-1)^{21}+C.$$

例 3.8　求不定积分$\int\frac{1}{2x+3}\mathrm{d}x$.

解　$\int\frac{1}{2x+3}\mathrm{d}x=\frac{1}{2}\int\frac{1}{2x+3}\mathrm{d}(2x+3)=\frac{1}{2}\ln|2x+3|+C$.

例 3.9　求不定积分$\int\frac{1}{\sqrt{1-x}}\mathrm{d}x$.

解　$\int\frac{1}{\sqrt{1-x}}\mathrm{d}x=-\int\frac{1}{\sqrt{1-x}}\mathrm{d}(1-x)=-2\sqrt{1-x}+C$.

例 3.10　求不定积分$\int\frac{1}{x^2}\mathrm{e}^{\frac{1}{x}}\mathrm{d}x$.

解　$\int\frac{1}{x^2}\mathrm{e}^{\frac{1}{x}}\mathrm{d}x=-\int\mathrm{e}^{\frac{1}{x}}\mathrm{d}\left(\frac{1}{x}\right)=-\mathrm{e}^{\frac{1}{x}}+C$.

例 3.11　求不定积分$\int\frac{x}{9+x^2}\mathrm{d}x$.

解　$\int\frac{x}{9+x^2}\mathrm{d}x=\frac{1}{2}\int\frac{1}{9+x^2}\mathrm{d}(9+x^2)=\frac{1}{2}\ln|9+x^2|+C=\frac{1}{2}\ln(9+x^2)+C.$

例 3.12　求不定积分$\int\frac{1}{9+x^2}\mathrm{d}x$.

解 $\int\frac{1}{9+x^2}\mathrm{d}x=\frac{1}{9}\int\frac{1}{1+\left(\frac{x}{3}\right)^2}\mathrm{d}x=\frac{1}{9}\int\frac{1}{1+\left(\frac{x}{3}\right)^2}\cdot 3\mathrm{d}\left(\frac{x}{3}\right)=\frac{1}{3}\arctan\frac{x}{3}+C.$

例 3.13 求不定积分 $\int\frac{1}{a^2+x^2}\mathrm{d}x$，其中 a 为非零常数.

解 $\int\frac{1}{a^2+x^2}\mathrm{d}x=\frac{1}{a^2}\int\frac{1}{1+\left(\frac{x}{a}\right)^2}\mathrm{d}x=\frac{1}{a^2}\int\frac{1}{1+\left(\frac{x}{a}\right)^2}\cdot a\mathrm{d}\left(\frac{x}{a}\right)=\frac{1}{a}\arctan\frac{x}{a}+C.$

例 3.14 求不定积分 $\int\frac{1}{x^2-a^2}\mathrm{d}x$，其中 a 为非零常数.

解
$$\begin{aligned}\int\frac{1}{x^2-a^2}\mathrm{d}x&=\int\frac{1}{(x+a)(x-a)}\mathrm{d}x=\frac{1}{2a}\int\left(\frac{1}{x-a}-\frac{1}{x+a}\right)\mathrm{d}x\\&=\frac{1}{2a}\left[\int\frac{1}{x-a}\mathrm{d}x-\int\frac{1}{x+a}\mathrm{d}x\right]\\&=\frac{1}{2a}\left[\int\frac{1}{x-a}\mathrm{d}(x-a)-\int\frac{1}{x+a}\mathrm{d}(x+a)\right]\\&=\frac{1}{2a}\left[\ln|x-a|-\ln|x+a|\right]+C\\&=\frac{1}{2a}\ln\left|\frac{x-a}{x+a}\right|+C.\end{aligned}$$

例 3.15 求不定积分 $\int\frac{x}{\sqrt{4-x^2}}\mathrm{d}x$.

解 $\int\frac{x}{\sqrt{4-x^2}}\mathrm{d}x=-\frac{1}{2}\int\frac{1}{\sqrt{4-x^2}}\mathrm{d}(4-x^2)=-\sqrt{4-x^2}+C.$

注意：求同一积分可以有多种不同的解法，其结果在形式上可能不同，但实际上最多只是积分常数有区别.

例 3.16 求不定积分 $\int\sin 2x\mathrm{d}x$.

解 （解法 1） $\int\sin 2x\mathrm{d}x=\frac{1}{2}\int\sin 2x\mathrm{d}(2x)=-\frac{1}{2}\cos 2x+C_1.$

（解法 2） $\int\sin 2x\mathrm{d}x=2\int\sin x\cos x\mathrm{d}x=2\int\sin x\mathrm{d}(\sin x)=\sin^2 x+C_2.$

（解法 3） $\int\sin 2x\mathrm{d}x=2\int\sin x\cos x\mathrm{d}x=-2\int\cos x\mathrm{d}(\cos x)=-\cos^2 x+C_3.$

以上三种不同的结果，利用余弦的倍角公式可以化为相同的形式. 事实上，要检验不定积分的结果是否正确，只需要对所得结果进行求导，若这个导数与被积函数相同，那么结果就是正确的.

例 3.17 求不定积分 $\int\tan x\mathrm{d}x$.

解 $\int\tan x\mathrm{d}x=\int\frac{\sin x}{\cos x}\mathrm{d}x=-\int\frac{1}{\cos x}\mathrm{d}\cos x=-\ln|\cos x|+C.$

同理可得

$$\int\cot x\mathrm{d}x=\ln|\sin x|+C$$

例 3.18 求不定积分 $\int \sec x\mathrm{d}x$.

解 $\int \sec x\mathrm{d}x = \int \frac{1}{\cos x}\mathrm{d}x = \int \frac{\cos x}{\cos^2 x}\mathrm{d}x = \int \frac{1}{1-\sin^2 x}\mathrm{d}(\sin x)$ （利用例 3.14 的结果）

$$= \frac{1}{2}\ln\left|\frac{1+\sin x}{1-\sin x}\right| + C = \frac{1}{2}\ln\frac{(1+\sin x)^2}{\cos^2 x} + C = \ln\left|\frac{1+\sin x}{\cos x}\right| + C$$

$$= \ln\left|\frac{1}{\cos x} + \frac{\sin x}{\cos x}\right| + C = \ln|\sec x + \tan x| + C.$$

同理可得

$$\int \csc x\mathrm{d}x = \ln|\csc x - \cot x| + C$$

例 3.19 求不定积分 $\int \sin^2 x\mathrm{d}x$.

解 被积函数为三角函数的偶次幂，一般应先降幂（利用倍角公式）

$$\int \sin^2 x\mathrm{d}x = \frac{1}{2}\int (1-\cos 2x)\mathrm{d}x = \frac{1}{2}\int \mathrm{d}x - \frac{1}{2}\int \cos 2x\mathrm{d}x$$

$$= \frac{1}{2}\int \mathrm{d}x - \frac{1}{2}\cdot\frac{1}{2}\int \cos 2x\mathrm{d}(2x) = \frac{1}{2}x - \frac{1}{4}\sin 2x + C$$

例 3.20 求不定积分 $\int \cos^3 x\mathrm{d}x$.

解 先从三角函数 $\cos^3 x$（奇次幂）中分出一个 $\cos x$ 与 $\mathrm{d}x$ 凑微分，再把被积函数的剩余部分化成 $\sin x$，

$$\int \cos^3 x\mathrm{d}x = \int \cos^2 x\cdot\cos x\mathrm{d}x = \int (1-\sin^2 x)\mathrm{d}(\sin x)$$

$$= \int \mathrm{d}(\sin x) - \int \sin^2 x\mathrm{d}(\sin x) = \sin x - \frac{1}{3}\sin^3 x + C$$

例 3.21 求不定积分 $\int \frac{2x-3}{x^2-3x+8}\mathrm{d}x$.

解 因为 $(x^2-3x+8)' = 2x-3$，则

$$\int \frac{2x-3}{x^2-3x+8}\mathrm{d}x = \int \frac{1}{x^2-3x+8}\mathrm{d}(x^2-3x+8) = \ln|x^2-3x+8| + C$$

通过上述各例，应该注意以下几点：

（1）在微分中我们已经习惯了 $\mathrm{d}y = y'\mathrm{d}x$，而在积分计算中，我们往往需要反过来使用，即 $y'\mathrm{d}x = \mathrm{d}y$，例如，$3\mathrm{d}x = \mathrm{d}(3x) = \mathrm{d}(3x+2)$.

（2）在积分运算中常常用到以下两个微分性质：

① $\mathrm{d}\varphi(x) = \frac{1}{a}\mathrm{d}[a\varphi(x)]$ $(a \neq 0)$，

② $\mathrm{d}\varphi(x) = \mathrm{d}[\varphi(x) \pm b]$.

（3）如何选择变量代换 $u = \varphi(x)$ 也没有一般规律可循. 要掌握凑微分法，不仅要熟悉基本积分公式. 还要熟悉基本微分公式，而能否熟练地凑微分是求不定积分的重要技巧之一. 为方便应用，现将常用的一些凑微分形式列出如下：

① $f(ax+b)\mathrm{d}x=\dfrac{1}{a}f(ax+b)\mathrm{d}(ax+b)\ \ (a\neq 0)$.

② $f(ax^2+b)\cdot x\mathrm{d}x=\dfrac{1}{2a}f(ax^2+b)\mathrm{d}(ax^2+b)\ \ (a\neq 0)$.

③ $f\left(\dfrac{1}{x}\right)\cdot\dfrac{1}{x^2}\mathrm{d}x=-f\left(\dfrac{1}{x}\right)\mathrm{d}\left(\dfrac{1}{x}\right)$.

④ $f(\ln x)\cdot\dfrac{1}{x}\mathrm{d}x=f(\ln x)\mathrm{d}(\ln x)$.

⑤ $f(\sqrt{x})\cdot\dfrac{1}{\sqrt{x}}\mathrm{d}x=2f(\sqrt{x})\mathrm{d}(\sqrt{x})$.

⑥ $f(\mathrm{e}^x)\cdot\mathrm{e}^x\mathrm{d}x=f(\mathrm{e}^x)\mathrm{d}(\mathrm{e}^x)$.

⑦ $f(\cos x)\cdot\sin x\mathrm{d}x=-f(\cos x)\mathrm{d}(\cos x)$.

⑧ $f(\sin x)\cdot\cos x\mathrm{d}x=f(\sin x)\mathrm{d}(\sin x)$.

⑨ $f(\tan x)\cdot\dfrac{1}{\cos^2 x}\mathrm{d}x=f(\tan x)\cdot\sec^2 x\mathrm{d}x=f(\tan x)\mathrm{d}(\tan x)$.

⑩ $f(\cot x)\cdot\dfrac{1}{\sin^2 x}\mathrm{d}x=f(\cot x)\cdot\csc^2 x\mathrm{d}x=-f(\cot x)\mathrm{d}(\cot x)$.

⑪ $f(\arcsin x)\cdot\dfrac{1}{\sqrt{1-x^2}}\mathrm{d}x=f(\arcsin x)\mathrm{d}(\arcsin x)$.

⑫ $f(\arctan x)\cdot\dfrac{1}{1+x^2}\mathrm{d}x=f(\arctan x)\mathrm{d}(\arctan x)$.

二、第二类换元积分法

前面介绍的凑微分法是通过变量代换 $u=\varphi(x)$ 将形式比较复杂，也难于计算的不定积分 $\int f[\varphi(x)]\varphi'(x)\mathrm{d}x$ 化为形式比较简单，并易于计算的不定积分 $\int f(u)\mathrm{d}u$，有时也常会遇到一些相反的问题：有些形式虽不复杂，但却不容易用直接积分法或凑微分法计算的不定积分 $\int f(x)\mathrm{d}x$，如，$\int\dfrac{1}{x+\sqrt{x}}\mathrm{d}x$. 这个积分的困难之处在于被积函数中有 $\sqrt{x}$，为了去掉根号，可以引入新的变量. 令 $t=\sqrt{x}$，即 $x=t^2$（$t\geqslant 0$），故 $\mathrm{d}x=2t\mathrm{d}t$，代入原不定积分，得

$$\int\frac{1}{x+\sqrt{x}}\mathrm{d}x=\int\frac{2t}{t^2+t}\mathrm{d}t=2\int\frac{1}{t+1}\mathrm{d}(t+1)$$
$$=2\ln(t+1)+C=2\ln(\sqrt{x}+1)+C$$

注：这种经过适当选择变量代换 $x=\psi(t)$ 将积分 $\int f(x)\mathrm{d}x$ 化为积分 $f[\psi(x)]\psi'(x)\mathrm{d}x$（较易积出），求出此积分后回代 t 的方法称为**第二类换元积分法**.

在此方法中要注意两个问题：

（1）函数 $f[\psi(x)]\psi'(x)$ 的原函数存在；

（2）要求代换式 $x=\psi(t)$ 的反函数存在且唯一.

定理 3.2（第二类换元积分法） 设 $x=\psi(t)$ 是单调的可导函数，并且 $\psi'(t)\neq 0$，又设 $f[\psi(x)]\psi'(x)$ 具有原函数，则

$$\int f(x)\mathrm{d}x=\left[\int f[\psi(t)]\psi'(t)\mathrm{d}t\right]_{t=\psi^{-1}(x)}$$

其中 $t=\psi^{-1}(x)$ 是 $x=\psi(t)$ 的反函数.

例 3.22 求不定积分 $\int\frac{1}{\sqrt{\mathrm{e}^x-1}}\mathrm{d}x$.

解 令 $\sqrt{\mathrm{e}^x-1}=t$，$t\geqslant 0$，则

$$x=\ln(1+t^2)\,,\quad \mathrm{d}x=\frac{2t}{1+t^2}\mathrm{d}t$$

代入原不定积分可得

$$\begin{aligned}\int\frac{1}{\sqrt{\mathrm{e}^x-1}}\mathrm{d}x&=\int\frac{1}{t}\cdot\frac{2t}{1+t^2}\mathrm{d}t=2\int\frac{1}{1+t^2}\mathrm{d}t\\&=2\arctan t+C=2\arctan\sqrt{\mathrm{e}^x-1}+C\end{aligned}$$

例 3.23 求不定积分 $\int\sqrt{a^2-x^2}\,\mathrm{d}x\ (a>0)$.

解 令 $x=a\sin t$，$-\frac{\pi}{2}\leqslant t\leqslant\frac{\pi}{2}$，则

$$\sqrt{a^2-x^2}=a\cos t\,,\quad \mathrm{d}x=a\cos t\mathrm{d}t$$

代入原不定积分可得

$$\begin{aligned}\int\sqrt{a^2-x^2}\,\mathrm{d}x&=\int(a\cos t\cdot a\cos t)\mathrm{d}t=a^2\int\cos^2 t\mathrm{d}t=a^2\int\frac{1-\cos 2t}{2}\mathrm{d}t\\&=\frac{a^2}{2}t+\frac{a^2}{4}\sin 2t+C=\frac{a^2}{2}t+\frac{a^2}{2}\sin t\cos t+C\\&=\frac{a^2}{2}\arcsin\frac{x}{a}+\frac{a^2}{2}\cdot\frac{x}{a}\cdot\frac{\sqrt{a^2-x^2}}{a}+C\\&=\frac{a^2}{2}\arcsin\frac{x}{a}+\frac{1}{2}x\sqrt{a^2-x^2}+C\end{aligned}$$

注意：使用第二类换元积分法的关键在于寻找积分变量 x 的一个合适的代换 $x=\psi(t)$. 常用的积分变量代换有以下几种情况：

被积函数中含有	积分变量代换
$\sqrt[n]{ax+b}$ →	$x=\frac{1}{a}(t^n-b)$；
$\sqrt{a^2-x^2}$ →	$x=a\sin t$ 或 $x=a\cos t$；
$\sqrt{x^2+a^2}$ →	$x=a\tan t$ 或 $x=a\cot t$；
$\sqrt{x^2-a^2}$ →	$x=a\sec t$ 或 $x=a\csc t$.

习题 4.3

基础练习

1. 填空题.

（1）$\int \sin(2x+5)\mathrm{d}x=$____________，

（2）$\int \mathrm{e}^{3x+5}\mathrm{d}x=$____________，

（3）设 e^{-x} 是 $f(x)$ 的一个原函数，则 $\int f(x)\mathrm{d}x=$____________.

2. 求下列函数的不定积分.

（1）$\int \cos(x+1)\mathrm{d}x$；（2）$\int \frac{1}{x+1}\mathrm{d}x$；

（3）$\int (3-2x)^3\mathrm{d}x$；（4）$\int \mathrm{e}^{2x-3}\mathrm{d}x$；

（5）$\int \frac{x}{x^2+3}\mathrm{d}x$；（6）$\int \mathrm{e}^x(2+\mathrm{e}^x)^2\mathrm{d}x$；

（7）$\int \frac{1+\ln x}{x}\mathrm{d}x$；（8）$\int \sin^3 x\mathrm{d}x$；

（9）$\int \sin^3 x\cos x\mathrm{d}x$；（10）$\int \frac{1}{1+\sqrt{x}}\mathrm{d}x$.

提高练习

3. 填空题.

（1）若 $F(x)$ 是 $f(x)$ 的一个原函数，则 $\int f(2x)\mathrm{d}x=$____________，

（2）设 $\int f(x)\mathrm{d}x=F(x)+C$，则 $\int f(2x+3)\mathrm{d}x=$____________，

（3）设 $\int f(x)\mathrm{d}x=F(x)+C$，则 $\int \frac{f(\ln x)}{x}\mathrm{d}x=$____________.

4. 求下列函数的不定积分.

（1）$\int \frac{\sin x}{\cos^2 x}\mathrm{d}x$；（2）$\int \frac{1}{4+x^2}\mathrm{d}x$；

（3）$\int \cos^2 x\mathrm{d}x$；（4）$\int \frac{\sqrt{\tan x}}{\cos^2 x}\mathrm{d}x$；

（5）$\int \frac{1}{1+\cos 2x}\mathrm{d}x$；（6）$\int \frac{1}{\mathrm{e}^x+\mathrm{e}^{-x}}\mathrm{d}x$.

拓展练习

5. 求下列函数的不定积分.

（1）$\int [f(x)]^a f'(x)\mathrm{d}x\ \ (a\neq -1)$；（2）$\int \frac{f'(x)}{1+f^2(x)}\mathrm{d}x$；

（3）$\int \frac{f'(x)}{f(x)}\mathrm{d}x$；（4）$\int \mathrm{e}^{f(x)}f'(x)\mathrm{d}x$.

第四节　分部积分法

上一节，我们在复合函数求导法则的基础上研究了换元积分法. 利用直接积分法和换元积分法可以求出许多不定积分，但是依然有些不定积分仍不能利用这两种方法求出，例如 $\int xe^x dx$ ，$\int x\sin x dx$ 等，就不能利用这两种方法解决.

这一节我们利用两个函数乘积的求导法则，来研究求积分的另一个基本方法，即所谓的分部积分法.

设函数 $u=u(x)$ 及 $v=v(x)$ 具有连续导数，那么这两个函数乘积的导数公式为

$$(uv)'=u'v+uv'$$

移项得

$$uv'=(uv)'-u'v$$

对两边求不定积分，得

$$\int uv'dx=uv-\int u'vdx$$

定理 4.1（分部积分法）　设函数 $u=u(x)$ 及 $v=v(x)$ 具有连续导数，则

$$\int u(x)v'(x)dx=u(x)v(x)-\int u'(x)v(x)dx \tag{1}$$

$$(\int uv'dx=uv-\int u'vdx)$$

或

$$\int u(x)dv(x)=u(x)v(x)-\int v(x)du(x) \tag{2}$$

$$(\int udv=uv-\int vdu)$$

（1）式和（2）式称为不定积分的分部积分公式.

何时选用分部积分法呢？一般的应用原则是：当被积函数为两个不同类型的函数相乘时，可考虑应用分部积分法.

例 4.1　求不定积分 $\int x\sin x dx$.

解　由于被积函数是两个不同类型的乘积，当选定一个函数为 u 时，余下部分就是 v' . 设 $u=x$ ，$v'=\sin x$ ，则 $u'=1$ ，$v=-\cos x$ ，于是应用分部积分公式得

$$\int x\sin x dx=\int xd(-\cos x)=-x\cos x-\int(-\cos x)dx=-x\cos x+\sin x+C$$

求这个积分时，若令 $u=\sin x$ ，$v'=x$ ，则 $u'=\cos x$ ，$v=\frac{1}{2}x^2$ ，于是

$$\int x\sin x dx=\frac{1}{2}x^2\sin x-\frac{1}{2}\int x^2\cos x dx$$

上式右边不定积分的被积函数中的 x 变成了 x^2，比原积分更难求出，这说明这种选取是错误的.

由此可见，利用分部积分法时，恰当地选取 u 和 v'（或 $\mathrm{d}v$）非常关键. 这里有三点值得注意：

（1）选取 v'（或 $\mathrm{d}v$）时，要能够较容易地找到原函数 v，并且求 v 时，v 不必添加常数 C；

（2）$\int u'v\mathrm{d}x$ 要比 $\int uv'\mathrm{d}x$ 更容易求出积分；

（3）选取 u 和 v'（或 $\mathrm{d}v$）的原则为：

指三幂对反，谁在后谁为 u

其中"在后"是按"指数函数、三角函数、幂函数、对数函数、反三角函数"顺序的先后顺序.

例 4.2　求不定积分 $\int x\mathrm{e}^x\mathrm{d}x$.

解　设 $u=x$，$v'=\mathrm{e}^x$，则 $u'=1$，$v=\mathrm{e}^x$，于是应用分部积分公式得

$$\int x\mathrm{e}^x\mathrm{d}x=\int x\mathrm{d}(\mathrm{e}^x)=x\mathrm{e}^x-\int \mathrm{e}^x\mathrm{d}x=x\mathrm{e}^x-\mathrm{e}^x+C$$

例 4.3　求不定积分 $\int x^2\mathrm{e}^x\mathrm{d}x$.

解　设 $u=x^2$，$v'=\mathrm{e}^x$，则 $u'=2x$，$v=\mathrm{e}^x$，于是应用分部积分公式得

$$\int x^2\mathrm{e}^x\mathrm{d}x=\int x^2\mathrm{d}(\mathrm{e}^x)=x^2\mathrm{e}^x-\int \mathrm{e}^x\mathrm{d}(x^2)=x^2\mathrm{e}^x-2\int x\mathrm{e}^x\mathrm{d}x$$

注意：等号右端中的不定积分仍不能立刻求出结果，但已经比原来的不定积分 $\int x^2\mathrm{e}^x\mathrm{d}x$ 要简单，即被积函数中 x^2 的幂数降低了一次，变成了 x，可以再使用一次分部积分公式就可以得出结果. 而不定积分 $\int x\mathrm{e}^x\mathrm{d}x$ 在例 4.2 中已用分部积分法求出，代入即可，故

$$\int x^2\mathrm{e}^x\mathrm{d}x=x^2\mathrm{e}^x-2(x\mathrm{e}^x-\mathrm{e}^x)+C=x^2\mathrm{e}^x-2x\mathrm{e}^x+2\mathrm{e}^x+C$$

注意：有些不定积分需要多次使用分部积分法，使得积分逐步化简，才能得出结果.

例 4.4　求不定积分 $\int x^2\ln x\mathrm{d}x$.

解　设 $u=\ln x$，$v'=x^2$，则 $u'=\dfrac{1}{x}$，$v=\dfrac{1}{3}x^3$，于是应用分部积分公式得

$$\begin{aligned}\int x^2\ln x\mathrm{d}x&=\frac{1}{3}\int \ln x\mathrm{d}(x^3)=\frac{1}{3}x^3\ln x-\frac{1}{3}\int x^3\mathrm{d}(\ln x)\\&=\frac{1}{3}x^3\ln x-\frac{1}{3}\int x^3\cdot\frac{1}{x}\mathrm{d}x=\frac{1}{3}x^3\ln x-\frac{1}{3}\int x^2\mathrm{d}x\\&=\frac{1}{3}x^3\ln x-\frac{1}{9}x^3+C\end{aligned}$$

例 4.5　求不定积分 $\int x\arctan x\mathrm{d}x$.

解　设 $u=\arctan x$，$v'=x$，则 $u'=\dfrac{1}{1+x^2}$，$v=\dfrac{1}{2}x^2$，于是应用分部积分公式得

$$\begin{aligned}\int x\arctan x\mathrm{d}x&=\frac{1}{2}\int \arctan x\mathrm{d}(x^2)=\frac{1}{2}x^2\arctan x-\frac{1}{2}\int x^2\mathrm{d}(\arctan x)\\&=\frac{1}{2}x^2\arctan x-\frac{1}{2}\int\frac{x^2}{1+x^2}\mathrm{d}x=\frac{1}{2}x^2\arctan x-\frac{1}{2}\int\frac{x^2+1-1}{1+x^2}\mathrm{d}x\\&=\frac{1}{2}x^2\arctan x-\frac{1}{2}\int\left(1-\frac{1}{1+x^2}\right)\mathrm{d}x\\&=\frac{1}{2}x^2\arctan x-\frac{x}{2}+\frac{1}{2}\arctan x+C\end{aligned}$$

例 4.6　求不定积分 $\int x^2 \sin x\mathrm{d}x$.

解　设 $u = x^2$ ， $v' = \sin x$ ，则 $u' = 2x$ ， $v = -\cos x$ ，于是应用分部积分公式得

$$\begin{aligned}\int x^2 \sin x\mathrm{d}x &= \int x^2 \mathrm{d}(-\cos x) = -x^2 \cos x + \int \cos x\mathrm{d}(x^2)\\&= -x^2 \cos x + 2\int x\cos x\mathrm{d}x\end{aligned}$$

再次使用分部积分法，设 $u = x$ ， $v' = \cos x$ ，则 $u' = 1$ ， $v = \sin x$ ，则

$$\int x\cos x\mathrm{d}x = \int x\mathrm{d}(\sin x) = x\sin x - \int \sin x\mathrm{d}x = x\sin x + \cos x + C$$

代入原式可得

$$\int x^2 \sin x\mathrm{d}x = -x^2 \cos x + 2x\sin x + 2\cos x + C$$

例 4.7　求不定积分 $\int x\cos 2x\mathrm{d}x$.

解　设 $u = x$ ， $v' = \cos 2x$ ，则 $u' = 1$ ， $v = \frac{1}{2}\sin 2x$ ，于是应用分部积分公式得

$$\begin{aligned}\int x\cos 2x\mathrm{d}x &= \frac{1}{2}\int x\mathrm{d}(\sin 2x) = \frac{1}{2}x\sin 2x - \frac{1}{2}\int \sin 2x\mathrm{d}x\\&= \frac{1}{2}x\sin 2x - \frac{1}{4}\int \sin 2x\mathrm{d}(2x)\\&= \frac{1}{2}x\sin 2x + \frac{1}{4}\cos 2x + C\end{aligned}$$

例 4.8　求不定积分 $\int \ln x\mathrm{d}x$.

解　将被积函数视为 $1\times\ln x$ ，设 $u = \ln x$ ， $v' = 1$ ，则 $u' = \frac{1}{x}$ ， $v = x$ ，于是应用分部积分公式得

$$\begin{aligned}\int \ln x\mathrm{d}x &= x\ln x - \int x\mathrm{d}\ln x = x\ln x - \int x\cdot\frac{1}{x}\mathrm{d}x\\&= x\ln x - \int \mathrm{d}x = x\ln x - x + C\end{aligned}$$

例 4.9　求不定积分 $\int \arctan x\mathrm{d}x$.

解　将被积函数视为 $1\times\arctan x$. 设 $u = \arctan x$ ， $v' = 1$ ，则 $u' = \frac{1}{1+x^2}$ ， $v = x$ ，于是应用分部积分公式得

$$\begin{aligned}\int \arctan x\mathrm{d}x &= x\arctan x - \int x\mathrm{d}(\arctan x) = x\arctan x - \int \frac{x}{1+x^2}\mathrm{d}x\\&= x\arctan x - \frac{1}{2}\int \frac{1}{1+x^2}\mathrm{d}(1+x^2)\\&= x\arctan x - \frac{1}{2}\ln(1+x^2) + C\end{aligned}$$

在分部积分法应用比较熟练后，分部积分法的替换过程就不必写出.

例 4.10 求不定积分$\int e^x \cos x dx$.

解
$$\begin{aligned}\int e^x \cos x dx &= \int e^x d(\sin x) = e^x \sin x - \int \sin x d(e^x)\\ &= e^x \sin x - \int e^x \sin x dx = e^x \sin x - \int e^x d(-\cos x)\\ &= e^x \sin x - \left[-e^x \cos x + \int \cos x d(e^x)\right]\\ &= e^x \sin x + e^x \cos x - \int e^x \cos x dx\end{aligned}$$

注意到运用两次分部积分后，又出现了与原积分相同的积分式子（类似$X = A - X$），经过移项整理再添上任意常数，得

$$\int e^x \cos x dx = \frac{1}{2} e^x (\sin x + \cos x) + C$$

注意：（1）有时候使用若干次分部积分可导出所求积分的方程式（产生循环的结果），然后解此方程，这个方程的解再加上任意常数即为所求积分.

（2）形如$\int e^x \sin x dx$，$\int e^x \cos x dx$的不定积分，u和v'（或dv）的选取可任意，但若连用两次分部积分法，u和v'（或dv）的选取前后要一致，否则将得不出结果.

还有一些积分（如下面的例子），往往需要同时用到换元积分法和分部积分法才能解决.

例 4.11 求不定积分$\int e^{\sqrt{x}} dx$.

解 令$t = \sqrt{x}$，则$x = t^2$，$dx = 2t dt$，代入可得

$$\begin{aligned}\int e^{\sqrt{x}} dx &= \int e^t \cdot 2t dt = 2\int t de^t = 2te^t - 2\int e^t dt = 2te^t - 2e^t + C\\ &= 2\sqrt{x} e^{\sqrt{x}} - 2e^{\sqrt{x}} + C\end{aligned}$$

例 4.12 已知$f(x)$的一个原函数是e^{-x^2}，求$\int x f'(x) dx$.

解 由e^{-x^2}是$f(x)$的一个原函数可得

$$\int f(x) dx = e^{-x^2} + C$$

两边同时对x求导，得

$$f(x) = -2x e^{-x^2}$$

则

$$\int x f'(x) dx = \int x df(x) = x f(x) - \int f(x) dx = -2x^2 e^{-x^2} - e^{-x^2} + C$$

习题 4.4

基础练习

1. 求下列函数的不定积分.

（1）$\int x \cos x dx$；（2）$\int x \ln x dx$；（3）$\int x 2^x dx$；

（4）$\int x\,\mathrm{arc}\cot x\mathrm{d}x$；（5）$\int \ln(1+x)\mathrm{d}x$；（6）$\int \arcsin x\mathrm{d}x$.

提高练习

2. 求下列函数的不定积分.

（1）$\int \mathrm{e}^x\sin x\mathrm{d}x$；（2）$\int x\sec^2 x\mathrm{d}x$；（3）$\int x^2\cos x\mathrm{d}x$；

（4）$\int x^2\sin 2x\mathrm{d}x$；（5）$\int (x+4)\sin 2x\mathrm{d}x$；（6）$\int \sin\sqrt{x}\mathrm{d}x$.

拓展练习

3. 求下列函数的不定积分.

（1）$\int \cos(\ln x)\mathrm{d}x$；（2）$\int \mathrm{e}^{ax}\cos bx\mathrm{d}x$；（3）$\int x\sin^2 x\mathrm{d}x$；

（4）$\int x\cos^2 x\mathrm{d}x$；（5）$\int \ln(\sqrt{x^2+1}+x)\mathrm{d}x$；（6）$\int \left(\ln(\ln x)+\dfrac{1}{\ln x}\right)\mathrm{d}x$.

复习题四

一、选择题

1. 下列等式成立的是（　　）.

A. $\left(\int f(x)\mathrm{d}x\right)'=f(x)$　　B. $\int f'(x)\mathrm{d}x=f(x)$

C. $\mathrm{d}\int f(x)\mathrm{d}x=f(x)$　　D. $\int \mathrm{d}f(x)=f(x)$

2. 若 $f(x)$ 的一个原函数是 $\frac{1}{x}$，则 $f'(x)=$（　　）.

A. $\ln|x|$　　B. $\frac{1}{x}$　　C. $\frac{2}{x^3}$　　D. $-\frac{1}{x^2}$

3. 在区间 I 内连续函数 $f(x)$ 的任意两个原函数 $F_1(x),F_2(x)$ 满足（　　）.

A. $F_1(x)-F_2(x)=C$　　B. $F_1(x)\cdot F_2(x)=C$

C. $F_1(x)=CF_2(x)$　　D. $F_1(x)+F_2(x)=C$

4. 若 $F'(x)=f(x)$，则 $\int \mathrm{d}F(x)=$（　　）.

A. $f(x)$　　B. $F(x)$　　C. $f(x)+C$　　D. $F(x)+C$

5. 在切线斜率为 $2x$ 的积分曲线族中，通过点 $(4,1)$ 的曲线方程是（　　）.

A. $y=x^2+1$　　B. $y=x^2-15$

C. $y=x^2+4$　　D. $y=x^2+15$

6. 下列函数中，是 $\sin 2x$ 的原函数的是（　　）.

A. $\cos^2 x$　　B. $\cos 2x$　　C. $\sin^2 x$　　D. $1-\cos 2x$

7. 若函数 $f(x)$ 的一个原函数为 $\ln x$，则一阶导数 $f'(x)=$（　　）.

A. $\frac{1}{x}$　　B. $-\frac{1}{x^2}$　　C. $\ln x$　　D. $x\ln x$

8. 已知 $\int f(x)\mathrm{d}x=F(x)+C$，则 $\int f\left(\frac{x}{2}+1\right)\mathrm{d}x=$（　　）.

A. $2F(x)+C$　　B. $F\left(\frac{x}{2}\right)+C$

C. $F\left(\frac{x}{2}+1\right)+C$　　D. $2F\left(\frac{x}{2}+1\right)+C$

9. 已知 $\int f(x)\mathrm{d}x=F(x)+C$，则 $\int \frac{1}{x}f(\ln x)\mathrm{d}x=$（　　）.

A. $F(\ln x)+C$　　B. $F(\ln x)$

C. $\frac{1}{x}F(\ln x)+C$　　D. $F\left(\frac{1}{x}\right)+C$

10. 若 $\int f(x)\mathrm{d}x=x\mathrm{e}^x+C$，则 $f(x)=$（　　）.

A. $x\mathrm{e}^x$　　B. e^x　　C. $x\mathrm{e}^x+\mathrm{e}^x$　　D. $x\mathrm{e}^x-\mathrm{e}^x$

二、判断题（正确的划√，不正确的划×）

1. $\cos 2x$ 是 $\sin 2x$ 的原函数.（　　）

2. 若 $f(x)$ 的一个原函数为 $e^{\cos x+1}$，则 $f(x)=-\sin x e^{\cos x+1}$.（　　）

3. 若 $F'(x)=f(x)$，则对于任意常数 C， $F(x)+C$ 都是 $f(x)$ 的原函数.（　　）

4. $\int f'(x)dx=f(x)$.（　　）

5. $\frac{d}{dx}\int f(x)dx=f(x)$.（　　）

6. $\int \frac{1}{x}dx=\ln x+C\ (x>0)$.（　　）

7. $\int \sin x dx=\cos x+C$.（　　）

8. $\frac{1}{\sqrt{2x}}dx=d\sqrt{2x}$.（　　）

9. $\int \cos 2x dx=\sin 2x+C$.（　　）

10. $\int xe^{-x}dx=\int xde^{-x}$.（　　）

三、填空题

1. 函数 2^x 为__________的一个原函数.

2. 函数 $f(x)$ 的不定积分是 $f(x)$ 的__________.

3. 设 $\int f(x)dx=e^x+C$，则 $f(x)=$__________.

4. 设 $f(x)=\frac{1}{x}$，则 $\int f'(x)dx=$__________.

5. $\int (x^5\ln x)'dx=$__________； $d\int 3^{-x}dx=$__________；

$\left(\int x^2\arcsin x dx\right)'=$__________； $\int d(e^{-x})=$__________.

6. 若 e^{-x} 是 $f(x)$ 的一个原函数，则 $\int f(x)dx=$__________.

7. 若 $F(x)$ 是 $f(x)$ 的一个原函数，则 $\int f(2x)dx=$__________.

8. 设 $\int f(x)dx=F(x)+C$，则 $\int f(2x+3)dx=$__________.

9. 设 $\int f(x)dx=F(x)+C$，则 $\int \frac{f(\ln x)}{x}dx=$__________.

10. $\int \sin(2x+5)dx=$__________； $\int e^{3x+5}dx=$__________；

$\int \frac{1}{x^2}e^{\frac{1}{x}}dx=$__________； $\int \cos x de^{\cos x}=$__________；

$\int xe^x dx=$__________； $\int \ln x dx=$__________.

四、计算题

1. 求下列不定积分.

（1）$\int\frac{3-\sqrt{x^3}+x\sin x}{x}\mathrm{d}x$；　（2）$\int(1+3x^2+\cos x-\mathrm{e}^x)\mathrm{d}x$；　（3）$\int\frac{1}{x^2(1+x^2)}\mathrm{d}x$；

（4）$\int\frac{1}{1-\cos 2x}\mathrm{d}x$；　（5）$\int\frac{1}{\sin^2 x\cos^2 x}\mathrm{d}x$；　（6）$\int\frac{\cos 2x}{\sin x+\cos x}\mathrm{d}x$；

（7）$\int\cos(x+1)\mathrm{d}x$；　（8）$\int\frac{1}{x+1}\mathrm{d}x$；　（9）$\int\frac{x}{9+x^2}\mathrm{d}x$；

（10）$\int\cot x\mathrm{d}x$；　（11）$\int\sin^3 x\mathrm{d}x$；　（12）$\int\frac{1+(\ln x)^2}{x}\mathrm{d}x$；

（13）$\int\frac{1}{x^2}\cos\frac{1}{x}\mathrm{d}x$；　（14）$\int\frac{\mathrm{e}^{\sqrt{x}}}{\sqrt{x}}\mathrm{d}x$；　（15）$\int\frac{\mathrm{e}^x}{\sqrt{1-\mathrm{e}^x}}\mathrm{d}x$；

（16）$\int\frac{\sqrt{\tan x}}{\cos^2 x}\mathrm{d}x$；　（17）$\int x\sin x\mathrm{d}x$；　（18）$\int x\arctan x\mathrm{d}x$；

（19）$\int x\ln x\mathrm{d}x$；　（20）$\int\arcsin x\mathrm{d}x$；　（21）$\int\mathrm{e}^x\sin x\mathrm{d}x$；

（22）$\int x^2\mathrm{e}^x\mathrm{d}x$；　（23）$\int x\mathrm{e}^{2x}\mathrm{d}x$；　（24）$\int x^2\ln(x+1)\mathrm{d}x$；

（25）$\int(x+1)\sin 2x\mathrm{d}x$；　（26）$\int x\sec^2 x\mathrm{d}x$.

2. 一曲线通过点$(\mathrm{e}^2,3)$，且在任一点处的切线斜率为$\frac{1}{x}$，求该曲线的方程.

3. 已知$f(x)$的一个原函数是e^{-x^2}，求$\int xf'(x)\mathrm{d}x$.

学习自测题四

（时间：45 分钟，满分 100 分）

一、选择题（每题 6 分，共计 30 分）

1. 若 $F'(x)=f(x)$，则 $\int f(x)\mathrm{d}x=$（　　）.

A. $f(x)$　　B. $F(x)$　　C. $f(x)+C$　　D. $F(x)+C$

2. 若 $\int f(x)\mathrm{d}x=x\sin x+C$，则 $f(x)=$（　　）.

A. $x\sin x$　　B. $x\cos x$

C. $\sin x+x\cos x$　　D. $\sin x-x\cos x$

3. 在切线斜率为 $2x$ 的积分曲线族中，通过点 $(4,1)$ 的曲线方程是（　　）.

A. $y=x^2+1$　　B. $y=x^2-15$

C. $y=x^2+4$　　D. $y=x^2+15$

4. 若 $f'(x)$ 存在且连续，则 $\left(\int \mathrm{d}f(x)\right)'=$（　　）.

A. $f(x)$　　B. $f(x)+C$　　C. $f'(x)$　　D. $f'(x)+C$

5. 已知 $\int f(x)\mathrm{d}x=F(x)+C$，则 $\int f(2x+1)\mathrm{d}x=$（　　）.

A. $2F(x)+C$　　B. $F(2x)+C$

C. $F(2x+1)+C$　　D. $\dfrac{1}{2}F(2x+1)+C$

二、计算题（1~5 题各 8 分，6~8 题各 10 分，共计 70 分）

1. 求不定积分 $\int\left(1+2x+\sin x+\mathrm{e}^x+\dfrac{1}{x}\right)\mathrm{d}x$.

2. 求不定积分 $\int(3-2x)^3\mathrm{d}x$.

3. 求不定积分 $\int\dfrac{1+\sqrt{\ln x}}{x}\mathrm{d}x$.

4. 求不定积分 $\int x\ln(x+1)\mathrm{d}x$.

5. 求不定积分 $\int x\mathrm{e}^{-x}\mathrm{d}x$.

6. 求不定积分 $\int x\sin x\cos x\mathrm{d}x$.

7. 已知曲线 $y=F(x)$ 通过点 $(0,1)$，且在任一点处的切线斜率为 $x\mathrm{e}^x$，求该曲线的方程.

8. 已知质点在时刻 t 的加速度为 t^2+1，且当 $t=0$ 时，速度 $v=1$，距离 $s=0$，求此质点的运动方程.

第五章　定积分及其应用

不定积分是微分法逆运算的一个侧面，本章要介绍的定积分则是它的另一个侧面. 定积分起源于求图形的面积和体积等实际问题.

本章先从几何问题与运动学问题引入定积分的定义，然后讨论定积分的性质、计算方法以及定积分在几何与物理学中的应用. 其知识结构图如下：

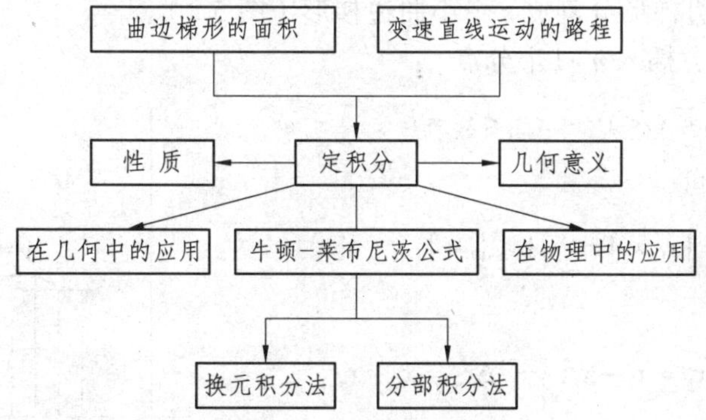

【学习能力目标】

- 理解定积分的概念以及它的几何意义.
- 掌握定积分的性质以及计算公式：牛顿-莱布尼兹公式.
- 理解定积分与不定积分的换元积分法和分部积分法的联系与区别.
- 熟练地运用换元积分法和分部积分法求定积分.
- 了解广义积分的概念.
- 会求解一些简单的广义积分.
- 掌握微分法，熟练运用定积分求解直角坐标系下的平面图形的面积和旋转体的体积，
- 掌握平均值的计算.

第一节　定积分的概念

一、引　例

1. 曲边梯形的面积计算

设 $y=f(x)$ 为闭区间 $[a,b]$ 上连续函数，且 $f(x)\geqslant 0$，由曲线 $y=f(x)$，直线 $x=a$，$x=b$ 以及 x 轴所围成的平面图形（图 5.1），称为**曲边梯形**. 其中曲线弧称为曲边.

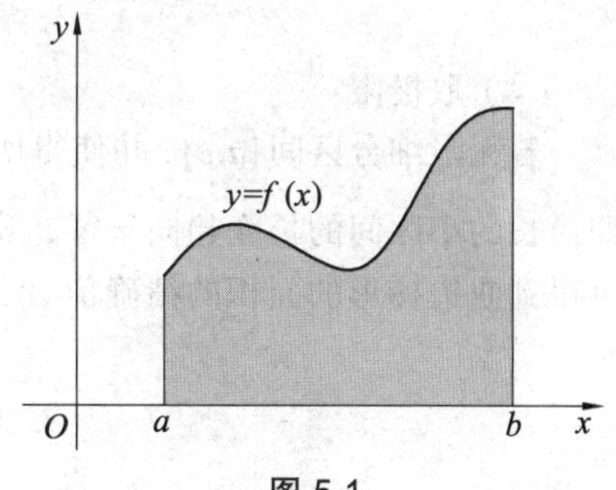

图 5.1

我们知道矩形的面积是

$$A = ab$$

其中 a, b 分别为矩形两条邻边的长.

而曲边梯形面积的计算不同于矩形，其在底边上各点处的高 $y = f(x)$ 在 $[a,b]$ 上是随 x 的变化而变化的，不能用矩形的面积公式来计算. 但其高 $y = f(x)$ 在 $[a,b]$ 上是连续变化的，即自变量 x 在很微小的小区间内变化时，$f(x)$ 的变化也很微小，近似于不变，因此，如果把 $[a,b]$ 划分为很多的小区间，在每一个小区间上用其中某一点处的函数值来近似代替这个小区间上的小曲边梯形的变高，那么，每个小曲边梯形的面积就近似等于这个小区间上的小矩形的面积. 从而，所有这些小矩形的面积之和就可以作为原曲边梯形面积的近似值. 而且，若将 $[a,b]$ 无限细分下去，使得每个小区间的长度都趋于零时，所有小矩形面积之和的极限就可以定义为曲边梯形的面积. 具体可分为如下几个步骤：

（1）分割：将曲边梯形分割成 n 个小曲边梯形（图 5.2）.

在区间 $[a,b]$ 中任意插入 $n-1$ 个分点

$$a = x_0 < x_1 < x_2 < \cdots < x_{n-1} < x_n = b$$

把 $[a,b]$ 分成 n 个小区间

$$[x_0, x_1],\ [x_1, x_2],\ \cdots,\ [x_{n-1}, x_n]$$

其长度依次记为

$$\Delta x_1 = x_1 - x_0,\ \Delta x_2 = x_2 - x_1,\ \cdots,\ \Delta x_n = x_n - x_{n-1}$$

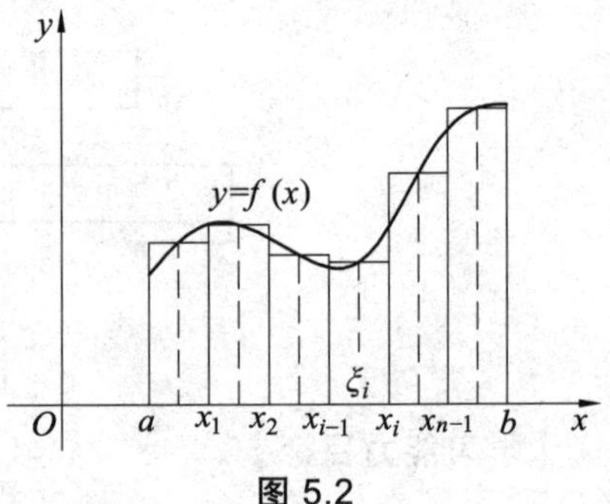

图 5.2

经过每一个分点 $x_i\ (i = 1, 2, \cdots, n-1)$ 作垂直于 x 轴的直线段，把曲边梯形划分成 n 个小曲边梯形. 它们的面积分别记为

$$\Delta A_1,\ \Delta A_2,\ \cdots,\ \Delta A_n$$

（2）近似代替：小矩形的面积近似代替小曲边梯形的面积.

在每个小曲边梯形底边 $[x_{i-1}, x_i]$ 上任取一点 $\xi_i \in [x_{i-1}, x_i]\ (i = 1, 2, \cdots, n)$，以 $[x_{i-1}, x_i]$ 为底边，$f(\xi_i)$ 为高的小矩形的面积 $f(\xi_i)\Delta x_i$ 近似代替相对应的小曲边梯形的面积 ΔA_i，即

$$\Delta A_i \approx f(\xi_i)\Delta x_i \quad (i = 1, 2, \cdots, n)$$

（3）求和：

把（2）得到的 n 个小矩形面积之和作为所求曲边梯形的面积 A 的近似值，即

$$A \approx f(\xi_1)\Delta x_1 + f(\xi_2)\Delta x_2 + \cdots + f(\xi_n)\Delta x_n = \sum_{i=1}^{n} f(\xi_i)\Delta x_i$$

（4）取极限：

若无限细分区间 $[a,b]$，并使得所有小区间的长度都趋向于零，记 $\lambda = \max\limits_{1 \leqslant i \leqslant n}\{\Delta x_i\}$，当 $\lambda \to 0$，即最长的小区间的长度趋向于零，则其他小区间的长度也趋向于零，取上述和式的极限，便可得到曲边梯形的面积的精确值 A，即

$$A = \lim_{\lambda \to 0} \sum_{i=1}^{n} f(\xi_i)\Delta x_i$$

2. 变速直线运动的路程

设某物体作直线运动，已知速度 $v=v(t)$ 在时间间隔 $[T_1,T_2]$ 上是连续函数且 $v(t)\geqslant 0$，求在运动时间 $[T_1,T_2]$ 内物体所经过的路程 s.

我们知道，匀速直线运动的路程公式是

$$s=vt$$

而变速直线运动的速度是时刻发生改变的，故要求它的路程就不能直接使用上述公式来计算. 然而速度是连续变化的，在很小的时间间隔内速度的变化很小，故我们可以近似理解为物体在做匀速直线运动，因此可以用匀速直线运动的路程近似代替变速直线运动的路程. 从而，可以类似于计算曲边梯形的面积的方法来计算变速直线运动的路程 s.

（1）分割：

在时间间隔 $[T_1,T_2]$ 内任意插入 $n-1$ 个分点

$$T_1=t_0<t_1<t_2<\cdots<t_{n-1}<t_n=T_2$$

把时间间隔 $[T_1,T_2]$ 分成 n 个时间间隔 $[t_{i-1},t_i]$，每段时间间隔的长为

$$\Delta t_i=t_i-t_{i-1}\text{，}(i=1,2,\cdots,n)$$

（2）近似代替：在每个小区间上以匀速直线运动的路程近似代替变速直线运动的路程.

在 $[t_{i-1},t_i]$ 内任取一点 $\xi_i\in[t_{i-1},t_i]\,(i=1,2,\cdots,n)$，作乘积

$$\Delta s_i=v(\xi_i)\Delta t_i\quad(i=1,2,\cdots,n)$$

为 $[t_{i-1},t_i]$ 内的路程的近似值.

（3）求和：

将所有这些近似值求和，得到总路程的近似值，即

$$s\approx\sum_{i=1}^{n}v(\xi_i)\Delta t_i$$

（4）取极限：

对时间间隔 $[T_1,T_2]$ 分得越细，误差就越小. 于是记 $\lambda=\max\limits_{1\leqslant i\leqslant n}\{\Delta t_i\}$，当 $\lambda\to 0$ 时，取上述和式的极限

$$s=\lim_{\lambda\to 0}\sum_{i=1}^{n}v(\xi_i)\Delta t_i$$

为变速直线运动的路程.

二、定积分的定义

上述两个实际问题，一个是求曲边梯形的面积，一个是变速直线运动的路程，虽然它们的实际意义不同，但其解决问题的途径一致，即分割、近似代替、求和，最后均为求一个特定乘积和式的极限. 类似的问题还有很多，弄清它们在数量关系上共同的本质与特性，加以抽象与概括，就是定积分的定义.

定义 1.1　设函数 $f(x)$ 在区间 $[a,b]$ 上连续，任取 $n-1$ 个分点

$$a=x_0<x_1<x_2<\cdots<x_{n-1}<x_n=b$$

把 $[a,b]$ 分成 n 个小区间 $[x_{i-1},x_i]$，并记每个小区间的长度为 $\Delta x_i = x_i - x_{i-1}$ $(i=1,2,\cdots,n)$，在每个小区间 $[x_{i-1},x_i]$ 上任取一点 ξ_i，作乘积 $f(\xi_i)\Delta x_i$ $(i=1,2,\cdots,n)$ 的和式 $\sum\limits_{i=1}^{n} f(\xi_i)\Delta x_i$，记 $\lambda = \max\limits_{1\leqslant i\leqslant n}\{\Delta x_i\}$，当 $\lambda \to 0$ 时和式的极限

$$\lim_{\lambda\to 0}\sum_{i=1}^{n} f(\xi_i)\Delta x_i$$

存在，则此极限值叫做函数 $f(x)$ 在区间 $[a,b]$ 上的**定积分**，记作 $\int_a^b f(x)\mathrm{d}x$，即

$$\int_a^b f(x)\mathrm{d}x = \lim_{\lambda\to 0}\sum_{i=1}^{n} f(\xi_i)\Delta x_i$$

其中 $f(x)$ 称为**被积函数**，$f(x)\mathrm{d}x$ 称为**被积表达式**，x 称为**积分变量**，a 称为**积分下限**，b 称为**积分上限**，$[a,b]$ 称为**积分区间**.

根据定积分的定义，前面所举的例子可以用定积分表述如下：

（1）曲边梯形的面积 A 等于曲边所对应的函数 $y=f(x)$（$f(x)\geqslant 0$）在其底所在区间 $[a,b]$ 上的定积分

$$A=\int_a^b f(x)\mathrm{d}x$$

（2）变速直线运动的物体所经过的路程 s 等于其速度 $v=v(t)$（$v(t)\geqslant 0$）在时间间隔 $[T_1,T_2]$ 上的定积分

$$s=\int_{T_1}^{T_2} v(t)\mathrm{d}t$$

关于定积分，还要强调说明以下几点：

（1）如果定积分 $\int_a^b f(x)\mathrm{d}x$ 存在，则称函数 $f(x)$ 在闭区间 $[a,b]$ 上可积.

（2）定积分是一个确定的常数，其积分值仅与被积函数 $f(x)$ 及积分区间 $[a,b]$ 有关，而与积分变量用什么字母表示无关，即

$$\int_a^b f(x)\mathrm{d}x=\int_a^b f(t)\mathrm{d}t=\int_a^b f(u)\mathrm{d}u$$

同时也与区间的分法和 ξ_i 的取法无关.

（3）关于函数 $f(x)$ 的可积性问题：

定理 1.1　闭区间 $[a,b]$ 上的连续函数必在 $[a,b]$ 上可积.

定理 1.2　闭区间 $[a,b]$ 上只有有限个第一类间断点的有界函数必在 $[a,b]$ 上可积.

三、定积分的几何意义

下面根据连续函数 $f(x)$ 在区间上的符号，给出定积分 $\int_a^b f(x)\mathrm{d}x$ 所表示的几何意义.

（1）在 $[a,b]$ 上如果 $f(x)\geqslant 0$，如图 5.3 所示，$\int_a^b f(x)\mathrm{d}x$ 表示曲线 $y=f(x)$，直线 $x=a$，$x=b$ 以及 x 轴所围成的图形的面积，即 $\int_a^b f(x)\mathrm{d}x=A$.

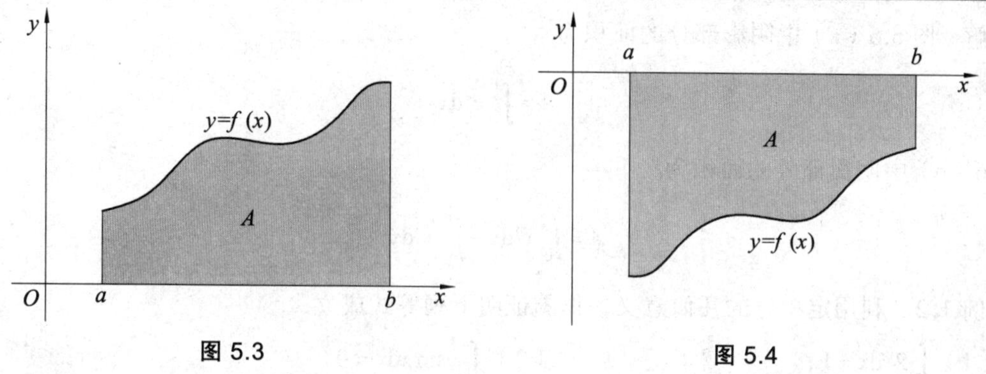

图 5.3　　　　图 5.4

（2）在$[a,b]$上如果$f(x)\leqslant 0$，如图 5.4 所示，$\int_a^b f(x)\mathrm{d}x$表示曲线$y=f(x)$，直线$x=a$，$x=b$以及x轴所围成的图形的面积的负值，即$\int_a^b f(x)\mathrm{d}x=-A$.

（3）在$[a,b]$上如果$f(x)$既取得正值又取得负值时，如图 5.5 所示，$\int_a^b f(x)\mathrm{d}x$表示介于x轴，曲线$y=f(x)$及直线$x=a$，$x=b$之间的各部分图形的面积的代数和，其中在x轴上方的部分图形的面积规定为正，下方的规定为负，即

$$\int_a^b f(x)\mathrm{d}x=A_1-A_2+A_3-A_4$$

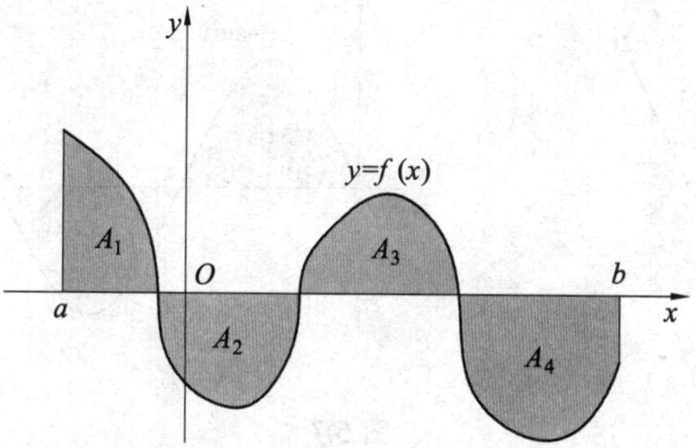

图 5.5

例 1.1　用定积分表示图 5.6 中阴影部分的面积.

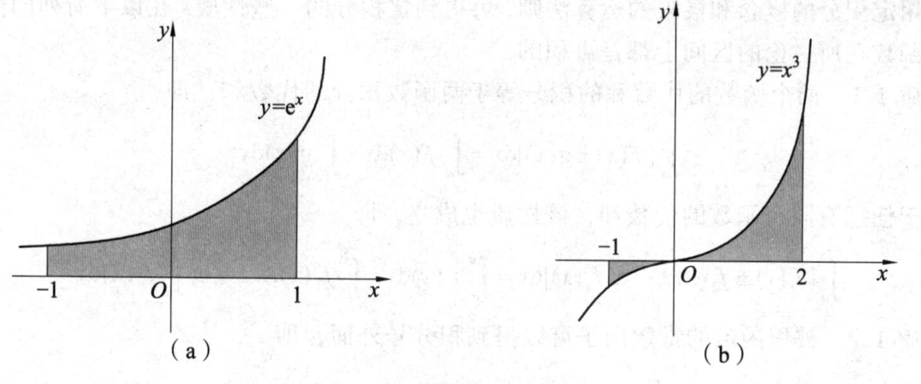

图 5.6

解 图 5.6（a）中阴影部分的面积为

$$A=\int_{-1}^{1}\mathrm{e}^x\mathrm{d}x$$

图 5.6（b）中阴影部分的面积为

$$A=\int_{0}^{2}x^3\mathrm{d}x-\int_{-1}^{0}x^3\mathrm{d}x$$

例 1.2 利用定积分的几何意义，作图证明下列等式成立.

（1）$\int_0^1 2x\mathrm{d}x=1$；（2）$\int_0^{2\pi}\sin x\mathrm{d}x=0$.

解 （1）画出被积函数 $y=2x$ 在 $[0,1]$ 上的图形，见图 5.7（a）. 则根据定积分的几何意义可知

$$\int_0^1 2x\mathrm{d}x=S_\Delta=1$$

（2）画出被积函数 $y=\sin x$ 在 $[0,2\pi]$ 上的图形，见图 5.7（b）. 因 x 轴上方与 x 轴下方图形面积相同，即 $A_1=A_2$，则根据定积分的几何意义可知

$$\int_0^{2\pi}\sin x\mathrm{d}x=A_1-A_2=0$$

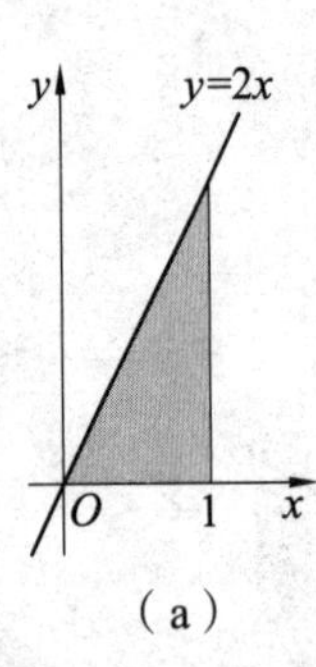

（a）

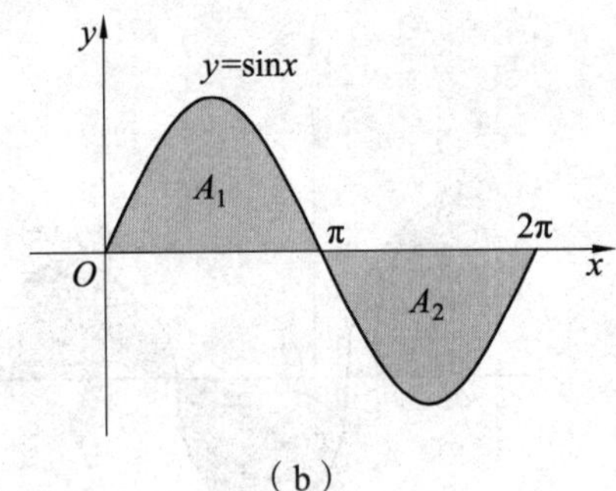

（b）

图 5.7

四、定积分的性质

利用定积分的概念和极限的运算法则，可得到定积分的一些性质. 在以下所列的性质中，均认定函数在所讨论的区间上都是可积的.

性质 1.1 两个函数的代数和的积分等于两函数积分的代数和，即

$$\int_a^b[f(x)\pm g(x)]\mathrm{d}x=\int_a^b f(x)\mathrm{d}x\pm\int_a^b g(x)\mathrm{d}x$$

对于任意有限个函数的代数和，该性质也成立，即

$$\int_a^b[f_1(x)\pm f_2(x)\pm\cdots\pm f_n(x)]\mathrm{d}x=\int_a^b f_1(x)\mathrm{d}x\pm\int_a^b f_2(x)\mathrm{d}x\pm\cdots\pm\int_a^b f_n(x)\mathrm{d}x$$

性质 1.2 被积函数的常数因子可以提到积分号外面，即

$$\int_a^b kf(x)\mathrm{d}x=k\int_a^b f(x)\mathrm{d}x\ （k\text{ 为常数}）$$

性质 1.3　定积分的上、下限对换，则积分变号，即

$$\int_a^b f(x)\mathrm{d}x = -\int_b^a f(x)\mathrm{d}x$$

特别地，当 $a=b$ 时，规定 $\int_a^b f(x)\mathrm{d}x = 0$.

性质 1.4（对区间具有可加性）　如果将积分区间 $[a,b]$ 分成两个小区间 $[a,c]$ 和 $[c,b]$，则在整个区间上的定积分等于这两个小区间上的定积分之和，即若 $a<c<b$，则

$$\int_a^b f(x)\mathrm{d}x = \int_a^c f(x)\mathrm{d}x + \int_c^b f(x)\mathrm{d}x$$

补充：不论 a,b,c 的相对位置如何，上式总成立.

例如，若 $a<b<c$，则

$$\int_a^c f(x)\mathrm{d}x = \int_a^b f(x)\mathrm{d}x + \int_b^c f(x)\mathrm{d}x$$

则

$$\int_a^b f(x)\mathrm{d}x = \int_a^c f(x)\mathrm{d}x - \int_b^c f(x)\mathrm{d}x = \int_a^c f(x)\mathrm{d}x + \int_c^b f(x)\mathrm{d}x$$

性质 1.5　如果在 $[a,b]$ 上，$f(x)\equiv 1$，则

$$\int_a^b 1\mathrm{d}x = \int_a^b \mathrm{d}x = b-a$$

性质 1.6　如果在 $[a,b]$ 上，$f(x)\leqslant g(x)$，则

$$\int_a^b f(x)\mathrm{d}x \leqslant \int_a^b g(x)\mathrm{d}x$$

例 1.3　利用定积分的性质比较 $\int_0^1 x\mathrm{d}x$ 和 $\int_0^1 x^2\mathrm{d}x$ 的大小.

解　因为对任意 $x\in[0,1]$，有 $x\geqslant x^2$，则根据定积分的性质 1.6 可得

$$\int_0^1 x\mathrm{d}x \geqslant \int_0^1 x^2\mathrm{d}x$$

例 1.4　利用定积分的性质比较 $\int_0^1 \mathrm{e}^x\mathrm{d}x$ 和 $\int_0^1 (1+x)\mathrm{d}x$ 的大小.

解　令 $f(x)=\mathrm{e}^x-(1+x)$，因为对任意 $x\in[0,1]$ 有

$$f'(x)=\mathrm{e}^x-1\geqslant 0\text{（仅当 }x=0\text{ 时等号成立）}$$

则 $f(x)$ 在 $[0,1]$ 上单调递增. 因此，对任意 $x\in[0,1]$，有

$$f(x)\geqslant f(0)=0$$

即对任意 $x\in[0,1]$，有

$$\mathrm{e}^x\geqslant 1+x$$

从而根据定积分的性质 1.6 可得

$$\int_0^1 \mathrm{e}^x\mathrm{d}x \geqslant \int_0^1 (1+x)\mathrm{d}x$$

习题 5.1

基础练习

1. 填空题.

（1）定积分 $\int_1^4 (3x^2 + e^{2x})dx$ 中，积分上限是__________，积分下限__________，积分区间是__________.

（2）由直线 $y = x$，$x = a$，$x = b$ 以及 x 轴所围成图形的面积等于__________，用定积分表示为__________.

（3）由曲线 $y = x^3$，直线 $x = 3$ 以及 x 轴所围成图形的面积用定积分表示为__________.

2. 比较下列两个积分的大小.

（1）$\int_0^1 x^2 dx$ 和 $\int_0^1 x^3 dx$；

（2）$\int_0^{\pi} x dx$ 和 $\int_0^{\pi} \sin x dx$.

3. 利用定积分表示图 5.8 中阴影部分的面积 A.

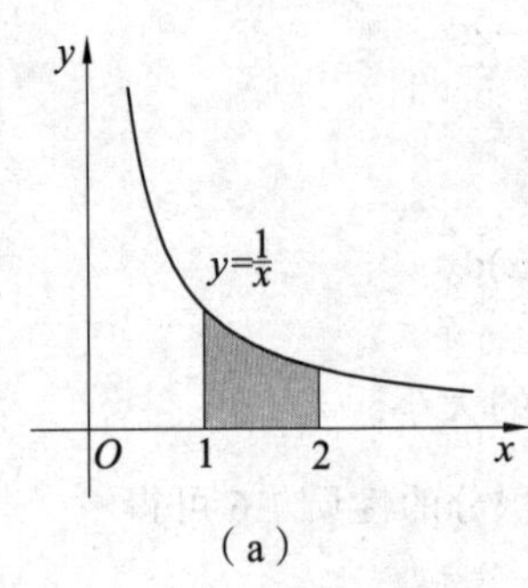

（a）

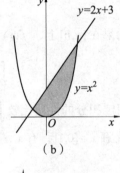

（b）

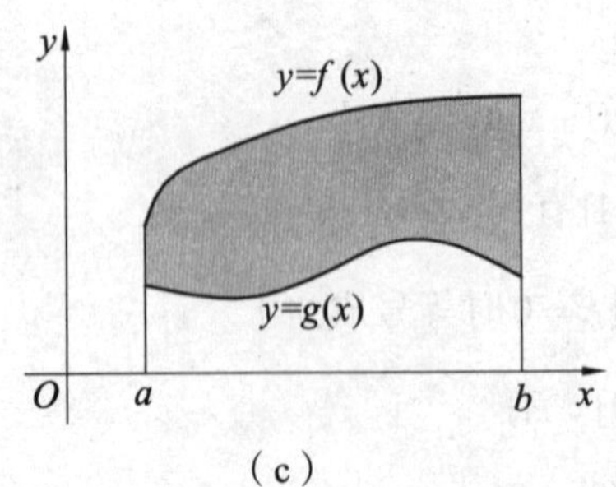

（c）

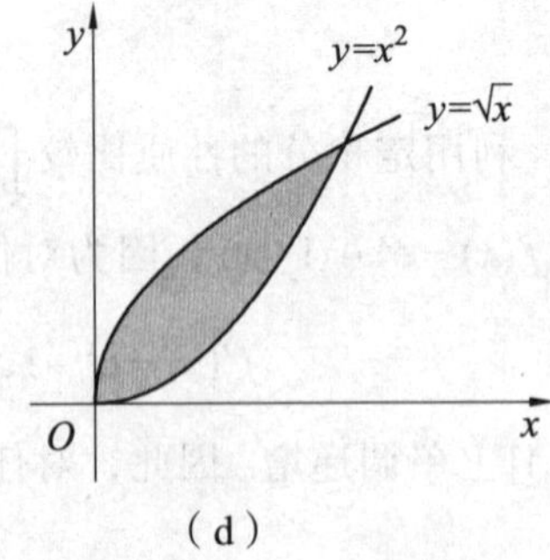

（d）

图 5.8

提高练习

4. 填空题.

（1）由曲线 $y = x^2$，直线 $x = 2$ 以及 x 轴所围成图形的面积用定积分表示为__________.

（2）利用定积分的几何意义，得定积分 $\int_{-1}^1 \sqrt{1 - x^2} dx =$__________.

5. 利用定积分的几何意义，说明下列等式成立.

（1）$\int_0^1 2x\mathrm{d}x = 1$；　　（2）$\int_0^{\pi} \cos x\mathrm{d}x = 0$.

拓展练习

6. 用定积分表示下列各组曲线围成的平面图形的面积 A.

（1）$y=\sqrt{x}$，$y=x$，$x=2$，$y=0$；　　（2）$y=x^3-6x$，$y=x^2$.

第二节　微积分基本公式

积分学中要解决两个问题：第一个问题是原函数的求法问题，我们在第四章中已经对它做了讨论；第二个问题就是定积分的计算问题. 定积分的定义是特定乘积和式的极限，如果直接利用定义来计算定积分，那将是十分困难的. 我们知道，不定积分作为原函数的概念与定积分作为积分和的极限的概念是两个完全不相干的概念，但是，牛顿和莱布尼茨不仅发现而且找到了这两个概念之间存在着的深刻的内在联系，即所谓的“微积分基本定理”，并由此巧妙地开辟了求定积分的新途径——**牛顿-莱布尼茨公式**.

设一物体沿直线做变速运动，速度为 $v(t)$ ($v(t) \geqslant 0$)，则物体在时间间隔 $[T_1,T_2]$ 内经过的路程 s 可用速度函数表示为

$$s=\int_{T_1}^{T_2} v(t)\mathrm{d}t$$

另一方面，物体经过的路程 s 是关于时间 t 的函数 $s(t)$，那么物体在时间间隔 $[T_1,T_2]$ 所经过的路程为

$$s=s(T_2)-s(T_1)$$

则

$$\int_{T_1}^{T_2} v(t)\mathrm{d}t = s(T_2)-s(T_1)$$

由导数的物理意义可知：$s'(t)=v(t)$，即 $s(t)$ 是 $v(t)$ 的一个原函数，因此，为求定积分 $\int_{T_1}^{T_2} v(t)\mathrm{d}t$，应先求出被积函数 $v(t)$ 的一个原函数 $s(t)$，再求 $s(t)$ 在区间 $[T_1,T_2]$ 上的增量 $s(T_2)-s(T_1)$ 即可.

若抛开上面问题的物理意义，便可得出计算定积分 $\int_a^b f(x)\mathrm{d}x$ 的一般方法：

定理 2.1　如果函数 $F(x)$ 是 $[a,b]$ 上的连续函数 $f(x)$ 的任意一个原函数，则

$$\int_a^b f(x)\mathrm{d}x = F(b)-F(a)$$

为了方便起见，还常用 $F(x)\big|_a^b$ 或 $[F(x)]_a^b$ 表示 $F(b)-F(a)$，即

$$\int_a^b f(x)\mathrm{d}x = [F(x)]_a^b = F(x)\big|_a^b = F(b)-F(a)$$

这个公式称为**牛顿-莱布尼茨公式**，也称为**微积分基本公式**，它表示一个函数的定积分等于这个函数的原函数在积分上、下限处函数值之差. 它揭示了定积分与不定积分或被积函数的原函数的内在联系，指出了求连续函数定积分的一般方法. 它把求定积分的问题转化成求原函数的问题，是联系微分学与积分学的桥梁.

注意 当 $a>b$ 时，$\int_a^b f(x)\mathrm{d}x = F(b)-F(a)$ 仍成立.

例 2.1 计算定积分 $\int_0^1 x^2\mathrm{d}x$.

解 由于 $\frac{1}{3}x^3$ 是 x^2 的一个原函数，所以根据牛顿-莱布尼茨公式有

$$\int_0^1 x^2\mathrm{d}x = \left[\frac{1}{3}x^3\right]_0^1 = \frac{1}{3}\cdot 1^3 - \frac{1}{3}\cdot 0^3 = \frac{1}{3}$$

例 2.2 计算定积分 $\int_{-1}^1 \frac{1}{1+x^2}\mathrm{d}x$.

解 由于 $\frac{1}{1+x^2}$ 的一个原函数为 $\arctan x$，故

$$\int_{-1}^1 \frac{1}{1+x^2}\mathrm{d}x = [\arctan x]_{-1}^1 = \arctan 1 - \arctan(-1) = \frac{\pi}{4} - \left(-\frac{\pi}{4}\right) = \frac{\pi}{2}$$

例 2.3 计算定积分 $\int_{-2}^{-1} \frac{1}{x}\mathrm{d}x$.

解 当 $x<0$ 时，$\frac{1}{x}$ 的一个原函数是 $\ln|x|$，故

$$\int_{-2}^{-1} \frac{1}{x}\mathrm{d}x = [\ln|x|]_{-2}^{-1} = \ln 1 - \ln 2 = -\ln 2$$

例 2.4 计算定积分 $\int_0^2 (2x-5)\mathrm{d}x$.

解 $\int_0^2 (2x-5)\mathrm{d}x = [x^2-5x]_0^2 = 2^2-10 = -6$.

例 2.5 计算定积分 $\int_{-1}^3 |2-x|\mathrm{d}x$.

解 因为 $|2-x| = \begin{cases} x-2, & x\geqslant 2 \\ 2-x, & x<2 \end{cases}$，故

$$\begin{aligned}\int_{-1}^3 |2-x|\mathrm{d}x &= \int_{-1}^2 (2-x)\mathrm{d}x + \int_2^3 (x-2)\mathrm{d}x \\ &= \left[2x-\frac{1}{2}x^2\right]_{-1}^2 + \left[\frac{1}{2}x^2-2x\right]_2^3 = \frac{9}{2}+\frac{1}{2} = 5\end{aligned}$$

例 2.6 设 $f(x) = \begin{cases} 1+x^2, & 0\leqslant x\leqslant 1 \\ 2-x, & 1<x\leqslant 2 \end{cases}$，求定积分 $\int_0^2 f(x)\mathrm{d}x$.

解 显然函数 $f(x)$ 在区间 $[0,2]$ 上有界，且只有一个第一类间断点 $x=1$，则 $\int_0^2 f(x)\mathrm{d}x$ 存在. 由定积分对区间具有可加性，有

$$\int_0^2 f(x)\mathrm{d}x=\int_0^1 f(x)\mathrm{d}x+\int_1^2 f(x)\mathrm{d}x=\int_0^1(1+x^2)\mathrm{d}x+\int_1^2(2-x)\mathrm{d}x$$
$$=\left[x+\frac{1}{3}x^3\right]_0^1+\left[2x-\frac{1}{2}x^2\right]_1^2=\frac{4}{3}+\frac{1}{2}=\frac{11}{6}$$

例 2.7　计算正弦曲线 $y=\sin x$ 在 $[0,\pi]$ 上与 x 轴所围成的图形（图 5.9）的面积.

解　由于 $y=\sin x$ 在 $[0,\pi]$ 上非负连续，所以它围成的图形的面积为

$$A=\int_0^\pi \sin x\mathrm{d}x=[-\cos x]_0^\pi=-(\cos\pi)+(\cos 0)=2$$

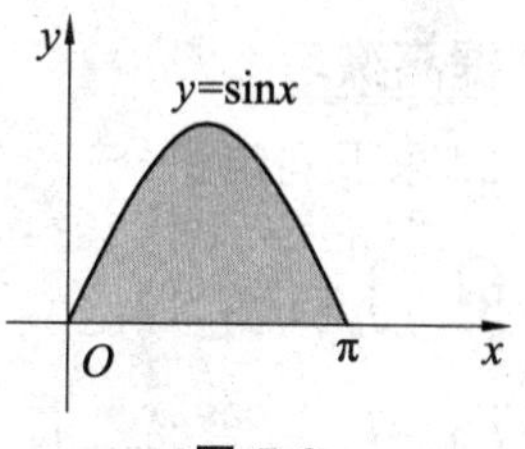

图 5.9

例 2.8　火车以 $v=54$ km/h 的速度在平直的轨道上行驶，到某处时需要减速停车. 设汽车以加速度 $a=-5\ \mathrm{m/s^2}$ 刹车，问从开始刹车到停车，火车走了多少距离？

解　首先要算出从开始刹车到停车所需要的时间. 当 $t=0$ 时，火车的速度为

$$v_0=54\,\mathrm{km/h}=\frac{54\times1000}{3600}\mathrm{m/s}=15\ \mathrm{m/s}$$

刹车后火车减速行驶，其速度为

$$v(t)=v_0+at=15-5t$$

当火车停住时，速度为 $v(t)=0$，故从

$$v(t)=15-5t=0$$

解得

$$t=\frac{15\ \mathrm{m/s}}{5\ \mathrm{m/s^2}}=3\,\mathrm{s}$$

于是从开始刹车到停车，火车所走过的路程为

$$s=\int_0^3 v(t)\mathrm{d}t=\int_0^3(15-5t)\mathrm{d}t=\left[15t-\frac{5}{2}t^2\right]_0^3=22.5\,\mathrm{m}$$

即在刹车后，火车需要走过 22.5 m 才能停住.

习题 5.2

基础练习

1. 求下列定积分.

（1）$\int_{-1}^2(x^2-1)\mathrm{d}x$；　（2）$\int_1^2(x^2+x^{-2})\mathrm{d}x$；

（3）$\int_0^1(x-1)^2\mathrm{d}x$；　（4）$\int_0^\pi(\sin x+\cos x)\mathrm{d}x$；

（5）$\int_1^{\sqrt{3}} \frac{1}{1+x^2}\mathrm{d}x$；（6）$\int_{-\frac{1}{2}}^{\frac{1}{2}} \frac{1}{\sqrt{1-x^2}}\mathrm{d}x$；

（7）$\int_0^1 (2x+3)\mathrm{d}x$；（8）$\int_a^b \mathrm{e}^x \mathrm{d}x$；

（9）$\int_0^{\pi} (2\cos x+1)\mathrm{d}x$；（10）$\int_4^9 \left(\sqrt{x}+\frac{1}{\sqrt{x}}\right)\mathrm{d}x$.

提高练习

2. 求下列定积分.

（1）$\int_0^1 \frac{x^4}{x^2+1}\mathrm{d}x$；（2）$\int_{-1}^0 \frac{3x^4+3x^2+1}{x^2+1}\mathrm{d}x$；

（3）$\int_0^{\pi} \frac{\cos 2x}{\sin x+\cos x}\mathrm{d}x$；（4）$\int_0^{\frac{\pi}{2}} 2\cos^2 \frac{x}{2}\mathrm{d}x$；

（5）$\int_{-1}^2 |x-1|\mathrm{d}x$；（6）$\int_0^{2\pi} |\sin x|\mathrm{d}x$；

（7）设 $f(x)=\begin{cases} x^2, & 0 \leqslant x \leqslant 1 \\ 2-x, & 1 < x \leqslant 2 \end{cases}$，则 $\int_0^2 f(x)\mathrm{d}x$.

3. 求由曲线 $y=x^2$ 和直线 $y=2x$ 所围成的平面图形的面积.

拓展练习

4. 求下列定积分.

（1）$\int_0^1 \mathrm{e}^{2x}\mathrm{d}x$；（2）$\int_1^{\mathrm{e}} \frac{1}{x}(\ln x)^2 \mathrm{d}x$.

5. 已知生产某件商品 x 件的总收益函数的变化率为 $R'(x)=1000-\frac{1}{2}x$，计算生产此种商品1000件时的总收益与从生产1000件到2000件所增加的收益.

6. 一物体由静止出发沿直线运动，速度为 $v=3t^2$，其中 v 以 m/s 为单位，t 以 s 为单位，计算物体在 1s 与 3s 之间走过的路程.

第三节　定积分的换元积分法

计算定积分 $\int_a^b f(x)\mathrm{d}x$ 的简便方法是求出被积函数的一个原函数，再用牛顿-莱布尼茨公式计算. 在不定积分中，我们知道，换元积分法可以求出一些函数的原函数，因此，在一定条件下，可以用换元积分法来计算定积分. 我们通过下面这个定理来介绍这个方法.

定理 3.1　假设

（1）$f(x)$ 在 $[a,b]$ 上连续；

（2）函数 $x=\varphi(t)$ 在 $[\alpha,\beta]$ 上是单值的且有连续导数；

（3）当 t 在区间 $[\alpha,\beta]$ 上变化时，$x=\varphi(t)$ 的值在 $[a,b]$ 上变化，且 $\varphi(\alpha)=a$，$\varphi(\beta)=b$，则有

$$\int_a^b f(x)\mathrm{d}x=\int_{\alpha}^{\beta} f[\varphi(t)]\varphi'(t)\mathrm{d}t$$

该公式称为**定积分的换元公式**.

在应用换元积分公式时，应注意以下两点：

（1）换元必换限，即作变量替换 $x=\varphi(t)$ 把积分变量 x 换成新变量 t 时，积分限也相应的改变；

（2）求出 $f[\varphi(t)]\varphi'(t)$ 的一个原函数 $\Phi(t)$ 后，不必像计算不定积分那样"回代"，即把 $\Phi(t)$ 变换成原变量 x 的函数，而只要把新变量 t 的上、下限分别代入 $\Phi(t)$ 然后相减就行了.

例 3.1　计算定积分 $\int_0^3 \frac{x}{\sqrt{1+x}}\mathrm{d}x$.

解　令 $\sqrt{1+x}=t$，则 $x=t^2-1$，$\mathrm{d}x=2t\mathrm{d}t$，当 $x=0$ 时，$t=1$，当 $x=3$ 时，$t=2$，于是

$$\int_0^3 \frac{x}{\sqrt{1+x}}\mathrm{d}x=\int_1^2 \frac{t^2-1}{t}\cdot 2t\mathrm{d}t=2\int_1^2 (t^2-1)\mathrm{d}t=2\left[\frac{t^3}{3}-t\right]_1^2=\frac{8}{3}$$

例 3.2　计算定积分 $\int_0^{\frac{\pi}{2}} \sin^3 x\cos x\mathrm{d}x$.

解　（解法 1）令 $\sin x=t$，则 $\mathrm{d}t=\cos x\mathrm{d}x$，当 $x=0$ 时，$t=0$，当 $x=\frac{\pi}{2}$ 时，$t=1$，于是

$$\int_0^{\frac{\pi}{2}} \sin^3 x\cos x\mathrm{d}x=\int_0^1 t^3\mathrm{d}t=\left[\frac{1}{4}t^4\right]_0^1=\frac{1}{4}$$

（解法 2）$\int_0^{\frac{\pi}{2}} \sin^3 x\cos x\mathrm{d}x=\int_0^{\frac{\pi}{2}} \sin^3 x\mathrm{d}\sin x=\left[\frac{1}{4}\sin^4 x\right]_0^{\frac{\pi}{2}}=\frac{1}{4}$.

注意：（1）使用定积分换元法，最后不必回代过程，但在换元的同时积分上下限也必须要作相应的变换.

（2）解法二没有引入新的积分变量，计算时，原积分的上、下限不用改变. 对于能用"凑微分法"求原函数的积分，且未写出中间变量，则无需改变积分限.

例 3.3　计算定积分 $\int_0^1 \frac{\mathrm{e}^x}{1+\mathrm{e}^x}\mathrm{d}x$.

解　$\int_0^1 \frac{\mathrm{e}^x}{1+\mathrm{e}^x}\mathrm{d}x=\int_0^1 \frac{1}{1+\mathrm{e}^x}\mathrm{d}(1+\mathrm{e}^x)=[\ln(1+\mathrm{e}^x)]_0^1=\ln(1+\mathrm{e})-\ln 2=\ln\frac{1+\mathrm{e}}{2}$.

例 3.4　计算定积分 $\int_1^{\mathrm{e}} \frac{1+(\ln x)^2}{x}\mathrm{d}x$.

解　$\int_1^{\mathrm{e}} \frac{1+(\ln x)^2}{x}\mathrm{d}x=\int_1^{\mathrm{e}} (1+(\ln x)^2)\mathrm{d}(\ln x)=\left[\ln x+\frac{1}{3}(\ln x)^3\right]_1^{\mathrm{e}}=\frac{4}{3}$.

例 3.5　（奇偶函数的积分性质）　设函数 $f(x)$ 在闭区间 $[-a,a]$ 上连续，证明：

（1）当 $f(x)$ 为奇函数时有 $\int_{-a}^a f(x)\mathrm{d}x=0$；

（2）当 $f(x)$ 为偶函数时有 $\int_{-a}^a f(x)\mathrm{d}x=2\int_0^a f(x)\mathrm{d}x$.

证明　利用定积分对区间具有可加性，有

$$\int_{-a}^a f(x)\mathrm{d}x=\int_{-a}^0 f(x)\mathrm{d}x+\int_0^a f(x)\mathrm{d}x$$

对上式右端的积分式 $\int_{-a}^{0} f(x)\mathrm{d}x$ 作变换 $x=-t$，则有

$$\int_{-a}^{0} f(x)\mathrm{d}x = -\int_{a}^{0} f(-t)\mathrm{d}t = \int_{0}^{a} f(-t)\mathrm{d}t = \int_{0}^{a} f(-x)\mathrm{d}x$$

从而

$$\int_{-a}^{a} f(x)\mathrm{d}x = \int_{0}^{a} f(-x)\mathrm{d}x + \int_{0}^{a} f(x)\mathrm{d}x = \int_{0}^{a} (f(-x)+f(x))\mathrm{d}x$$

（1）若 $f(x)$ 为奇函数，即 $f(-x)=-f(x)$，即 $f(-x)+f(x)=0$，故

$$\int_{-a}^{a} f(x)\mathrm{d}x = \int_{0}^{a} (f(-x)+f(x))\mathrm{d}x = 0$$

（2）若 $f(x)$ 为偶函数，即 $f(-x)=f(x)$，故

$$\int_{-a}^{a} f(x)\mathrm{d}x = \int_{0}^{a} (f(x)+f(x))\mathrm{d}x = 2\int_{0}^{a} f(x)\mathrm{d}x$$

这个结论从定积分的几何意义看是很明显的，如图 5.10. 利用此结论，可以简化计算在对称于原点的区间上的定积分.

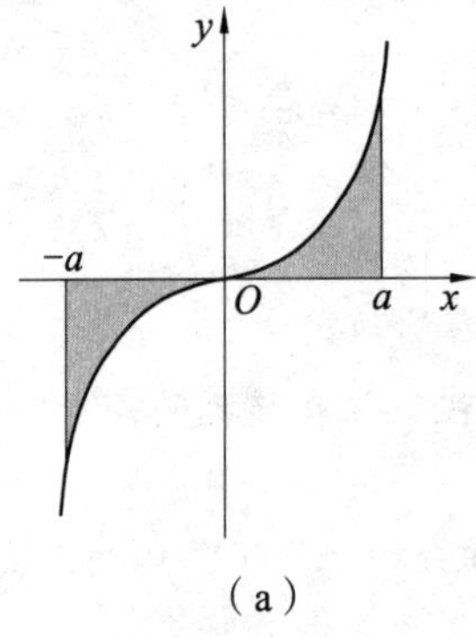

（a）

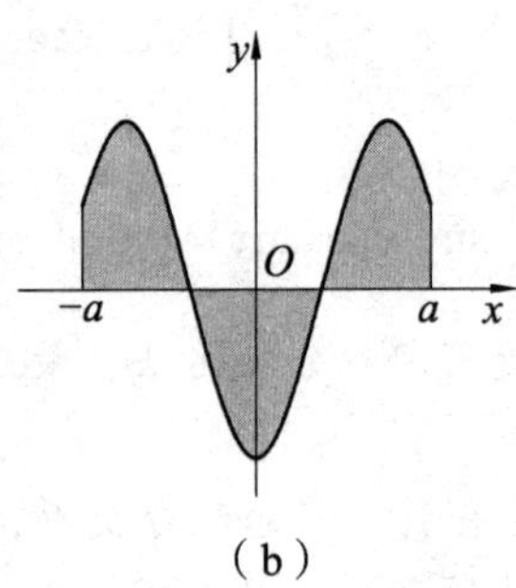

（b）

图 5.10

例 3.6　计算定积分 $\int_{-\frac{\pi}{2}}^{\frac{\pi}{2}} x^8 \sin x\mathrm{d}x$.

解　因为被积函数 $f(x)=x^8\sin x$ 在对称区间 $\left[-\frac{\pi}{2},\frac{\pi}{2}\right]$ 上是奇函数，故

$$\int_{-\frac{\pi}{2}}^{\frac{\pi}{2}} x^8 \sin x\mathrm{d}x = 0$$

例 3.7　计算定积分 $\int_{-1}^{1} \frac{2+x\cos x}{\sqrt{1-x^2}}\mathrm{d}x$.

解　因为被积函数

$$f(x)=\frac{2+x\cos x}{\sqrt{1-x^2}}=\frac{2}{\sqrt{1-x^2}}+\frac{x\cos x}{\sqrt{1-x^2}}$$

在对称区间 $[-1,1]$ 上是偶函数 $\frac{2}{\sqrt{1-x^2}}$ 与奇函数 $\frac{x\cos x}{\sqrt{1-x^2}}$ 之和，故

$$\int_{-1}^{1}\frac{2+x\cos x}{\sqrt{1-x^2}}dx=\int_{-1}^{1}\frac{2}{\sqrt{1-x^2}}dx+\int_{-1}^{1}\frac{x\cos x}{\sqrt{1-x^2}}dx$$
$$=2\int_{0}^{1}\frac{2}{\sqrt{1-x^2}}dx=4[\arcsin x]_0^1=2\pi$$

习题 5.3

基础练习

1. 求下列定积分.

（1）$\int_0^1 e^{x+1}dx$；　（2）$\int_0^1 (x+2)^2dx$；

（3）$\int_0^{\frac{\pi}{2}}\cos^5 x\sin x dx$；　（4）$\int_0^{\pi}\sin^3 x\cos x dx$；

（5）$\int_1^{e}\frac{1+\ln x}{x}dx$；　（6）$\int_{\ln\pi}^{\ln 2\pi}e^x\cos e^x dx$；

（7）$\int_{\frac{1}{\pi}}^{\frac{2}{\pi}}\frac{1}{x^2}\cos\frac{1}{x}dx$；　（8）$\int_1^4\frac{1}{\sqrt{x}}e^{\sqrt{x}}dx$.

提高练习

2. 求下列定积分.

（1）$\int_0^2\frac{x}{1+x^2}dx$；　（2）$\int_0^1 2x(1+x^2)^3dx$；

（3）$\int_0^1 e^x(e^x-1)^2dx$；　（4）$\int_0^1\frac{1}{e^x+e^{-x}}dx$；

（5）$\int_{-\pi}^{\pi}\frac{\sin x}{1+x^2}dx$；　（6）$\int_{-\pi}^{\pi}\sin mx\cos nx dx$；

（7）$\int_0^4\frac{1}{x+\sqrt{x}}dx$；　（8）$\int_0^9\frac{1-\sqrt{x}}{1+\sqrt{x}}dx$.

拓展练习

3. 证明：（m，n 为正整数）

（1）$\int_{-\pi}^{\pi}\sin^2 mx dx=\pi$；

（2）$\int_{-\pi}^{\pi}\cos^2 mx dx=\pi$；

（3）$\int_{-\pi}^{\pi}\cos mx\cos nx dx=0$　（$m\neq n$）.

4. 证明：$\int_0^2 x^3 f(x^2)dx=\frac{1}{2}\int_0^4 xf(x)dx$.

第四节　定积分的分部积分法

设函数 $u(x)$, $v(x)$，在闭区间 $[a,b]$ 上有连续导数，则有定积分的分部积分公式：

$$\int_a^b u(x)v'(x)\mathrm{d}x = [u(x)v(x)]_a^b - \int_a^b u'(x)v(x)\mathrm{d}x$$

或

$$\int_a^b u(x)\mathrm{d}v(x) = [u(x)v(x)]_a^b - \int_a^b v(x)\mathrm{d}u(x)$$

注　利用定积分的分部积分公式计算时，$u(x)$ 和 $v'(x)$（或 $\mathrm{d}v(x)$）的选择与不定积分中的情形相同.

例 4.1　计算定积分 $\int_0^1 x\mathrm{e}^x\mathrm{d}x$.

解　令 $u=x$ ，$v'=\mathrm{e}^x$ ，则 $u'=1$ ，$v=\mathrm{e}^x$ ，有

$$\int_0^1 x\mathrm{e}^x\mathrm{d}x = \int_0^1 x\mathrm{d}\mathrm{e}^x = [x\mathrm{e}^x]_0^1 - \int_0^1 \mathrm{e}^x\mathrm{d}x = \mathrm{e} - [\mathrm{e}^x]_0^1 = \mathrm{e}-(\mathrm{e}-1) = 1$$

例 4.2　计算定积分 $\int_0^\pi x\sin x\mathrm{d}x$.

解　令 $u=x$ ，$v'=\sin x$ ，则 $u'=1$ ，$v=-\cos x$ ，有

$$\int_0^\pi x\sin x\mathrm{d}x = -\int_0^\pi x\mathrm{d}(\cos x) = -[x\cos x]_0^\pi + \int_0^\pi (\cos x)\mathrm{d}x = \pi + [\sin x]_0^\pi = \pi$$

例 4.3　计算定积分 $\int_0^{\frac{\pi}{4}} \frac{x}{1+\cos 2x}\mathrm{d}x$.

解　因为 $1+\cos 2x = 2\cos^2 x$ ，所以

$$\begin{aligned}\int_0^{\frac{\pi}{4}} \frac{x}{1+\cos 2x}\mathrm{d}x &= \int_0^{\frac{\pi}{4}} \frac{x}{2\cos^2 x}\mathrm{d}x = \frac{1}{2}\int_0^{\frac{\pi}{4}} x\mathrm{d}(\tan x) = \frac{1}{2}[x\tan x]_0^{\frac{\pi}{4}} - \frac{1}{2}\int_0^{\frac{\pi}{4}} \tan x\mathrm{d}x \\ &= \frac{1}{2}[x\tan x]_0^{\frac{\pi}{4}} - \frac{1}{2}\int_0^{\frac{\pi}{4}} \frac{\sin x}{\cos x}\mathrm{d}x = \frac{1}{2}[x\tan x]_0^{\frac{\pi}{4}} + \frac{1}{2}\int_0^{\frac{\pi}{4}} \frac{1}{\cos x}\mathrm{d}(\cos x) \\ &= \frac{\pi}{8} + \frac{1}{2}[\ln|\cos x|]_0^{\frac{\pi}{4}} = \frac{\pi}{8} - \frac{\ln 2}{4}\end{aligned}$$

例 4.4　计算定积分 $\int_0^1 \mathrm{e}^{\sqrt{x}}\mathrm{d}x$.

解　令 $\sqrt{x}=t$ ，则 $x=t^2$ ，$\mathrm{d}x=2t\mathrm{d}t$ ，当 $x=0$ 时，$t=0$ ，当 $x=1$ 时，$t=1$ ，于是

$$\int_0^1 \mathrm{e}^{\sqrt{x}}\mathrm{d}x = 2\int_0^1 t\mathrm{e}^t\mathrm{d}t = 2\int_0^1 t\mathrm{d}\mathrm{e}^t = 2\left([t\mathrm{e}^t]_0^1 - \int_0^1 \mathrm{e}^t\mathrm{d}t\right) = 2(\mathrm{e}-[\mathrm{e}^t]_0^1) = 2$$

例 4.5　计算定积分 $\int_1^{\mathrm{e}} \ln x\mathrm{d}x$.

解　$\int_1^{\mathrm{e}} \ln x\mathrm{d}x = [x\ln x]_1^{\mathrm{e}} - \int_1^{\mathrm{e}} x\mathrm{d}\ln x = \mathrm{e} - \int_1^{\mathrm{e}} \mathrm{d}x = \mathrm{e}-(\mathrm{e}-1) = 1$.

例 4.6　计算定积分 $\int_0^{2\pi} x^2\cos x\mathrm{d}x$.

解

$$\begin{aligned}\int_0^{2\pi} x^2\cos x\mathrm{d}x &= \int_0^{2\pi} x^2\mathrm{d}\sin x = [x^2\sin x]_0^{2\pi} - \int_0^{2\pi} \sin x\mathrm{d}x^2 \\ &= -2\int_0^{2\pi} x\sin x\mathrm{d}x = 2\int_0^{2\pi} x\mathrm{d}\cos x \\ &= 2[x\cos x]_0^{2\pi} - 2\int_0^{2\pi} \cos x\mathrm{d}x \\ &= 4\pi - 2[\sin x]_0^{2\pi} = 4\pi .\end{aligned}$$

例 4.7　计算定积分 $\int_0^{\frac{1}{2}}\arccos x\mathrm{d}x$.

解　$\int_0^{\frac{1}{2}}\arccos x\mathrm{d}x=[x\arccos x]_0^{\frac{1}{2}}-\int_0^{\frac{1}{2}}x\mathrm{d}\arccos x$

$$=\frac{1}{2}\cdot\frac{\pi}{3}+\int_0^{\frac{1}{2}}\frac{x}{\sqrt{1-x^2}}\mathrm{d}x=\frac{\pi}{6}-\int_0^{\frac{1}{2}}\frac{1}{2\sqrt{1-x^2}}\mathrm{d}(1-x^2)$$

$$=\frac{\pi}{6}-[\sqrt{1-x^2}]_0^{\frac{1}{2}}=\frac{\pi}{6}-\frac{\sqrt{3}}{2}+1.$$

习题 5.4

基础练习

1. 求下列定积分.

（1）$\int_0^{\pi}x\cos x\mathrm{d}x$；　（2）$\int_1^{\mathrm{e}}x\ln x\mathrm{d}x$；

（3）$\int_0^{\mathrm{e}-1}\ln(1+x)\mathrm{d}x$；　（4）$\int_0^1 x2^x\mathrm{d}x$；

（5）$\int_1^{\mathrm{e}}x^2\ln x\mathrm{d}x$；　（6）$\int_0^{\sqrt{3}}\operatorname{arc}\cot x\mathrm{d}x$；

（7）$\int_0^1 x\arctan x\mathrm{d}x$；　（8）$\int_0^{\frac{1}{2}}\arcsin x\mathrm{d}x$.

提高练习

2. 求下列定积分.

（1）$\int_0^1 x\mathrm{e}^{2x}\mathrm{d}x$；　（2）$\int_0^{\pi}x^2\sin x\mathrm{d}x$；

（3）$\int_0^{\pi}\mathrm{e}^x\sin x\mathrm{d}x$；　（4）$\int_0^{\ln 3}x\mathrm{e}^{-x}\mathrm{d}x$；

（5）$\int_1^{\mathrm{e}}(\ln x)^2\mathrm{d}x$；　（6）$\int_0^{\frac{\pi}{4}}(2x+3)\sin 2x\mathrm{d}x$；

（7）$\int_1^4\ln\sqrt{x}\mathrm{d}x$；　（8）$\int_1^4\frac{\ln x}{\sqrt{x}}\mathrm{d}x$.

拓展练习

3. 已知 $f(x)$ 的一个原函数是 $\mathrm{e}^{\sin x}$，求 $\int_0^{\pi}xf'(x)\mathrm{d}x$.

*第五节　广义积分

之前所讲的定积分，其积分区间是有限的，并且只讨论了 $f(x)$ 在 $[a,b]$ 上是连续函数或只有有限个第一类间断点的有界函数的情形，这种定积分称为常义积分. 若积分区间为无限，或积分区间有限但被积函数在积分区间上是无界的，这两种情况的定积分称为**广义积分**. 本节将介绍这两种广义积分的概念以及计算方法.

一、无限区间上的广义积分

例 5.1 计算由曲线 $y=\frac{1}{x^2}$，x 轴以及直线 $x=1$ 右边所围成的“开口曲边梯形”面积.

解 由于这个图形不是封闭的曲边梯形，在 x 轴正方向是开口的，也就是说，这时的积分区间是无限区间 $[1,+\infty)$，故不能直接用之前所学的定积分来计算它的面积.

为了利用常义积分来求这个图形的面积，任取大于 1 的常数 b，则在区间 $[1,b]$ 上由曲线 $y=\frac{1}{x^2}$，直线 $x=1$，$x=b$ 以及 x 轴所围成的曲边梯形（图 5.11）的面积为

$$\int_1^b \frac{1}{x^2}\mathrm{d}x=\left[-\frac{1}{x}\right]_1^b=1-\frac{1}{b}$$

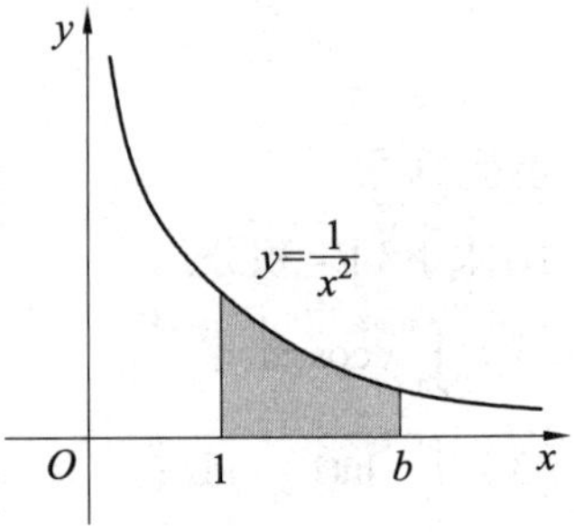

显然，随着 b 的改变，曲边梯形的面积也随之改变，并且随着 b 趋于无穷大而趋于一个确定的常数，即

$$\lim_{b\to+\infty}\int_1^b \frac{1}{x^2}\mathrm{d}x=\lim_{b\to+\infty}\left(1-\frac{1}{b}\right)=1$$

图 5.11

这个极限值就表示了所求的“开口曲边梯形”的面积.

一般地，对于积分区间是无限的情况，给出下面的定义.

定义 5.1 设函数 $f(x)$ 在 $[a,+\infty)$ 上连续，任取 $t>a$，若极限

$$\lim_{t\to+\infty}\int_a^t f(x)\mathrm{d}x$$

存在，则称这个极限为函数 $f(x)$ 在 $[a,+\infty)$ 上的广义积分，记为 $\int_a^{+\infty} f(x)\mathrm{d}x$，即

$$\int_a^{+\infty} f(x)\mathrm{d}x=\lim_{t\to+\infty}\int_a^t f(x)\mathrm{d}x$$

若 $\lim\limits_{t\to+\infty}\int_a^t f(x)\mathrm{d}x$ 存在且等于 A，则称广义积分 $\int_a^{+\infty} f(x)\mathrm{d}x$ 存在或收敛，也称广义积分 $\int_a^{+\infty} f(x)\mathrm{d}x$ 收敛于 A；若 $\lim\limits_{t\to+\infty}\int_a^t f(x)\mathrm{d}x$ 不存在，则称广义积分 $\int_a^{+\infty} f(x)\mathrm{d}x$ 不存在或发散.

类似地，可以定义函数 $f(x)$ 在无穷区间 $(-\infty,b]$ 上的广义积分：

$$\int_{-\infty}^b f(x)\mathrm{d}x=\lim_{t\to-\infty}\int_t^b f(x)\mathrm{d}x$$

函数 $f(x)$ 在无穷区间 $(-\infty,+\infty)$ 上的广义积分为：

$$\begin{aligned}\int_{-\infty}^{+\infty} f(x)\mathrm{d}x&=\int_{-\infty}^{c} f(x)\mathrm{d}x+\int_{c}^{+\infty} f(x)\mathrm{d}x\\&=\lim_{k\to-\infty}\int_k^c f(x)\mathrm{d}x+\lim_{t\to+\infty}\int_c^t f(x)\mathrm{d}x\end{aligned}$$

其中 c 为任意实数.

注意　（1）无限区间 $(-\infty,+\infty)$ 的内分点可以任意选取；

（2）广义积分 $\int_{-\infty}^{+\infty} f(x)\mathrm{d}x$ 仅当两个极限同时存在时才收敛，否则广义积分 $\int_{-\infty}^{+\infty} f(x)\mathrm{d}x$ 是发散的.

由牛顿-莱布尼茨公式，若 $F(x)$ 是 $f(x)$ 在 $[a,+\infty)$ 上的一个原函数，且 $\lim\limits_{x\to+\infty} F(x)$ 存在，则广义积分

$$\int_a^{+\infty} f(x)\mathrm{d}x = \lim_{x\to+\infty} F(x) - F(a)$$

为了书写方便，当 $\lim\limits_{x\to+\infty} F(x)$ 存在时，常记 $F(+\infty)=\lim\limits_{x\to+\infty} F(x)$，即

$$\int_a^{+\infty} f(x)\mathrm{d}x = [F(x)]_a^{+\infty} = F(+\infty) - F(a)$$

另外两种类型在收敛时也可类似地记为

$$\int_{-\infty}^{b} f(x)\mathrm{d}x = [F(x)]_{-\infty}^{b} = F(b) - F(-\infty)$$

$$\int_{-\infty}^{+\infty} f(x)\mathrm{d}x = [F(x)]_{-\infty}^{+\infty} = F(+\infty) - F(-\infty)$$

注意　$F(+\infty)$，$F(-\infty)$ 有一个不存在时，广义积分 $\int_{-\infty}^{+\infty} f(x)\mathrm{d}x$ 发散.

例 5.2　计算广义积分 $\int_0^{+\infty} x\mathrm{e}^{-x}\mathrm{d}x$.

解　$$\begin{aligned}\int_0^{+\infty} x\mathrm{e}^{-x}\mathrm{d}x &= \lim_{t\to+\infty}\int_0^t x\mathrm{e}^{-x}\mathrm{d}x = \lim_{t\to+\infty}\int_0^t (-x)\mathrm{d}\mathrm{e}^{-x}\\ &= \lim_{t\to+\infty}\left([-x\mathrm{e}^{-x}]_0^t - \int_0^t \mathrm{e}^{-x}\mathrm{d}(-x)\right) = \lim_{t\to+\infty}(-t\mathrm{e}^{-t} - [\mathrm{e}^{-x}]_0^t)\\ &= \lim_{t\to+\infty}(-t\mathrm{e}^{-t} - \mathrm{e}^{-t} + 1) = 1 - \lim_{t\to+\infty}\frac{t+1}{\mathrm{e}^t} = 1 - \lim_{t\to+\infty}\frac{1}{\mathrm{e}^t} = 1.\end{aligned}$$

例 5.3　计算广义积分 $\int_{-\infty}^{+\infty} \frac{1}{x^2+2x+2}\mathrm{d}x$.

解　$$\begin{aligned}\int_{-\infty}^{+\infty} \frac{1}{x^2+2x+2}\mathrm{d}x &= \int_{-\infty}^{+\infty} \frac{1}{(x+1)^2+1}\mathrm{d}(x+1) = [\arctan(x+1)]_{-\infty}^{+\infty}\\ &= \lim_{x\to+\infty}\arctan(x+1) - \lim_{x\to-\infty}\arctan(x+1)\\ &= \frac{\pi}{2} - \left(-\frac{\pi}{2}\right) = \pi.\end{aligned}$$

二、无界函数的广义积分

定义 5.2　设函数 $f(x)$ 在 $(a,b]$ 上连续，且 $\lim\limits_{x\to a^+} f(x)=\infty$，对任意 $\varepsilon>0$，若极限 $\lim\limits_{\varepsilon\to0^+}\int_{a+\varepsilon}^{b} f(x)\mathrm{d}x$ 存在，则称这个极限为 $f(x)$ 在 $(a,b]$ 上的广义积分，仍记为 $\int_a^b f(x)\mathrm{d}x$，即

$$\int_a^b f(x)\mathrm{d}x = \lim_{\varepsilon\to0^+}\int_{a+\varepsilon}^{b} f(x)\mathrm{d}x$$

若 $\lim\limits_{\varepsilon\to0^+}\int_{a+\varepsilon}^{b} f(x)\mathrm{d}x$ 存在且等于 A，则称广义积分 $\int_a^b f(x)\mathrm{d}x$ 存在或收敛，也称广义积分 $\int_a^b f(x)\mathrm{d}x$ 收敛于 A；若 $\lim\limits_{\varepsilon\to0^+}\int_{a+\varepsilon}^{b} f(x)\mathrm{d}x$ 不存在，则称广义积分 $\int_a^b f(x)\mathrm{d}x$ 不存在或发散.

类似地，可定义 $f(x)$ 在 $[a,b)$ 上连续，且 $\lim\limits_{x\to b^-} f(x)=\infty$ 时的广义积分的收敛与发散：

$$\int_a^b f(x)\mathrm{d}x=\lim_{\varepsilon\to0^+}\int_a^{b-\varepsilon} f(x)\mathrm{d}x$$

以及 $f(x)$ 在 $[a,b]$ 上除 c 点（ $a<c<b$ ）外连续，且 $\lim\limits_{x\to c} f(x)=\infty$ 时的广义积分的收敛与发散：

$$\int_a^b f(x)\mathrm{d}x=\int_a^c f(x)\mathrm{d}x+\int_c^b f(x)\mathrm{d}x=\lim_{\varepsilon\to0^+}\int_a^{c-\varepsilon} f(x)\mathrm{d}x+\lim_{\varepsilon\to0^+}\int_{c+\varepsilon}^{b} f(x)\mathrm{d}x$$

此时，$\int_a^c f(x)\mathrm{d}x$ 与 $\int_c^b f(x)\mathrm{d}x$ 至少有一个为无界函数的广义积分，且二者均收敛是 $\int_a^b f(x)\mathrm{d}x$ 收敛的充要条件.

例 5.4　计算广义积分 $\int_0^1 \frac{1}{\sqrt{1-x^2}}\mathrm{d}x$.

解　因为 $\lim\limits_{x\to1^-}\frac{1}{\sqrt{1-x^2}}=+\infty$，所以

$$\int_0^1 \frac{1}{\sqrt{1-x^2}}\mathrm{d}x=\lim_{\varepsilon\to0^+}\int_0^{1-\varepsilon}\frac{1}{\sqrt{1-x^2}}\mathrm{d}x=\lim_{\varepsilon\to0^+}[\arcsin x]_0^{1-\varepsilon}$$

$$=\lim_{\varepsilon\to0^+}[\arcsin(1-\varepsilon)-\arcsin 0]=\arcsin 1-\arcsin 0=\frac{\pi}{2}$$

习题 5.5

求下列广义积分.

（1）$\int_1^{+\infty}\frac{1}{x^3}\mathrm{d}x$；　（2）$\int_0^{+\infty}\mathrm{e}^{-2x}\mathrm{d}x$；

（3）$\int_{-\infty}^{+\infty}\frac{1}{x^2+1}\mathrm{d}x$；　（4）$\int_{-\infty}^{+\infty}x\mathrm{e}^{-x^2}\mathrm{d}x$；

（5）$\int_0^1\frac{x}{\sqrt{1-x^2}}\mathrm{d}x$；　（6）$\int_1^2\frac{x}{\sqrt{x-1}}\mathrm{d}x$.

第六节　定积分在几何中的应用

一、微元法

回忆本章第一节讨论计算曲边梯形的面积 A：

设 $f(x)$ 在区间 $[a,b]$ 上连续且 $f(x)\geqslant0$，求以曲线 $y=f(x)$ 为曲边、底为 $[a,b]$ 的曲边梯形的面积 A . 把这个面积 A 表示为定积分

$$A=\int_a^b f(x)\mathrm{d}x$$

的步骤分为四步：

（1）用任意一组分点把区间$[a,b]$分成长度为ΔA_i（$i=1,2,\cdots,n$）的n个小区间，相应地把曲边梯形分成n个窄曲边梯形，第i个窄曲边梯形的面积设为ΔA_i，于是有$A=\sum\limits_{i=1}^{n}\Delta A_i$；

（2）计算ΔA_i的近似值$\Delta A_i \approx f(\xi_i)\Delta x_i$，$\xi_i \in [x_{i-1},x_i]$；

（3）求和，得A的近似值$A \approx \sum\limits_{i=1}^{n}\Delta A_i = \sum\limits_{i=1}^{n} f(\xi_i)\Delta x_i$；

（4）对（3）中的和取极限得：$A=\lim\limits_{\lambda\to 0}\sum\limits_{i=1}^{n} f(\xi_i)\Delta x_i = \int_a^b f(x)\mathrm{d}x$.

上述四个步骤中，关键在于第二步，即确定$\Delta A_i \approx f(\xi_i)\Delta x_i$. 在实际应用中，为了简单起见，省略下标$i$，用$\Delta A$表示任一小区间$[x,x+\mathrm{d}x]$上的窄曲边梯形的面积，这样，

$$A=\sum \Delta A$$

取$[x,x+\mathrm{d}x]$的左端点x为ξ，以点x处的函数值$f(x)$为高、$\mathrm{d}x$为底的矩形的面积$f(x)\mathrm{d}x$为ΔA的近似值（如图 5.12 阴影部分），即

$$\Delta A \approx f(x)\mathrm{d}x$$

上式右端$f(x)\mathrm{d}x$叫做面积元素（或微元），记为

$$\mathrm{d}A = f(x)\mathrm{d}x$$

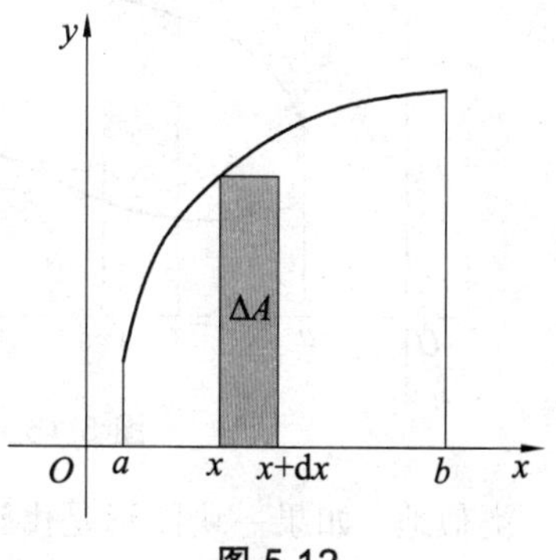

图 5.12

于是面积A就是将这些微元在区间$[a,b]$上的“无限累加”，即从a到b的定积分

$$A=\int_a^b \mathrm{d}A = \int_a^b f(x)\mathrm{d}x$$

一般说来，某一实际问题中的所求量U的积分表达式的步骤如下：

（1）根据问题的具体情况，选取一个变量例如x为积分变量，并确定积分区间$[a,b]$；

（2）在区间$[a,b]$上，任取一微小区间$[x,x+\mathrm{d}x]$，求出相应于这个小区间的部分量ΔU的近似值$\Delta U \approx \mathrm{d}U = f(x)\mathrm{d}x$（称它为所求量$U$的微元）；

（3）将$\mathrm{d}U = f(x)\mathrm{d}x$在区间$[a,b]$上作定积分，得$U=\int_a^b \mathrm{d}U = \int_a^b f(x)\mathrm{d}x$，这就是所求量$U$的积分表达式.

这个方法通常叫做**微元法**（或**元素法**）. 微元法使用起来非常方便，在解决实际问题中具有极为广泛的应用.

下面用微元法讨论定积分在几何中的应用.

二、平面图形的面积

由定积分的几何意义可知，设由连续曲线$y=f(x)$ $(f(x)\geqslant 0)$和x轴以及两条直线$x=a$，$x=b$（$a<b$）所围成的曲边梯形的面积A，则面积A的公式为

$$A=\int_a^b f(x)\mathrm{d}x$$

应注意此公式中要求 $f(x)$ 是非负的，如果 $f(x)\leqslant 0$，那么这块面积 A 的计算公式为

$$A=-\int_a^b f(x)\mathrm{d}x$$

一般地，如果一块图形是由连续曲线 $y=f(x)$，$y=g(x)$ 以及 $x=a$，$x=b$（$a<b$）所围成，并且在闭区间 $[a,b]$ 上 $g(x)\leqslant f(x)$（图 5.13），那么这块图形的面积 A 的计算公式为：

$$A=\int_a^b [f(x)-g(x)]\mathrm{d}x$$

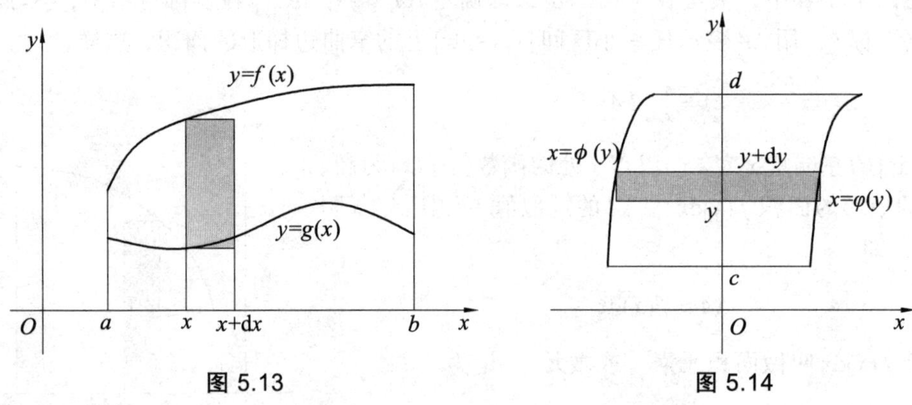

图 5.13　　图 5.14

类似地，如果一块图形是由连续曲线 $x=\varphi(x)$，$x=\phi(y)$ 以及 $y=c$，$y=d$（$c<d$）所围成，并且在闭区间 $[c,d]$ 上 $\phi(y)\leqslant\varphi(y)$（图 5.14），那么这块图形的面积 A 的计算公式为：

$$A=\int_c^d [\varphi(y)-\phi(y)]\mathrm{d}y$$

利用定积分计算平面图形的面积的一般步骤：

第一步：画出平面图形以及在图形上标出所求部分图形；

第二步：选取积分变量（x 或 y），确定积分区间；

第三步：若选 x 为积分变量，确定上下曲线；若选 y 为积分变量，确定左右曲线；

第四步：计算定积分.

例 6.1　求由抛物线 $y=x^2$ 与 $y^2=x$ 所围成的图形的面积 A.

解　如图 5.15 所示，解方程组

$$\begin{cases} y=x^2 \\ y^2=x \end{cases}$$

得交点 $(0,0)$ 和 $(1,1)$，选取 x 为积分变量，则积分区间为 $[0,1]$，则所求的面积为

$$A=\int_0^1(\sqrt{x}-x^2)\mathrm{d}x=\left[\frac{2}{3}x\sqrt{x}-\frac{1}{3}x^3\right]_0^1=\frac{1}{3}$$

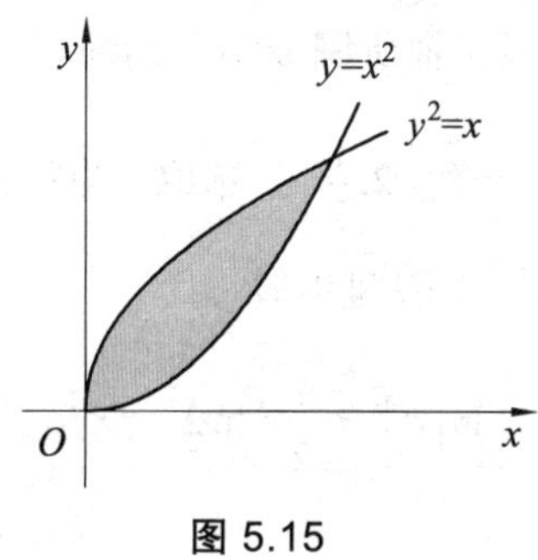

图 5.15

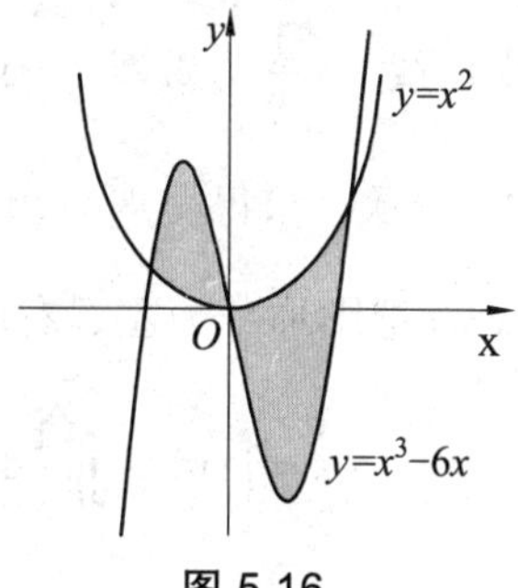

图 5.16

例 6.2　求由曲线 $y = x^3 - 6x$ 与 $y = x^2$ 所围成的图形的面积 A.

解　如图 5.16 所示，解方程组

$$\begin{cases} y = x^3 - 6x \\ y = x^2 \end{cases}$$

得交点 $(0,0), (-2,4)$ 和 $(3,9)$，选取 x 为积分变量，则积分区间为 $[-2,3]$. 用 $x = 0$ 把图形分为左、右两部分，则所求的面积为

$$\begin{aligned} A &= \int_{-2}^{0} (x^3 - 6x - x^2)\mathrm{d}x + \int_{0}^{3} (x^2 - x^3 + 6x)\mathrm{d}x \\ &= \left[\frac{x^4}{4} - 3x^2 - \frac{x^3}{3}\right]_{-2}^{0} + \left[\frac{x^3}{3} - \frac{x^4}{4} + 3x^2\right]_{0}^{3} = \frac{16}{3} + \frac{63}{4} = \frac{253}{12} \end{aligned}$$

例 6.3　求由曲线 $y^2 = 2x$ 与直线 $y = x - 4$ 所围成的图形的面积 A.

解　如图 5.17 所示，解方程组

$$\begin{cases} y^2 = 2x \\ y = x - 4 \end{cases}$$

得交点 $(2,-2)$ 和 $(8,4)$，选取 y 为积分变量，则积分区间为 $[-2,4]$，则所求的面积为

$$A = \int_{-2}^{4} \left(y + 4 - \frac{1}{2}y^2\right)\mathrm{d}y = \left[\frac{y^2}{2} + 4y - \frac{y^3}{6}\right]_{-2}^{4} = 18$$

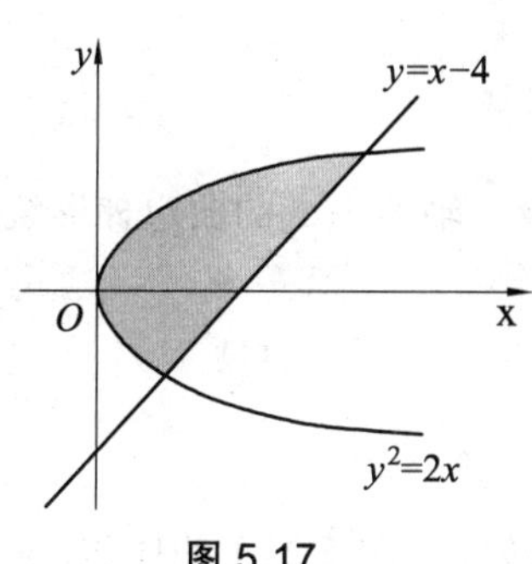

图 5.17

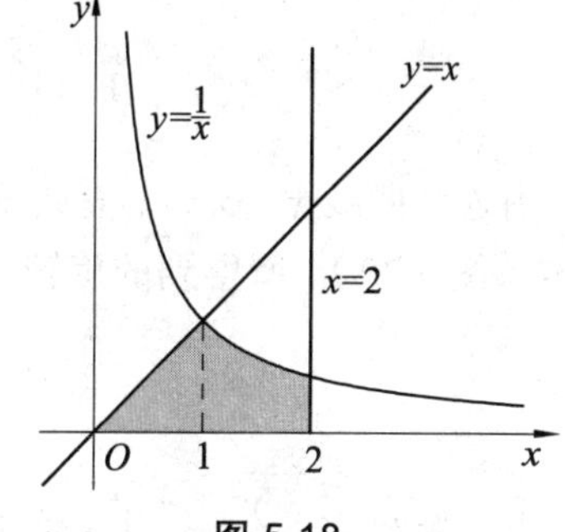

图 5.18

例 6.4 求由曲线 $y=\frac{1}{x}$ 与直线 $y=x$，$x=2$ 以及 x 轴所围成图形的面积 A.

解 如图 5.18 所示，求得交点为 $(0,0)$, $(1,1)$, $(2,0)$ 和 $\left(2,\frac{1}{2}\right)$，选取 x 为积分变量，则积分区间为 $[0,2]$. 用 $x=1$ 把图形分为左、右两部分，则所求的面积为

$$A=\int_0^1 x\mathrm{d}x+\int_1^2\frac{1}{x}\mathrm{d}x=\left[\frac{1}{2}x^2\right]_0^1+\left[\ln|x|\right]_1^2=\frac{1}{2}+\ln 2$$

三、体　积

1. 旋转体的体积

旋转体就是由一个平面图形绕这平面内一条直线旋转一周而成的立体，这直线叫做**旋转轴**.

常见的旋转体：圆柱、圆锥、圆台、球体.

旋转体都可以看作由连续曲线 $y=f(x)$、直线 $x=a$、$x=b$ 及 x 轴所围成的曲边梯形绕 x 轴旋转一周而成的立体（图 5.19）.

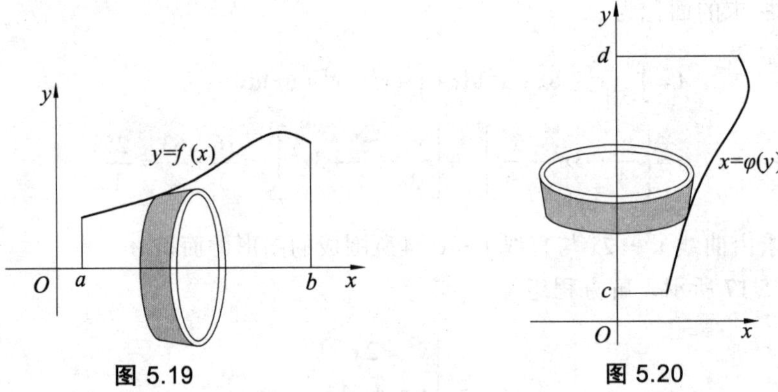

图 5.19　　　　图 5.20

取 x 为积分变量，它的积分区间为 $[a,b]$，在 $[a,b]$ 上任取一小区间 $[x,x+\mathrm{d}x]$，相应的小薄片体积近似于以 $f(x)$ 为半径，$\mathrm{d}x$ 为高的小圆柱体的体积，从而得到体积元素

$$\mathrm{d}V=\pi f^2(x)\mathrm{d}x$$

故从 a 到 b 积分，得到旋转体的体积

$$V=\int_a^b\mathrm{d}V=\pi\int_a^b f^2(x)\mathrm{d}x$$

类似地，由连续曲线 $x=\varphi(y)$、直线 $y=c$、$y=d$ 及 y 轴所围成的曲边梯形绕 y 轴旋转一周而成的立体（图 5.20），所得到的旋转体的体积为

$$V=\pi\int_c^d\varphi^2(y)\mathrm{d}y$$

例 6.5 求由椭圆 $\frac{x^2}{a^2}+\frac{y^2}{b^2}=1$ 绕 x 轴旋转而成的旋转体（图 5.21）的体积.

解 将椭圆方程化为

$$y^2=\frac{b^2}{a^2}(a^2-x^2)$$

由旋转体的体积公式可得

$$V=\pi\int_{-a}^{a}f^2(x)\mathrm{d}x=\pi\int_{-a}^{a}\frac{b^2}{a^2}(a^2-x^2)\mathrm{d}x=\frac{\pi b^2}{a^2}\int_{-a}^{a}(a^2-x^2)\mathrm{d}x$$
$$=\frac{\pi b^2}{a^2}\left[a^2x-\frac{1}{3}x^3\right]_{-a}^{a}=\frac{4}{3}\pi ab^2$$

当 $a=b=R$ 时，这旋转体为球体，故球体体积为 $V=\frac{4}{3}\pi R^3$.

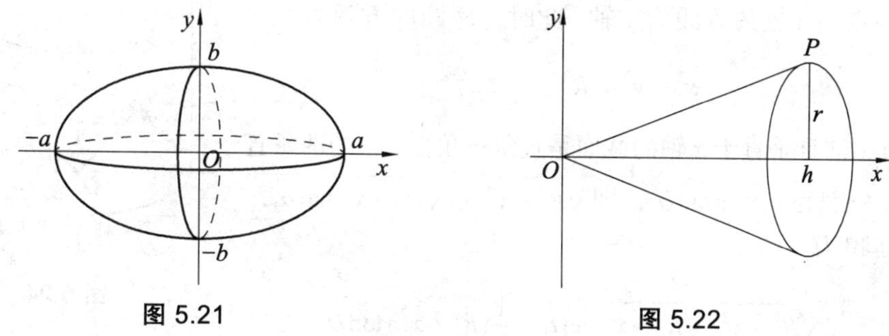

图 5.21　　图 5.22

例 6.6　连接坐标原点 $O(0,0)$ 及点 $P(h,r)$ 的直线、直线 $x=h$ 及 x 轴围成一个直角三角形. 将它绕 x 轴旋转构成一个底半径为 r、高为 h 的圆锥体（图 5.22），计算圆锥体的体积.

解　直线 OP 的方程为

$$y=\frac{r}{h}x$$

由旋转体的体积公式可得

$$V=\pi\int_{0}^{h}f^2(x)\mathrm{d}x=\pi\int_{-a}^{a}\left(\frac{r}{h}x\right)^2\mathrm{d}x=\frac{\pi r^2}{h^2}\int_{-a}^{a}x^2\mathrm{d}x=\frac{\pi r^2}{h^2}\left[\frac{1}{3}x^3\right]_{0}^{h}=\frac{1}{3}\pi hr^2$$

2. 平行截面面积为已知的立体的体积

从计算旋转体的体积的过程可以看出：若一个立体不是旋转体，但却知道该立体上垂直于某条直线的各个截面的面积，那么，这个立体的体积也可以用定积分计算.

不妨假设这直线为 x 轴（图 5.23），设立体在 x 轴的投影区间为 $[a,b]$，过点 x 且垂直于 x 轴的平面与立体相截，截面面积为 $A(x)$. $A(x)$ 是关于 x 的已知连续函数.

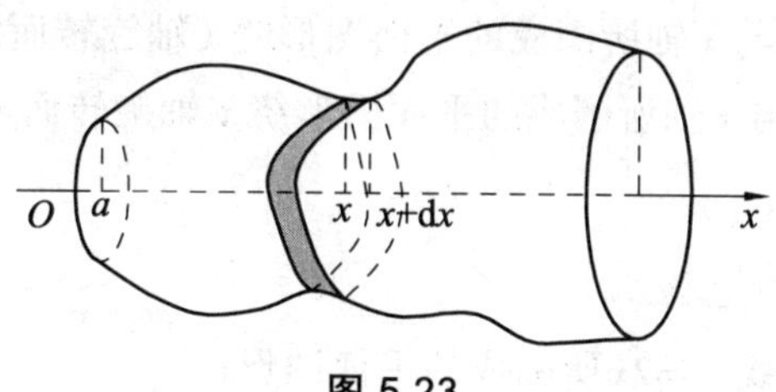

图 5.23

取 x 为积分变量，它的积分区间为 $[a,b]$，在立体中相应于 $[a,b]$ 上任取一小区间 $[x,x+\mathrm{d}x]$，相应的小薄片体积近似于以 $A(x)$ 为底面面积，$\mathrm{d}x$ 为高的小圆柱体的体积，从而得到体积元素

$$\mathrm{d}V = A(x)\mathrm{d}x$$

于是所求立体的体积为

$$V = \int_a^b \mathrm{d}V = \int_a^b A(x)\mathrm{d}x$$

例 6.7 一平面经过半径为 R 的圆柱体的底圆的圆心，并与底面交成角为 α（图 5.24），计算这个平面截圆柱所得立体的体积.

解 取这个平面与圆柱体的底面的交线为 x 轴，底面上过圆心、且垂直与 x 轴的直线为 y 轴. 此时，底圆的方程为

$$x^2 + y^2 = R^2$$

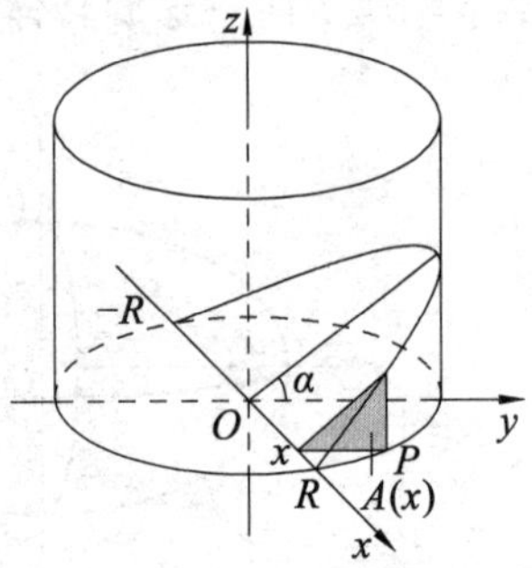

在立体中过 x 轴且垂直于 x 轴的截面是直角三角形，它的两条直角边的长度分别为 y 和 $y\tan\alpha$，即 $\sqrt{R^2-x^2}$ 和 $\sqrt{R^2-x^2}\tan\alpha$，故截面的面积为

图 5.24

$$A(x) = \frac{1}{2}\cdot\sqrt{R^2-x^2}\cdot\sqrt{R^2-x^2}\tan\alpha = \frac{1}{2}(R^2-x^2)\tan\alpha$$

故所求立体的体积为

$$V = \int_{-R}^{R} A(x)\mathrm{d}x = \int_{-R}^{R}\frac{1}{2}(R^2-x^2)\tan\alpha\mathrm{d}x = \frac{1}{2}\tan\alpha\int_{-R}^{R}(R^2-x^2)\mathrm{d}x$$

$$= \frac{1}{2}\tan\alpha\left[R^2x - \frac{1}{3}x^3\right]_{-R}^{R} = \frac{2}{3}R^3\tan\alpha$$

习题 5.6

基础练习

1. 求下列平面图形的面积.

（1）由抛物线 $y=x^2$ 与 $y=2-x^2$ 所围成的平面图形；

（2）由抛物线 $y^2=x$ 与直线 $x-2y-3=0$ 所围成的平面图形；

（3）由曲线 $y=\ln x$ 与直线 $y=\ln 3$，$y=\ln 7$ 以及 y 轴所围成的平面图形.

2. 求由曲线 $y=2x-x^2$ 与 x 轴所围成的平面图形绕 x 轴旋转而成的旋转体的体积.

3. 求由曲线 $y=x^2-4$ 与 x 轴所围成的平面图形绕 y 轴旋转而成的旋转体的体积.

提高练习

4. 求下列定积分.

（1）由曲线 $y=x^3$ 与直线 $y=2x$ 所围成的平面图形；

（2）由抛物线 $y^2=x$ 与直线 $y=x$，$x=2$ 以及 x 轴所围成的平面图形；

（3）由抛物线 $y=x^2$ 与 $y=(x-2)^2$ 以及 x 轴所围成的平面图形.

5. 求由曲线 $y=\cos x$、直线 $x=\pi$ 与 x 轴以及和 y 轴所围成的平面图形绕 x 轴旋转而成的旋转体的体积.

6. 计算底面是半径为 R 的圆，而垂直于底面上一条固定直径的所有截面均是等边三角形的立体的体积.

拓展练习

7. 求由曲线 $y=|\ln x|$、直线 $x=\dfrac{1}{\mathrm{e}}$、$x=\mathrm{e}$ 与 x 轴所围成的平面图形的面积.

8. 抛物线 $y^2=2x$ 把圆 $x^2+y^2\leqslant 8$ 分成两部分，求这两部分面积之比.

第七节　定积分在物理中的应用

一、变力作功

由物理学的知识可知，某物体在常力 F 的作用下，沿力的方向作直线运动，当物体移动一段距离 s 时，力 F 所做的功是

$$W=Fs.$$

但是在实际问题中，物体在发生位移的过程中所受的力经常是变化的，这就需要讨论如何来求变力做功的问题了.

设物体在变力 $F=F(x)$ 的作用下，沿 x 轴由点 a 移动点 b（图 5.25），并且变力的方向与 x 轴的方向保持一致.

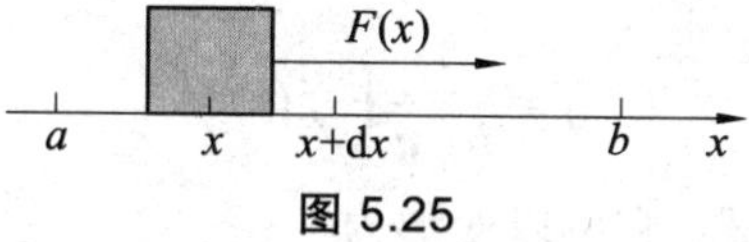

图 5.25

取 x 为积分变量，它的积分区间为 $[a,b]$，在区间 $[a,b]$ 上任取一小区间 $[x,x+\mathrm{d}x]$，该区间各点的力可以用点 x 处的力 $F(x)$ 近似代替，从而功的微元为

$$\mathrm{d}W=F(x)\mathrm{d}x$$

因此，从 $x=a$ 到 $x=b$ 变力 $F=F(x)$ 所做的功为

$$W=\int_a^b \mathrm{d}W=\int_a^b F(x)\mathrm{d}x$$

例 7.1　在弹性限度内，螺旋弹簧受压时，长度改变与所受外力成正比例关系，即

$$F(x)=kx\text{（}k\text{ 为比例系数）}$$

已知弹簧被压缩 0.1 cm 时，所需的力为 4.9 N. 当弹簧被压缩 2 cm 时. 计算外力所做的功.

解　由题设，$x=0.1\ \text{cm}=0.001\ \text{m}$ 时，$F=4.9\ \text{N}$，代入 $F(x)=kx$，可得

$$k=\frac{F}{x}=\frac{4.9}{0.001}=4900\ (\mathrm{N/m})$$

从而，变力函数为

$$F(x)=4900x$$

故由上述公式可得所做的功为

$$W=\int_0^{0.02}4900x\mathrm{d}x=[2450x^2]_0^{0.02}\ (\mathrm{J})=0.98\ (\mathrm{J})$$

二、平均值

在实际问题中，常常用一组数据的算术平均值来描述这组数据的概貌. 例如：对某一零件的长度进行 n 次测量，每次测得的值为 x_1, x_2, …, x_n. 通常采用算术平均值

$$\overline{y}=\frac{x_1+x_2+\cdots+x_n}{n}$$

作为这个零件长度的近似值.

然而，有时候还需要计算一个连续函数 $y=f(x)$ 在区间 $[a,b]$ 上的一切值的平均值.

在本章第一节中，我们讨论了作变速直线运动的物体所经过的路程 s 等于其速度 $v=v(t)$ $(v(t)\geqslant 0)$ 在时间间断 $[T_1,T_2]$ 上的定积分

$$s=\int_{T_1}^{T_2}v(t)\mathrm{d}t$$

用 T_2-T_1 去除路程 s，即可得它在时间间断 $[T_1,T_2]$ 上的平均速度

$$\overline{v}=\frac{s}{T_2-T_1}=\frac{1}{T_2-T_1}\int_{T_1}^{T_2}v(t)\mathrm{d}t$$

一般地，设函数 $y=f(x)$ 在闭区间 $[a,b]$ 上连续，则它在 $[a,b]$ 上的平均值 $\overline{y}$ 等于它在 $[a,b]$ 上的定积分除以区间 $[a,b]$ 的长度 $b-a$，即

$$\overline{y}=\frac{1}{b-a}\int_a^b f(x)\mathrm{d}x$$

这个公式叫做函数的**平均值公式**. 它可以变形为

$$\int_a^b f(x)\mathrm{d}x=\overline{y}(b-a)$$

它的几何解释是：以 $[a,b]$ 为底、$y=f(x)$ 为曲边梯形的面积等于高为 $\overline{y}$ 的同底矩形的面积（图 5.26）.

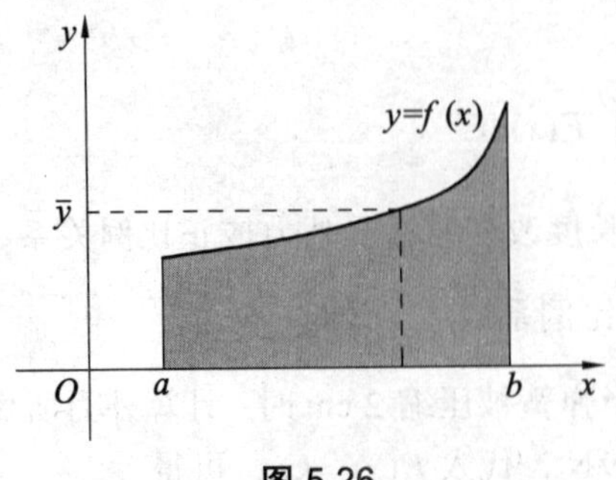

图 5.26

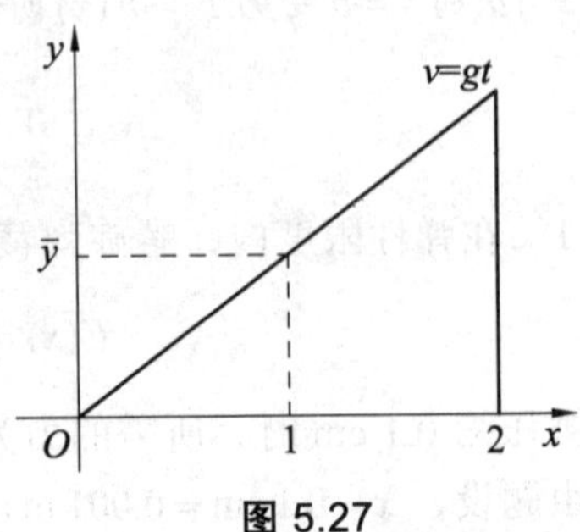

图 5.27

例 7.2 求从 0 到 2s 这段时间内自由落体的平均速度 $\overline{v}$.

解 设自由落体的速度为 $v=gt$（其中 g 为重力加速度），所以要计算的平均速度 $\overline{v}$（图 5.27）为

$$\overline{v}=\frac{1}{2-0}\int_0^2 gt\mathrm{d}t=\frac{1}{2}\left[\frac{1}{2}gt^2\right]_0^2=g\ (\mathrm{m/s})$$

例 7.3 计算纯电阻电路中正弦交流电 $i=I_{\mathrm{m}}\sin\omega t$ 在一个周期内功率的平均值.

解 设电阻为 R，所以电路中 R 两端的电压为

$$u=Ri=RI_{\mathrm{m}}\sin\omega t$$

而功率为

$$P=ui=Ri^2=RI_{\mathrm{m}}^2\sin^2\omega t$$

因为交流电 $i=I_{\mathrm{m}}\sin\omega t$ 的周期为 $T=\dfrac{2\pi}{\omega}$，所以在一个周期 $\left[0,\dfrac{2\pi}{\omega}\right]$ 上，P 的平均值为

$$\begin{aligned}\overline{P}&=\frac{1}{\frac{2\pi}{\omega}-0}\int_0^{\frac{2\pi}{\omega}}RI_{\mathrm{m}}^2\sin^2\omega t\mathrm{d}t=\frac{I_{\mathrm{m}}^2R}{2\pi}\int_0^{\frac{2\pi}{\omega}}\sin^2\omega t\mathrm{d}(\omega t)\\&=\frac{I_{\mathrm{m}}^2R}{4\pi}\int_0^{\frac{2\pi}{\omega}}(1-\cos 2\omega t)\mathrm{d}(\omega t)=\frac{I_{\mathrm{m}}^2R}{4\pi}\left[\omega t-\frac{1}{2}\sin 2\omega t\right]_0^{\frac{2\pi}{\omega}}\\&=\frac{I_{\mathrm{m}}^2R}{4\pi}\times 2\pi=\frac{I_{\mathrm{m}}^2R}{2}=\frac{I_{\mathrm{m}}u_{\mathrm{m}}}{2}\end{aligned}$$

也就是说，纯电阻电路中正弦交流电的平均功率等于电流和电压的峰值乘积的一半. 通常交流电器上标明的功率就是平均功率.

习题 5.7

1. 有一弹簧，用 9.8 N 的力可以把它拉长 0.04 m，求把弹簧拉长 0.03 m 时，力所做的功.
2. 求函数 $y=\cos x$ 在 $[0,2\pi]$ 上的平均值.
3. 一物体以速度 $v=3t^2+2t+1$ (m/s) 作直线运动，求该物体在 $t=0$ 到 $t=3$s 这段时间内的平均速度.

复习题五

一、选择题

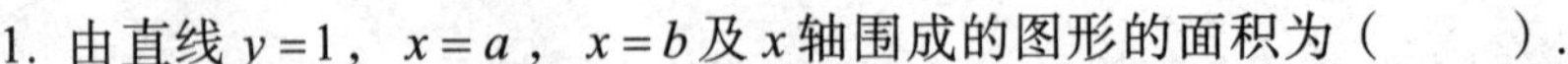

1. 由直线 $y=1$，$x=a$，$x=b$ 及 x 轴围成的图形的面积为（　　）.

A. $a-b$　　B. $b-a$　　C. $\int_a^b \mathrm{d}x$　　D. $\left|\int_a^b \mathrm{d}x\right|$

2. 右图中阴影部分的面积可表示为（　　）.

A. $\int_a^c f(x)\mathrm{d}x$　　B. $\int_a^b f(x)\mathrm{d}x+\int_b^c f(x)\mathrm{d}x$

C. $\left|\int_a^c f(x)\mathrm{d}x\right|$　　D. $\int_b^c f(x)\mathrm{d}x-\int_a^b f(x)\mathrm{d}x$

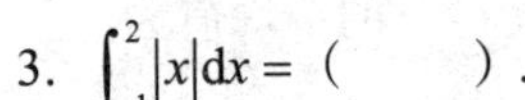

3. $\int_{-1}^{2}|x|\mathrm{d}x=$（　　）.

A. 0　　B. 1

C. $\dfrac{5}{2}$　　D. $\dfrac{3}{2}$

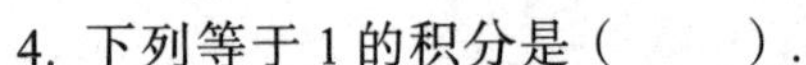

4. 下列等于 1 的积分是（　　）.

A. $\int_0^1 x\mathrm{d}x$　　B. $\int_0^1 (x+1)\mathrm{d}x$　　C. $\int_0^1 \mathrm{d}x$　　D. $\int_0^1 \frac{1}{2}\mathrm{d}x$

5. $\int_0^1 (\mathrm{e}^x+\mathrm{e}^{-x})\mathrm{d}x=$（　　）.

A. $\mathrm{e}+\dfrac{1}{\mathrm{e}}$　　B. $2\mathrm{e}$　　C. $\dfrac{2}{\mathrm{e}}$　　D. $\mathrm{e}-\dfrac{1}{\mathrm{e}}$

6. 设 $\int_0^1 x(a-x)\mathrm{d}x=1$，则常数 $a=$（　　）.

A. $\dfrac{1}{3}$　　B. $\dfrac{2}{3}$　　C. $\dfrac{4}{3}$　　D. $\dfrac{8}{3}$

7. 已知 $f(x)$ 为偶函数且 $\int_0^2 f(x)\mathrm{d}x=8$，$\int_{-2}^2 f(x)\mathrm{d}x=$（　　）.

A. 0　　B. 4　　C. 8　　D. 16

8. 曲线 $y=\cos x$，$x\in[0,\pi]$ 与坐标轴围成的面积是（　　）.

A. 0　　B. 1　　C. 2　　D. 3

9. 由曲线 $y=\mathrm{e}^x$ 及直线 $x=0, y=2$ 所围成的平面图形的面积 $A=$（　　）.

A. $\int_1^2 \ln y\mathrm{d}y$　　B. $\int_1^{\mathrm{e}^2} \mathrm{e}^x\mathrm{d}x$　　C. $\int_1^{\ln 2} \ln y\mathrm{d}y$　　D. $\int_1^2 (2-\mathrm{e}^x)\mathrm{d}x$

10. 由曲线 $y=\sqrt{x}$ 及直线 $x=1, x=3$ 以及 x 轴所围成的平面图形绕 x 轴旋转而成的旋转体的体积 $V=$（　　）.

A. 2π　　B. 4π　　C. 4　　D. 4.5π

11. 若 $f(x)$ 在 $[-1,1]$ 上连续，其平均值为 2，则 $\int_{-1}^1 f(x)\mathrm{d}x=$（　　）.

A. 1　　B. -1　　C. 4　　D. -4

二、判断题（正确的划√，不正确的划×）

1. 定积分的几何意义是曲边梯形的面积.（　　）
2. 定积分是一个确定的常数，它只取决于被积函数和积分区间.（　　）
3. $\int_a^b f(x)\mathrm{d}x=\int_a^c f(x)\mathrm{d}x+\int_c^b f(x)\mathrm{d}x$.（　　）
4. 若 $F'(x)=f(x)$，则 $\int_a^b f(x)\mathrm{d}x=F(b)-F(a)$.（　　）
5. 令 $t=\mathrm{e}^x$，可得 $\int_0^1 \frac{\mathrm{e}^x}{1+\mathrm{e}^x}\mathrm{d}x=\int_0^1 \frac{1}{1+t}\mathrm{d}t$.（　　）
6. 若 $f(x)$ 为奇函数，则 $\int_{-a}^a f(x)\mathrm{d}x=0$.（　　）
7. $\int_{-\pi}^{\pi}(\sin x+\cos x)\mathrm{d}x=0$.（　　）
8. 曲线 $y=2x$ 与直线 $y=0$，$y=1$ 及 y 轴所围成面积为 1.（　　）

三、填空题

1. 定积分 $\int_1^3 \ln(3x+5)\mathrm{d}x$ 的积分上限是____________，积分下限是____________，积分区间是__________.

2. 由直线 $y=x$，$x=a$，$x=b$ 及 x 轴围成的图形的面积等于__________；用定积分表示为______________（$0<a<b$）.

3. 由曲线 $y=x^3$ 和 $y=\sqrt{x}$ 围成图形的面积用定积分表示为______________.

4. 若 $\int_1^a\left(2x+\frac{1}{x}\right)\mathrm{d}x=3+\ln 2$，则 $a=$________________.

5. 若 $\int_0^1(3x^2+a)\mathrm{d}x=3$，则 $a=$________________.

6. 若 $f(x)=x$，则 $\int_0^1 f(x)\mathrm{d}x+\int_1^2 f(x)\mathrm{d}x+\int_2^3 f(x)\mathrm{d}x+\int_3^4 f(x)\mathrm{d}x=$____________.

7. $\int_a^b f(x)\mathrm{d}x$ 和 $\int_b^a f(x)\mathrm{d}x$ 的关系是__________________.

8. $\int_a^a f(x)\mathrm{d}x=$________________；$\int_a^b \mathrm{d}x=$________________；

$\int_0^2(3x^2+\mathrm{e}^2+1)\mathrm{d}x=$________________；$\int_{-1}^1|x|\mathrm{d}x=$________________；

$\int_0^1 x\mathrm{e}^x\mathrm{d}x=$________________；$\int_1^{\mathrm{e}}\ln x\mathrm{d}x=$________________；

$\int_{-\pi}^{\pi}x\cos x\mathrm{d}x=$________________；$\int_0^{\frac{\pi}{2}}3^{\cos x}\sin x\mathrm{d}x=$____________.

四、计算题

1. 求下列定积分.

（1）$\int_1^2\left(x+\frac{1}{x}\right)^2\mathrm{d}x$；　（2）$\int_0^{\pi}(\cos x+\sin x)\mathrm{d}x$；　（3）$\int_0^{\frac{\pi}{2}}\frac{\cos 2x}{\sin x+\cos x}\mathrm{d}x$；

（4）$\int_1^{\sqrt{3}}\frac{1+2x^2}{x^2(1+x^2)}\mathrm{d}x$；　（5）$\int_0^2|x-1|\mathrm{d}x$；　（6）$\int_0^1\frac{x^4}{1+x^2}\mathrm{d}x$；

（7）$\int_{0}^{\frac{\pi}{2}}\cos^{5}x\sin x\mathrm{d}x$；（8）$\int_{0}^{1}\frac{\mathrm{e}^{x}}{1+\mathrm{e}^{x}}\mathrm{d}x$；（9）$\int_{1}^{\mathrm{e}}\frac{1+(\ln x)^{2}}{x}\mathrm{d}x$；

（10）$\int_{0}^{\pi}\cos^{3}x\mathrm{d}x$；（11）$\int_{-2}^{1}\frac{x}{(1+x^{2})^{3}}\mathrm{d}x$；（12）$\int_{0}^{4}\frac{1}{1+\sqrt{x}}\mathrm{d}x$；

（13）$\int_{-2\pi}^{2\pi}\frac{\sin x}{1+x^{2}}\mathrm{d}x$；（14）$\int_{-1}^{1}\frac{2+x\cos x}{\sqrt{1-x^{2}}}\mathrm{d}x$；（15）$\int_{-\frac{\pi}{2}}^{\frac{\pi}{2}}x^{8}\sin x\mathrm{d}x$；

（16）$\int_{0}^{\pi}x\cos x\mathrm{d}x$；（17）$\int_{0}^{\frac{1}{2}}\arccos x\mathrm{d}x$；（18）$\int_{1}^{\mathrm{e}}x^{2}\ln x\mathrm{d}x$；

（19）$\int_{0}^{\frac{\pi}{2}}\mathrm{e}^{2x}\sin x\mathrm{d}x$；（20）$\int_{0}^{\ln 2}x\mathrm{e}^{-x}\mathrm{d}x$；（21）$\int_{1}^{2}\ln(2x+1)\mathrm{d}x$；

（22）$\int_{0}^{\frac{\pi}{2}}\left(\sin\frac{x}{2}+\cos\frac{x}{2}\right)^{2}\mathrm{d}x$；（23）$\int_{1}^{4}\sqrt{x}(1+\sqrt{x})\mathrm{d}x$；（24）$\int_{1}^{4}\ln\sqrt{x}\mathrm{d}x$；

（25）设 $f(x)=\begin{cases}4x^{3}, & -1\leqslant x\leqslant 1\\ 3-2x, & 1<x\leqslant 2\end{cases}$，求 $\int_{-1}^{2}f(x)\mathrm{d}x$.

2. 求由曲线 $y=x^{2}$ 和 $y^{2}=8x$ 所围成的平面图形的面积.

3. 求由曲线 $y=\sin x\ (0\leqslant x\leqslant\frac{\pi}{2})$，$y=1$，$x=0$ 所围成的平面图形的面积.

4. 求由直线 $x=\frac{1}{3}$，$x=3$ 和曲线 $y=\frac{1}{x}$ 及 x 轴所围成的平面图形的面积.

5. 求抛物线 $y=3x-x^{2}$ 与 x 轴所围成的图形绕 x 轴旋转所成的旋转体的体积.

6. 求函数 $y=\sin x+1$ 在 $[0,2\pi]$ 上的平均值.

学习自测题五

（时间：45 分钟，满分 100 分）

一、选择题（每题 6 分，共计 30 分）

1. 下列等于 0 的积分是（　　）.

A. $\int_{-1}^{1} x\mathrm{d}x$　　B. $\int_{-1}^{1}(x+1)\mathrm{d}x$　　C. $\int_{-1}^{1}\mathrm{d}x$　　D. $\int_{-1}^{1}(x-1)\mathrm{d}x$

2. $\int_{-\pi}^{\pi}(2x+\cos 2x)\mathrm{d}x=$（　　）.

A. 0　　B. π　　C. 2π　　D. $-\pi$

3. 已知 $f(x)$ 为偶函数且 $\int_{0}^{1}f(x)\mathrm{d}x=2$，$\int_{-1}^{1}f(x)\mathrm{d}x=$（　　）.

A. 0　　B. 2　　C. 4　　D. 8

4. 曲线 $y=\sin x$，$x\in[0,\pi]$ 与坐标轴围成的面积是（　　）.

A. 0　　B. 1　　C. 2　　D. 3

5. 若 $f(x)$ 在 $[-2,2]$ 上连续，其平均值为 1，则 $\int_{-1}^{1}f(x)\mathrm{d}x=$（　　）.

A. 2　　B. -2　　C. 4　　D. -4

二、计算题（1 ~ 5 题各 8 分，6 ~ 8 题各 10 分，共计 70 分）

1. 求定积分 $\int_{-\pi}^{\pi}(\cos x-\sin x)\mathrm{d}x$.

2. 求定积分 $\int_{-1}^{1}\mathrm{e}^{2x+1}\mathrm{d}x$.

3. 求定积分 $\int_{-\pi}^{\pi}\sin 3x\mathrm{d}x$.

4. 求定积分 $\int_{0}^{\mathrm{e}-1}x\ln(x+1)\mathrm{d}x$.

5. 求定积分 $\int_{-\sqrt{3}}^{\sqrt{3}}x\arctan x\mathrm{d}x$.

6. 求定积分 $\int_{0}^{\pi}\mathrm{e}^{x}\sin 2x\mathrm{d}x$.

7. 求由曲线 $y=\dfrac{1}{x}$ 和直线 $x=2,\ y=2$ 以及坐标轴所围成的平面图形的面积.

8. 一物体以速度 $v=4t^3-3t^2+2t+1\ (\mathrm{m/s})$ 作直线运动，求该物体在 $t=1\,\mathrm{s}$ 到 $t=4\,\mathrm{s}$ 这段时间内的平均速度.

初等数学常用公式

（一）代　数

1. 乘法及因式分解公式

（1）$(x+a)(x+b)=x^2+(a+b)x+ab$.

（2）$(a\pm b)^2=a^2\pm 2ab+b^2$.

（3）$(a\pm b)^3=a^3\pm 3a^2b+3ab^2\pm b^3$.

（4）$(a+b+c)^2=a^2+b^2+c^2+2ab+2bc+2ca$.

（5）$(a+b+c)^3=a^3+b^3+c^3+3a^2b+3ab^2+3b^2c+3bc^2+3a^2c+3ac^2+6abc$.

（6）$a^2-b^2=(a-b)(a+b)$.

（7）$a^3\pm b^3=(a\pm b)(a^2\mp ab+b^2)$.

（8）$a^n-b^n=(a-b)(a^{n-1}+a^{n-2}b+a^{n-3}b^2+\cdots+ab^{n-2}+b^{n-1})$（$n$ 为正整数）.

（9）$a^n-b^n=(a+b)(a^{n-1}-a^{n-2}b+a^{n-3}b^2-\cdots+ab^{n-2}-b^{n-1})$（$n$ 为偶数）.

（10）$a^n+b^n=(a+b)(a^{n-1}-a^{n-2}b+a^{n-3}b^2-\cdots-ab^{n-2}+b^{n-1})$（$n$ 为奇数）.

2. 指数运算（设 a, b 是正实数，m, n 是任意实数）

（1）指数定义：

① $a^{-n}=\dfrac{1}{a^n}\ (a\neq 0)$.

② $a^0=1\ (a\neq 0)$.

③ $a^{\frac{m}{n}}=\sqrt[n]{a^m}\ (a\geqslant 0)$；$a^{-\frac{m}{n}}=\dfrac{1}{\sqrt[n]{a^m}}\ (a>0)$.

（2）指数运算法则：

① $a^{x_1}\cdot a^{x_2}=a^{x_1+x_2}$.

② $\dfrac{a^{x_1}}{a^{x_2}}=a^{x_1-x_2}$.

③ $(a^{x_1})^{x_2}=a^{x_1x_2}$.

④ $(ab)^x=a^x\cdot b^x$.

⑤ $\left(\dfrac{a}{b}\right)^x=\dfrac{a^x}{b^x}$.

式中 $a>0$，$b>0$；x_1, x_2, x 为任意实数.

（3）对数的性质：

① $a^{\log_a b}=b$.

② $\log_a a^x=x$.

③ $\log_a 1=0$.

④ $\log_a a=1$.

（4）对数运算法则：

① $\log_a(b_1b_2\cdots b_n)=\log_a b_1+\log_a b_2+\cdots+\log_a b_n$.

② $\log_a\left(\dfrac{b_1}{b_2}\right)=\log_a b_1-\log_a b_2$.

③ $\log_a b^x=x\log_a b$（x 为任意实数）.

（5）换底公式：$\log_a b=\dfrac{\log_c b}{\log_c a}$.

由此可推出：

① $\log_a b\cdot\log_b a=1$（在换底公式中取 $c=b$）.

② $\log_a b=\dfrac{\log b}{\lg a}$（在换底公式中取 $c=10$）.

（二）三角函数公式

（1）倒数关系：

$\tan\alpha\cdot\cot\alpha=1$.

$\sin\alpha\cdot\csc\alpha=1$.

$\cos\alpha\cdot\sec\alpha=1$.

（2）商的关系：

$\sin\alpha/\cos\alpha=\tan\alpha=\sec\alpha/\csc\alpha$.

$\cos\alpha/\sin\alpha=\cot\alpha=\csc\alpha/\sec\alpha$.

（3）平方关系：

$\sin^2\alpha+\cos^2\alpha=1$.

$1+\tan^2\alpha=\sec^2\alpha$.

$1+\cot^2\alpha=\csc^2\alpha$.

（4）诱导公式：

$\sin(-\alpha)=-\sin\alpha$.

$\cos(-\alpha)=\cos\alpha$.

$\tan(-\alpha)=-\tan\alpha$.

$\cot(-\alpha)=-\cot\alpha$.

（5）两角和与差的三角函数公式：

$\sin(\alpha+\beta)=\sin\alpha\cos\beta+\cos\alpha\sin\beta$.

$\sin(\alpha-\beta)=\sin\alpha\cos\beta-\cos\alpha\sin\beta$.

$\cos(\alpha+\beta)=\cos\alpha\cos\beta-\sin\alpha\sin\beta$.

$\cos(\alpha-\beta)=\cos\alpha\cos\beta+\sin\alpha\sin\beta$.

$\tan(\alpha+\beta)=\dfrac{\tan\alpha+\tan\beta}{1-\tan\alpha\tan\beta}$.

$\tan(\alpha-\beta)=\dfrac{\tan\alpha-\tan\beta}{1+\tan\alpha\tan\beta}$.

（6）半角公式：

$\sin\dfrac{\alpha}{2}=\pm\sqrt{\dfrac{1-\cos\alpha}{2}}$.

$\cos\dfrac{\alpha}{2}=\pm\sqrt{\dfrac{1+\cos\alpha}{2}}$.

$\tan\dfrac{\alpha}{2}=\pm\sqrt{\dfrac{1-\cos\alpha}{1+\cos\alpha}}=\dfrac{1-\cos\alpha}{\sin\alpha}=\dfrac{\sin\alpha}{1+\cos\alpha}$.

（7）降次升倍公式：

$\sin^2\alpha=\dfrac{1-\cos2\alpha}{2}$.

$\cos^2\alpha=\dfrac{1+\cos2\alpha}{2}$.

（8）二倍角公式：

$\sin2\alpha=2\sin\alpha\cos\alpha$.

$\cos2\alpha=\cos^2\alpha-\sin^2\alpha$.

$\tan2\alpha=\dfrac{2\tan\alpha}{1-\tan^2\alpha}$.

（9）三倍角公式：

$\sin3\alpha=3\sin\alpha-4\sin^3\alpha$.

$\cos 3\alpha = 4\cos^3\alpha - 3\cos\alpha$.

$\tan 3\alpha = \dfrac{3\tan\alpha - \tan^3\alpha}{1-3\tan^2\alpha}$.

（10）三角函数的和差化积公式：

$\sin\alpha + \sin\beta = 2\sin\dfrac{\alpha+\beta}{2}\cos\dfrac{\alpha-\beta}{2}$.

$\sin\alpha - \sin\beta = 2\cos\dfrac{\alpha+\beta}{2}\sin\dfrac{\alpha-\beta}{2}$.

$\cos\alpha + \cos\beta = 2\cos\dfrac{\alpha+\beta}{2}\cos\dfrac{\alpha-\beta}{2}$.

$\cos\alpha - \cos\beta = -2\sin\dfrac{\alpha+\beta}{2}\sin\dfrac{\alpha-\beta}{2}$.

（11）三角函数的积化和差公式：

$\sin\alpha\cos\beta = \dfrac{1}{2}[\sin(\alpha+\beta)+\sin(\alpha-\beta)]$.

$\cos\alpha\sin\beta = \dfrac{1}{2}[\sin(\alpha+\beta)-\sin(\alpha-\beta)]$.

$\cos\alpha\cos\beta = \dfrac{1}{2}[\cos(\alpha+\beta)+\cos(\alpha-\beta)]$.

$\sin\alpha\sin\beta = -\dfrac{1}{2}[\cos(\alpha+\beta)-\cos(\alpha-\beta)]$.

辅助角公式：

$$a\sin x \pm b\cos x = \sqrt{a^2+b^2}\sin(x\pm\phi)$$

（其中 ϕ 角所在象限由 a, b 的符号确定，ϕ 角的值由 $\tan\phi = \dfrac{b}{a}$ 确定.）

参考答案

第一章

习题 1.1

1. C.
2.（1）极限为 0，数列收敛；（2）极限为 0，数列收敛；（3）极限不存在，数列发散.
3.（1）$\frac{3}{2}$；（2）0；（3）∞；（4）1.

习题 1.2

1. $\lim\limits_{x\to x_0^+} f(x)=\lim\limits_{x\to x_0^-} f(x)=A$.
2. D.
3.（1）存在；（2）存在.
4. 0；3；24.
5.（1）-1；（2）不存在.
6. 不存在

习题 1.3

1.（1）1；（2）$\frac{1}{2}$；（3）15；（4）-1.
2.（1）$\frac{1}{2}$；（2）$\frac{\sqrt{6}}{2}$；（3）$-\frac{1}{2}$；（4）2.
3.（1）$\frac{3}{2}$；（2）$\frac{2}{3}$；（3）$-\sqrt{a}$；（4）1.

习题 1.4

1.（1）1；（2）e^{-1}；（3）5；（4）e^{3}.
2.（1）$\frac{3}{5}$；（2）e^{-2}；（3）e^{2}；（4）e^{-2}.
3.（1）e；（2）1；（3）$e^{-\frac{3}{2}}$.

习题 1.5

1. 解：（1）函数在 $x=0$ 点连续，则在 $x=0$ 左右极限相等且等于 $f(0)$，

$$\lim_{x\to 0^-} f(x)=\lim_{x\to 0^-}\frac{\sqrt{a}-\sqrt{a-x}}{x}=\lim_{x\to 0^-}\frac{(\sqrt{a}-\sqrt{a-x})(\sqrt{a}+\sqrt{a-x})}{x(\sqrt{a}+\sqrt{a-x})}=\lim_{x\to 0^-}\frac{1}{\sqrt{a}+\sqrt{a-x}}=\frac{1}{2\sqrt{a}},$$

$$\lim_{x\to 0^+}\frac{\cos x}{x+2}=\frac{1}{2},\quad f(0)=\frac{1}{2},$$

所以 $\dfrac{1}{2\sqrt{a}}=\dfrac{1}{2}$，即 $a=1$．即当 $a=1$ 时， $x=0$ 是 $f(x)$ 的连续点．

（2）当 $a\neq 1$ 时， $x=0$ 是 $f(x)$ 的间断点．

（3）当 $a=2$ 时，原式变为 $f(x)=\begin{cases}\dfrac{\cos x}{x+2}, & x\geqslant 0\\ \dfrac{\sqrt{2}-\sqrt{2-x}}{x}, & x<0\end{cases}$ ，而函数 $\dfrac{\cos x}{x+2}$ 当 $x\geqslant 0$ 时，有定义； $\dfrac{\sqrt{2}-\sqrt{2-x}}{x}$ 在 $x<0$ 时，有定义．因为初等函数在它的定义区间内连续，所以函数在 $(-\infty,0)$ 和 $[0,+\infty)$ 内连续，我们只需讨论此分段函数在它的分界点处是否连续．由（2）知，函数 $a\neq 1$ 时， $x=0$ 是 $f(x)$ 的间断点，所以当 $a=2$ 时，函数的连续区间为 $(-\infty,0)$ 和 $[0,+\infty)$.

2．解：
$$\lim_{x\to\infty}\left(\frac{x^2+1}{x+1}-ax-b\right)=\lim_{x\to\infty}\frac{x^2+1-ax^2-ax-bx-b}{x+1}.$$
此商式分母极限为 ∞，当分子的最高次数低于分母的最高次数时，商式极限为零. 所以分子为常数，因此 $a=1$； $-(a+b)=0$，即 $a=1,\ b=-1$.

3．略.

4．解：因为此商式分母的极限为零，分子的极限若不为零，上式极限不存在. 所以，
$$\lim_{x\to 1}(x^2+ax+b)=0\ ,$$
即 $1+a+b=0,\ b=-1-a$．因此
$$\lim_{x\to 1}\frac{x^2+ax-1-a}{x-1}=-5\ ,$$
$$\lim_{x\to 1}\frac{x^2+ax-1-a}{x-1}=\lim_{x\to 1}\frac{(x+1)(x-1)+a(x-1)}{x-1}=\lim_{x\to 1}(x+1+a)=2+a=-5\ .$$
所以 $a=-7$， $b=6$.

习题 1.6

1.（1）从 $y=a^x\,(a>1)$ 图像上观察得： $x\to-\infty$， 2^x 是无穷小； $x\to+\infty$， 2^x 是无穷大.

（2）从 $y=\log_a x\,(a>1)$ 图像上观察：令 $1-x=u$，得 $u\to 1$，即 $x\to 0$， $\ln(1-x)$ 是无穷小；当 $u\to 0^+$ 或 $u\to+\infty$，即 $x\to 1^-$（ x 要小于 1）或 $x\to-\infty$ 时， $\ln(1-x)$ 是无穷大.

2．解：（1）
$$\lim_{x\to 0}\frac{2x+7x^2}{x\sin x}=\lim_{x\to 0}\frac{2+7x}{\sin x}=\lim_{x\to 0}\frac{2+7x}{x}=\infty\ ,$$
所以 $2x+7x^2$ 是比 $x\sin x$ 低阶的无穷小.

（2）
$$\lim_{x\to 0}\frac{\sqrt{a+x^4}-\sqrt{a}}{x}\xlongequal{\text{分子有理化}}\lim_{x\to 0}\frac{(\sqrt{a+x^4}-\sqrt{a})(\sqrt{a+x^4}+\sqrt{a})}{x(\sqrt{a+x^4}+\sqrt{a})}=\lim_{x\to 0}\frac{x^3}{\sqrt{a+x^4}+\sqrt{a}}=0\ ,$$
所以 $\sqrt{a+x^4}-\sqrt{a}\ (a>0)$ 是比 x 高阶的无穷小.

（3）因为 $x\to 0,1-\cos x\sim\dfrac{x^2}{2}$，所以

$$\lim_{x\to 0}\frac{1-\cos x}{x^3}=\lim_{x\to 0}\frac{\frac{x^2}{2}}{x^3}=\lim_{x\to 0}\frac{1}{2x}=\infty .$$

所以 $1-\cos x$ 是比 x^3 低阶的无穷小.

3. A.　　4.（1）8；（2）$\dfrac{1}{16}$；（3）2；（4）1.

5. 因为 $\sqrt{1+ax^2}-1\sim\sin^2 x$，所以 $\lim\limits_{x\to 0}\dfrac{\sqrt{1+ax^2}-1}{\sin^2 x}=1$. 当 $x\to 0$ 时，$\sin^2 x\sim x^2$，

$$\lim_{x\to 0}\frac{\sqrt{1+ax^2}-1}{\sin^2 x}\xlongequal{\text{分子有理化}}\lim_{x\to 0}\frac{(\sqrt{1+ax^2}-1)(\sqrt{1+ax^2}+1)}{x^2(\sqrt{1+ax^2}+1)}=\lim_{x\to 0}\frac{a}{\sqrt{1+ax^2}+1}=\frac{a}{2}.$$

所以 $\dfrac{a}{2}=1, a=2$.

复习题一

一、1. $(0,1)\cup(1,+\infty)$；　2. 0, 1；　3. $y=u^2,\ u=\tan v,\ v=5x+3$；

4. 奇；　5. $-1,\dfrac{5}{2}$；　6. $\dfrac{2\pi}{15}$，连续函数在连续点极限等于它在这点的函数值；

7. $-\dfrac{1}{2}$；　8. $\dfrac{1}{2}$；　9. $f(x_0-0)=f(x_0+0)=A$；

10. $\sin(2^x+5)$，$2^{(\sin x+5)}$；　11. $-\infty,+\infty$.

二、1. C；　2. A；　3. D；　4. C；　5. D.

三、1. -2；　2. $\dfrac{1}{2}$；　3. $\dfrac{2}{5}$；　4. e^{-2}；　5. $\dfrac{1}{4}$.

四、1. $a=3,b=-6$；　2. $a=2$.

五、略.

学习自测题一

一、1. $[-3,1]$；　2. 0；　3. $e^{-3/2}$；　4. $\dfrac{1}{2}$；　5. 2；　6. 奇；　7. $0,-1$.

8. $\dfrac{7}{\ln 2}$，连续函数在连续点极限等于它在这点的函数值；

9. $2,-1$；　10. -3；　11. $y=\sqrt{u},u=\cos v,v=2x+3$；

12. $\lim\limits_{x\to-\infty}f(x)=\lim\limits_{x\to+\infty}f(x)=A$.

二、1. B；　2. D；　3. C；　4. C；　5. A.

三、1. $\dfrac{1}{2}$；　2. 1；　3. e；　4. $\dfrac{1}{4}$；　5. 3；　6. 1.

四、1. $\lim\limits_{x\to 0}f(x)$ 不存在；　2. $a=1,\ b=1$.

五、略.

第二章

习题 2.1

1. 1.　2. 略.　3. 12.　4. $a=0$，$b=2$.　5. 可导.　6. 1,−1.

习题 2.2

1.（1）$y'=3x^2+\cos x$；　（2）$y'=2x\ln x+x$；　（3）$y'=-\dfrac{1}{x\ln^2 x}$；

（4）$y'=\dfrac{1+\cos x+\sin x}{\cos^2 x}$；　（5）$y'=14-30x$；　（6）$y'=\cos 2x$.

2.（1）$y'=-\dfrac{x}{\sqrt{1-x^2}}$；　（2）$y'=\dfrac{2\arcsin x}{\sqrt{1-x^2}}$；

（3）$y'=2\sin\ln x$；　（4）$y'=\sqrt{1-x^2}-\dfrac{x^2}{\sqrt{1-x^2}}+\dfrac{1}{\sqrt{1-x^2}}$.

3. $y'=\dfrac{2x\cos\ln(x^2+1)}{x^2+1}$.　4. $y'=\dfrac{1}{x\ln x\ln(\ln x)}$.

习题 2.3

1.（1）$y''=12x^2-6x$；　（2）$y''=12x^2\ln x+7x^2$；

（3）$y''=2\mathrm{e}^x\cos x$；　（4）$y''=\dfrac{4x(x^2-3)}{(1+x^2)^3}$.

2.（1）$y^{(n)}=(-1)^{n-1}(n-1)!x^{-n}$；　（2）$y^{(n)}=\mathrm{e}^x$.

3. $y''=2\arctan x+\dfrac{2x}{1+x^2}$.　4. $y''=\dfrac{-1}{1+x^2}-\dfrac{1-x^2}{(1+x^2)^2}$.

习题 2.4

1.（1）$y'=\dfrac{\mathrm{e}^x-y}{x+\mathrm{e}^y}$；　（2）$y'=\dfrac{y^2-\mathrm{e}^x}{\cos y-2xy}$；

（3）$y'=\dfrac{y^2-y\sin x}{1-xy}$；　（4）$y'=\dfrac{2\cos\theta}{-\sin\theta}$.

2.（1）$y'=\dfrac{3-y\mathrm{e}^{xy}}{x\mathrm{e}^{xy}-1}$；　（2）$y'=\dfrac{\sin t+\cos t}{\cos t-\sin t}$；　（3）$y'=(3t+2)(1+t)$.

3. $f'(x)=\dfrac{x^3}{2-x}\sqrt[3]{\dfrac{2-x}{(2+x)^2}}\left[\dfrac{3}{x}+\dfrac{2}{3}\left(\dfrac{1}{2-x}-\dfrac{1}{2+x}\right)\right]$，$f'(1)=\dfrac{31}{27}\cdot\sqrt[3]{3}$.

习题 2.5

1. 1.001.

2.（1）$dy=\left(-\dfrac{1}{x^2}+\dfrac{1}{\sqrt{x}}\right)dx$；（2）$dy=\left(\dfrac{\sin x-x\cos x}{\sin^2 x}\right)dx$；

（3）$dy=(\sin 2x+2x\cos 2x)dx$；（4）$dy=\left(\dfrac{\ln 3\cdot 3^{\ln x}}{x}\right)dx$.

3. $dy=\left(\dfrac{-y^2}{xy+1}\right)dx$. 4. $dy=\dfrac{-(x^2-1)\sin x-2x\cos x}{(x^2-1)\cos x}dx$.

5. $dy=\dfrac{2xe^{x^2}}{1+e^{x^2}}dx$. 6. 1.0067.

7. $dy=-e^{1-3x}(3\cos x+\sin x)dx$. 8. 略.

复习题二

一、1. A； 2. B； 3. B； 4. A； 5. D； 6. A； 7. A.

二、1.（1）$y'=-4x$；（2）$y'=-\dfrac{2}{x^3}$；（3）$y'=\dfrac{2}{3}x^{-\frac{1}{3}}$.

2. $f'(x)=2ax+b$； $f'(0)=b$； $f'(0)=a+b$； $f'(0)=0$.

3. 27.

4.（1）连续不可导；（2）连续可导.

5.（1）$y'=6x-1$；（2）$y'=x^{-\frac{1}{2}}+\dfrac{1}{x^2}$；（3）$y'=\dfrac{-3x^{\frac{5}{2}}-\frac{1}{2}(1-x^3)x^{-\frac{1}{2}}}{x}$；

（4）$y'=x-\dfrac{4}{x^3}$；（5）$y'=\sqrt{2x}+\dfrac{1}{2}(2x)^{-\frac{1}{2}}$；（6）$y'=2x-a-b$.

6.（1）$y'=x\cos x$；（2）$y'=\dfrac{1-\cos x-x\sin a}{(1-\cos x)^2}$；

（3）$y'=\dfrac{5}{1+\cos x}$；（4）$y'=(x\cos x-\sin x)\left(\dfrac{1}{x^2}-\dfrac{1}{\sin^2 x}\right)$.

7.（1）$y'=5x^4+4x^3+6x^2+4x+1$；（2）$y'=4x-3$；

（3）$y'=(120x+161)(3x+5)^2(5x+4)^4$；（4）$y'=6x(1+5x^2)^{\frac{1}{2}}+\dfrac{10x(2+3x^2)}{2(1+5x^2)^{\frac{1}{2}}}$；

（5）$y'=\dfrac{2(x+4)(x+3)-(x+4)^2}{(x+3)^2}$；（6）$y'=\dfrac{1}{(4-x^2)^{\frac{1}{2}}}$；

（7）$y'=\dfrac{1}{x^2\left(1+\dfrac{1}{x^2}\right)}$；（8）$y'=\dfrac{2(1-x^2)+4x^2}{(1-x^2)^2\left[1+\left(\dfrac{2x}{1-x^2}\right)^2\right]}$.

学习自测题二

一、1. ×； 2. ×； 3. ×； 4. ×； 5. ×； 6. √； 7. √； 8. √； 9. ×； 10. ×

二、1. 1； 2. $f'(x)$； 3. $-\dfrac{1}{f'(x)}$； 4. $\dfrac{7}{8x^{\frac{1}{8}}}$；

5. $\dfrac{1}{2}(x^2-3x+5)^{-\frac{1}{2}}(2x-3)$； 6. $-\dfrac{x}{y}$； 7. $-\dfrac{1}{3}\cos 3x+C$；

8. $y'=\cos x\ln x-x\sin x\ln x+\cos x$.

三、1. B； 2. A； 3. B； 4. D； 5. A； 6. D； 7. D； 8. C.

四、1. $y'=\dfrac{11}{6}x^{\frac{5}{6}}$； 2. $y'=2\arctan x+\dfrac{2x}{1+x^2}$； 3. $y^{(n)}=a^n e^{ax}$；

4. $\dfrac{2}{t}$； 5. $y'=\dfrac{e^{xy}-2x}{2y-xe^{xy}}$； 6. $y'=\dfrac{e^y}{2-y}$.

五、略.

第三章

习题 3.1

1. C. 2. A. 3. B. 4. $\dfrac{1}{2}$. 5. $\xi=\dfrac{-4+\sqrt{37}}{3}$. 6. $\xi=\dfrac{\sqrt{3}}{3}$. 7. 证明略.

习题 3.2

1.（1）$\dfrac{5}{2}$；（2）1；（3）2；（4）-2；（5）$\dfrac{1}{2}$；（6）0；

（7）0；（8）3；（9）∞；（10）2；（11）2；（12）0.

2.（1）∞；（2）$\dfrac{1}{2}$；（3）$\dfrac{1}{2}$；（4）$\dfrac{1}{2}$；（5）$-\dfrac{\sqrt{2}}{4}$；（6）$\dfrac{1}{2}$；

（7）1；（8）∞；（9）1；（10）∞；（11）$-\dfrac{1}{8}$；（12）1.

3.（1）1；（2）$e^{\frac{\pi}{2}}$；（3）$\dfrac{1}{2}$；（4）∞；（4）$\dfrac{1}{2}$；（5）$\dfrac{1}{2}$.

习题 3.3

1. （1）B； （2）D； （3）D； （4）C.

2. （1）增区间为 $(-\infty,0]$.（2）略.

3. √ × × × √

4. （1）单调减少； （2）单调增加.

5. （1）在 $(-\infty,-1)$ 内函数单调减少，在 $(-1,+\infty)$ 内函数单调增加；

（2）单调增加区间：$(-\infty,-1)$ 和 $(3,+\infty)$，单调减少区间：$(-1,3)$；

（3）单调增加区间：$(-\infty,0)$，单调减少区间：$(0,+\infty)$；

（4）单调增加区间：$\left(\dfrac{1}{2},+\infty\right)$，单调减少区间：$\left(0,\dfrac{1}{2}\right)$；

（5）单调增加区间：$(-2,0)$ 和 $(2,+\infty)$，单调减少区间：$(-\infty,-2)$ 和 $(0,2)$；

（6）单调增加区间：$(-\infty,-1)$ 和 $\left(-\dfrac{1}{5},+\infty\right)$，单调减少区间：$\left(-1,-\dfrac{1}{5}\right)$.

6.（1）极大值点为 $x=\pm1$，极大值为 $f(\pm1)=\dfrac{1}{2}$，极小值点为 $x=0$，极小值为 $f(0)=0$；

（2）极大值点为 $x=-\dfrac{1}{2}$，极大值为 $f\left(-\dfrac{1}{2}\right)=\dfrac{15}{4}$，极小值点为 $x=1$，极小值为 $f(1)=-3$；

（3）无极值点，无极值；

（4）极大值点为 $x=\dfrac{3}{4}$，极大值为 $f\left(\dfrac{3}{4}\right)=\dfrac{5}{4}$，无极小值.

7. 当 $x=\pi$ 时，函数取得极大值为 $\dfrac{3}{2}$.

8. 单调增加区间：$[2,3)$，单调减少区间：$(3,4]$.

9. 单调增加区间：$(-\infty,-2)$ 和 $(0,+\infty)$，单调减少区间：$(-2,-1)$ 和 $(-1,0)$；极大值 $f(2)=-4$，极小值 $f(0)=0$.

10. 仅在 $x=0$ 处取得极小值 0，无极大值.

习题 3.4

1. A.　　2. C.　　3. 最大值为 5，最小值为 -15.

4.（1）最大值为 80，最小值为 -5；（2）最大值为 2，最小值为 -10；

（3）最大值为 $\dfrac{\pi}{2}$，最小值为 $-\dfrac{\pi}{2}$；（4）最大值为 10，最小值为 6.

5. 当宽为 1 m，长为 $\dfrac{3}{2}$m 时，窗户的面积最大，最大面积为 $\dfrac{3}{2}(\mathrm{m}^2)$.

6. 售价 $p=25$ 元时获得最大利润，最大利润为 450.

习题 3.5

1. C.　　2. D.　　3. B.　　4. 无拐点.

5. 凹区间为 $(-\infty,4)$，凸区间是 $(4,+\infty)$，拐点为 $(4,2)$.　　6. 2 个.

7. 凹区间为 $(-\infty,0)$ 和 $(1,+\infty)$，凸区间为 $(0,1)$，拐点为 $(0,1)$ 和 $(0,1)$.

8. 没有拐点.　　9. 拐点为 $(2,2\mathrm{e}^{-2})$.

10. 凹区间为 $(-\infty,0)$ 和 $\left(\dfrac{1}{4},+\infty\right)$，凸区间为 $\left(0,\dfrac{1}{4}\right)$，拐点为 $(0,0)$ 和 $\left(\dfrac{1}{4},-\dfrac{3}{16\sqrt[3]{16}}\right)$.

11. $a=-3$，拐点为 $(1,-7)$，凹区间为 $(1,+\infty)$，凸区间为 $(-\infty,1)$.

习题 3.6

略.

复习题三

一、1. A；　2. B；　3. A；　4. D；　5. A；　6. D；　7. D；　8. A.

二、1. $[-8,0]$； 2. 略； 3. 略； 4. $\ln 5$，0； 5. $y=0$，$y=\pi$； 6. $x=1$.

三、

1.（1）$-\frac{1}{2}$；（2）6；（3）$-\frac{3}{5}$；（4）0；（5）$\frac{m}{n}a^{m-n}$；（6）2；

（7）1；（8）$\frac{1}{2}$；（9）$\frac{1}{3}$；（10）$-\frac{1}{2}$；（11）$\frac{\sqrt{2}}{2}$；（12）$+\infty$；

（13）1；（14）1；（15）e；（16）1；（17）1；（18）$-\frac{2}{\pi}$.

2. 解：令 $y'=3x^2-12x+9=3(x-3)(x-1)=0$, 可得驻点：$x_1=1, x_2=3$

函数的单调递增区间为 $(-\infty,1)\cup(3,+\infty)$，单调递减区间为 $(1,3)$；极大值为 $y|_{x=1}=0$, 极小值 $y|_{x=3}=-4$.

3. 解：$y'=3x^2-3x-6=3(x-2)(x+1)=0$, 可得驻点：$x_1=-1, x_2=2$.

列表可得：

x	$(-\infty,1)$	$x=1$	$(1,2)$	$x=2$	$(2,3)$	$x=3$	$(3,+\infty)$
y'	+	0	−	−	−	0	+
y''	−	−	−	0	+	+	+
$y=f(x)$	单调增，凹	极大值 $f(1)=0$	单调减，凹	拐点 $(2,\ -2)$	单调减，凸	极小值 $f(3)=-4$	单调增，凸

函数的单调递增区间为 $(-\infty,-1)\cup(2,+\infty)$，单调递减区间为 $(-1,2)$；极大值为 $y|_{x=-1}=\frac{27}{2}$，极小值 $y|_{x=2}=0$..

4. 解：令 $y'=6x^2+2x-4=2(3x-2)(x+1)=0$, 可得驻点：$x_1=-1, x_2=\frac{2}{3}$.

函数的单调递增区间为 $(-\infty,-1)\cup\left(\frac{2}{3},+\infty\right)$，单调递减区间为 $\left(-1,\frac{2}{3}\right)$.

又令 $y''=12x+2=0$，得 $x_3=-\frac{1}{6}$. 所以凸区间为 $\left(-\infty,-\frac{1}{6}\right)$，凹区间为 $\left(-\frac{1}{6},+\infty\right)$. 拐点为 $\left(-\frac{1}{6},3\frac{19}{27}\right)$.

5. 解：$f'(x)=\frac{1-\ln x}{x^2}=0$，得 $x_1=e, f''(x)=\frac{-3+2\ln x}{x^3}=0$，得 $x_2=e^{\frac{3}{2}}$.

列表如下：

x	$(0,\ e^{\frac{3}{2}})$	$x=e$	$(e, e^{\frac{3}{2}})$	$x=e^{\frac{3}{2}}$	$(e^3,+\infty)$
y'	+	0	−	−	−
y''	−	−	−	0	+
$y=f(x)$	单调递增，凹函数	极大值	单调递减，凹函数	拐点 $\left(e^3,\frac{3}{e^3}\right)$	单调递减，凸函数

6. 解：由于 $y'=4x^3-16x=4x(x+2)(x-2)$，所以，函数在 $[-1,3]$ 上的驻点为 $x=0,x=2$.

当 $x=0$ 时，$y=2$；$x=2$ 时，$y=-14$；而 $x=-1$ 时，$y=-2$；$x=3$ 时，$y=11$. 所以函数的最大值为 11，最小值为 -14.

7. 解：由于 $y'=3x^2-3=3(x+1)(x-1)$，所以，函数在 $[-2,0]$ 上的驻点为 $x=-1$.

当 $x=-1$ 时，$y=3$；而 $x=-2$ 时，$y=-1$；$x=0$ 时，$y=1$，所以函数的最大值为 3，最小值为 -1.

8. 解：根据已知条件得

$$\begin{cases}\dfrac{\mathrm{d}y}{\mathrm{d}x}\Big|_{x=2}=(3x^2+2ax+b)\Big|_{x=2}=12+4a+b=0,\\ \dfrac{\mathrm{d}y}{\mathrm{d}x}\Big|_{x=1}=3+2a+b=-3,\\ 1+a+b+c=0.\end{cases}$$

解方程组得 $\begin{cases}a=-3\\ b=0\\ c=2\end{cases}$.

9. 162.　　10. $\dfrac{2\sqrt{6}}{3}\pi$.

11. 每日来回 12 次，每次拖 6 只小船，总运货量最大.

12. 略.

学生自测题三

一、1. D；　2. A；　3. B；　4. B；　5. B；　6. A；　7. A；　8. D；　9. A；　10. C.

二、

1. 0；　2. $\dfrac{1}{\ln 2}-1$；　3. $\left(\dfrac{5}{3},\dfrac{20}{27}\right)$；　4. 0；　5. $\dfrac{3}{2}$, $\sqrt{6}-5$；

6. $(-\infty,1)$，$(1,+\infty)$，$(-1,1)$；　7. $x=3$，$y=0$.

三、1.（1）$+\infty$；（2）1；（3）$\dfrac{1}{3}$；（4）0.

2. 单调增区间为：$(-\infty,1)$ 和 $(3,+\infty)$，单调减区间为：$(1,3)$；

极大值 $f(1)=0$，极小值 $f(3)=-4$；

凹区间为：$(2,+\infty)$，凸区间为：$(-\infty,2)$，拐点 $(2,-6)$.

3. 当 x 单调增加时，函数 $g(x)=5-4x$ 单调减少，所以函数 $y(x)=\sqrt{5-4x}$ 也是单调减少. 则在区间 $[-1,1]$ 函数 $y(x)=\sqrt{5-4x}$ 是单调的减函数. 所以当 $x=-1$ 时，函数取得最大值 $y=y_{\max}=3$；当 $x=1$ 时，函数取得最小值 $y=y_{\min}=1$.

四、略.

第四章

习题 4.1

1. (1) x^3; (2) $\frac{1}{2}\sin 2x$; (3) e^x; (4) $-\frac{1}{x}$; (5) $2\sqrt{x}$; (6) $\frac{2^x}{\ln 2}$.

2. (1) 错; (2) 错; (3) 对; (4) 对; (5) 错; (6) 错.

3. $-\frac{1}{x^2}$.　　4. $F(x)=e^x+2$.　　5. 证略.

习题 4.2

1. (1) $\frac{1}{2\sqrt{x}}-3$;　(2) $1-2\sin 2x$;　(3) $\frac{1}{x}+C$;

(4) xe^x+C;　(5) $-\frac{2}{3}x^{-\frac{3}{2}}+C$;　(6) $\frac{3^x}{\ln 3}+C$.

2. (1) $\frac{1}{3}x^3+\frac{1}{2}x^2+C$;　(2) $e^x+\ln|x|-\frac{1}{x}+C$;　(3) $x+x^3+\sin x-e^x+C$;

(4) $\frac{5^x}{\ln 5}+\frac{1}{6}x^6+C$;　(5) $2\sin x+\cos x+C$;　(6) $\sin x-2\arctan x+\frac{1}{4}\arcsin x+C$.

3. (1) $\frac{2}{5}x^{\frac{5}{2}}-2x^{-\frac{1}{2}}+C$;　(2) $3\ln x-\frac{2}{3}x^{\frac{3}{2}}-\cos x+C$;　(3) $-\frac{1}{x}-\arctan x+C$;

(4) $\sin x+\cos x+C$;　(5) $-\frac{1}{2}\cot x+C$;　(6) $\frac{1}{2}x-\frac{1}{2}\sin x+C$.

4. $\frac{8}{9}x^{\frac{9}{8}}+C$.　　5. $2\arcsin x+C$.

习题 4.3

1. (1) $-\frac{1}{2}\cos(2x+5)+C$;　(2) $\frac{1}{3}e^{3x+5}+C$;　(3) $e^{-x}+C$.

2. (1) $\sin(x+1)+C$;　(2) $\ln|x+1|+C$;　(3) $-\frac{1}{8}(3-2x)^4+C$;

(4) $\frac{1}{2}e^{2x-3}+C$;　(5) $\frac{1}{2}\ln(x^2+3)+C$;　(6) $\frac{1}{3}(2+e^x)^3+C$;

(7) $\frac{1}{2}(1+\ln x)^2+C$;　(8) $-\cos x+\frac{1}{3}\cos^3 x+C$;

(9) $\frac{1}{4}\sin^4 x+C$;　(10) $2\sqrt{x}-2\ln(1+\sqrt{x})+C$.

3. (1) $\frac{1}{2}F(2x)+C$;　(2) $\frac{1}{2}F(2x+3)+C$;　(3) $F(\ln x)+C$.

4. (1) $\sec x+C$;　(2) $\frac{1}{2}\arctan\frac{x}{2}+C$;　(3) $\frac{1}{2}x+\frac{1}{4}\sin 2x+C$;

（4）$\frac{2}{3}(\tan x)^{\frac{3}{2}}+C$；　（5）$\frac{1}{2}\tan x+C$；　（6）$\arctan e^x+C$.

5.（1）$\frac{1}{a+1}[f(x)]^{a+1}+C$；　（2）$\arctan f(x)+C$；

（3）$\ln|f(x)|+C$；　（4）$e^{f(x)}+C$.

习题 4.4

1.（1）$x\sin x+\cos x+C$；　（2）$\frac{1}{2}x^2\ln x-\frac{1}{4}x^2+C$；

（3）$\frac{1}{\ln 2}x2^x-\frac{1}{(\ln 2)^2}2^x+C$；　（4）$\frac{1}{2}x^2\operatorname{arccot}x-\frac{1}{2}\arctan x+\frac{1}{2}x+C$；

（5）$x\ln(1+x)+\ln(1+x)-x+C$；　（6）$x\arcsin x+\sqrt{1-x^2}+C$.

2.（1）$\frac{1}{2}(e^x\sin x-e^x\cos x)+C$；　（2）$x\tan x+\ln|\cos x|+C$；

（3）$x^2\sin x+2x\cos x-2\sin x+C$；　（4）$-\frac{1}{2}x^2\cos 2x+\frac{1}{2}x\sin 2x+\frac{1}{4}\cos 2x+C$；

（5）$-\frac{1}{2}x\cos 2x+\frac{1}{4}\sin 2x-2\cos 2x+C$；　（6）$2\sin\sqrt{x}-2\sqrt{x}\cos\sqrt{x}+C$.

3.（1）$\frac{1}{2}x\cos(\ln x)+\frac{1}{2}x\sin(\ln x)+C$；　（2）$\frac{1}{a^2+b^2}e^{ax}(a\cos bx+b\sin bx)+C$；

（3）$\frac{1}{4}x^2-\frac{1}{4}x\sin 2x-\frac{1}{8}\cos 2x+C$；　（4）$\frac{1}{4}x^2+\frac{1}{4}x\sin 2x+\frac{1}{8}\cos 2x+C$；

（5）$x\ln(\sqrt{x^2+1}+x)-\sqrt{x^2+1}+C$；　（6）$x\ln(\ln x)+C$.

复习题四

一、1. A；2. C；3. C；4. D；5. B；6. C；7. B；8. D；9. A；10. C.

二、1. ×；2. √；3. √；4. ×；5. √；6. √；7. ×；8. √；9. ×；10. ×.

三、1. $2^x\ln 2$；　2. 所有原函数；　3. e^x；　4. $\frac{1}{x}+C$；

5. $x^5\ln x+C$，$3^{-x}dx$，$x^2\arcsin x$，$e^{-x}+C$；

6. $e^{-x}+C$；　7. $\frac{1}{2}F(2x)+C$；

8. $\frac{1}{2}F(2x+3)+C$；　9. $F(\ln x)+C$；

10. $-\frac{1}{2}\cos(2x+5)+C$，　$\frac{1}{3}e^{3x+5}+C$，　$-e^{\frac{1}{x}}+C$，

$\cos xe^{\cos x}-e^{\cos x}+C$，$xe^x-e^x+C$，$x\ln x-x+C$；

四、

1.（1）$3\ln|x|-\frac{2}{3}x^{\frac{3}{2}}-\cos x+C$；（2）$x+x^3+\sin x-e^x+C$；（3）$-\frac{1}{x}-\arctan x+C$；

（4）$-\frac{1}{2}\cot x+C$；　（5）$\tan x-\cot x+C$；　（6）$\sin x+\cos x+C$；

（7）$\sin(x+1)+C$；（8）$\ln|x+1|+C$；（9）$\frac{1}{2}\ln(9+x^2)+C$；

（10）$\ln|\sin x|+C$；（11）$-\cos x+\frac{1}{3}\cos^3 x+C$；（12）$\ln x+\frac{1}{3}(\ln x)^3+C$；

（13）$-\sin\frac{1}{x}+C$；（14）$2\mathrm{e}^{\sqrt{x}}+C$；（15）$-2\sqrt{1-\mathrm{e}^x}+C$；

（16）$\frac{2}{3}(\tan x)^{\frac{3}{2}}+C$；（17）$-x\cos x+\sin x+C$；

（18）$\frac{1}{2}x^2\arctan x-\frac{1}{2}x+\frac{1}{2}\arctan x+C$；（19）$\frac{1}{2}x^2\ln x-\frac{1}{4}x^2+C$；

（20）$x\arcsin x+\sqrt{1-x^2}+C$；（21）$\frac{1}{2}(\mathrm{e}^x\sin x-\mathrm{e}^x\cos x)+C$；

（22）$x^2\mathrm{e}^x-2x\mathrm{e}^x+2\mathrm{e}^x+C$；（23）$\frac{1}{2}x\mathrm{e}^{2x}-\frac{1}{4}\mathrm{e}^{2x}+C$；

（24）$\frac{1}{3}x^3\ln(x+1)-\frac{1}{9}x^3-\frac{1}{6}x^2-\frac{1}{3}x-\frac{1}{3}\ln(x+1)+C$；

（25）$-\frac{1}{2}(x+1)\cos 2x+\frac{1}{4}\sin 2x+C$；（26）$x\tan x+\ln|\cos x|+C$.

2. $y=\ln|x|+1$.

3. $-2x^2\mathrm{e}^{-x^2}-\mathrm{e}^{-x^2}+C$.

学习自测题四

一、1. D；2. C；3. B；4. C；5. D.

二、1. $x+x^2-\cos x+\mathrm{e}^x+\ln|x|+C$. 2. $-\frac{1}{8}(3-2x)^4+C$.

3. $\ln x+\frac{2}{3}(\ln x)^{\frac{3}{2}}+C$. 4. $\frac{1}{2}x^2\ln(x+1)-\frac{1}{2}\ln(x+1)-\frac{1}{4}x^2+\frac{1}{2}x+C$.

5. $-x\mathrm{e}^{-x}-\mathrm{e}^{-x}+C$. 6. $-\frac{1}{4}x\cos 2x+\frac{1}{8}\sin 2x+C$.

7. $y=x\mathrm{e}^x-\mathrm{e}^x+2$. 8. $s=\frac{1}{12}t^4+\frac{1}{2}t^2+t$.

第五章

习题 5.1

1.（1）4，1，$[1,4]$；（2）$\frac{1}{2}|b^2-a^2|$，$\left|\int_a^b x\mathrm{d}x\right|$；（3）$\int_0^3 x^3\mathrm{d}x$.

2.（1）$\int_0^1 x^2\mathrm{d}x>\int_0^1 x^3\mathrm{d}x$；（2）$\int_0^\pi x\mathrm{d}x>\int_0^\pi \sin x\mathrm{d}x$.

3.（a）$A=\int_1^2\frac{1}{x}\mathrm{d}x$；（b）$A=\int_{-1}^3(2x+3-x^2)\mathrm{d}x$；

（c）$A=\int_a^b(f(x)-g(x))\mathrm{d}x$；（d）$A=\int_0^1(\sqrt{x}-x^2)\mathrm{d}x$.

4.（1）$\int_0^2 x^2\mathrm{d}x$；（2）$\frac{\pi}{2}$.

5. 证略.

6.（1）$A=\int_0^1 x\mathrm{d}x+\int_1^2\sqrt{x}\mathrm{d}x$；（2）$A=\int_{-2}^0(x^3-6x-x^2)\mathrm{d}x+\int_0^3(x^2-x^3+6x)\mathrm{d}x$.

习题 5.2

1.（1）0；（2）$\frac{17}{6}$；（3）$\frac{1}{3}$；（4）2；（5）$\frac{\pi}{12}$；

（6）$\frac{\pi}{3}$；（7）4；（8）$\mathrm{e}^b-\mathrm{e}^a$；（9）π；（10）$\frac{44}{3}$.

2.（1）$\frac{\pi}{4}-\frac{2}{3}$；（2）$\frac{\pi}{4}+1$；（3）$-2$；（4）$\frac{\pi}{2}+1$；（5）$\frac{5}{2}$；（6）4；（7）$\frac{5}{6}$.

3. $\frac{4}{3}$. 4.（1）$\frac{1}{2}\mathrm{e}^2-\frac{1}{2}$；（2）$\frac{1}{3}$.

5. 750000，250000. 6. 26 m.

习题 5.3

1.（1）$\mathrm{e}^2-\mathrm{e}$；（2）$\frac{19}{3}$；（3）$\frac{1}{6}$；（4）0；

（5）$\frac{3}{2}$；（6）0；（7）-1；（8）$2\mathrm{e}^2-2\mathrm{e}$.

2.（1）$\frac{1}{2}\ln 5$；（2）$\frac{15}{4}$；（3）$\frac{1}{3}(\mathrm{e}-1)^3$；（4）$\arctan\mathrm{e}-\frac{\pi}{4}$；

（5）0；（6）0；（7）$2\ln 3$；（8）$3-8\ln 2$.

3. 证略. 4. 证略.

习题 5.4

1.（1）-2；（2）$\frac{\mathrm{e}^2+1}{4}$；（3）1；（4）$\frac{2}{\ln 2}-\frac{1}{(\ln 2)^2}$；

（5）$\frac{2}{9}\mathrm{e}^3+\frac{1}{9}$；（6）$\frac{\sqrt{3}}{6}\pi+\ln 2$；（7）$\frac{\pi}{4}-\frac{1}{2}$；（8）$\frac{\pi}{12}+\frac{\sqrt{3}}{2}-1$.

2.（1）$\frac{\mathrm{e}^2+1}{4}$；（2）π^2-4；（3）$\frac{1}{2}\mathrm{e}^{\pi}+\frac{1}{2}$；（4）$\frac{1}{3}(2-\ln 3)$；

（5）$\mathrm{e}-2$；（6）2；（7）$4\ln 2-\frac{3}{2}$；（8）$8\ln 2-4$.

3. $-\pi$.

习题 5.5

（1）$\frac{1}{2}$；（2）$\frac{1}{2}$；（3）π；（4）0；（5）1；（6）$\frac{8}{3}$.

习题 5.6

1.（1）$\frac{8}{3}$；（2）$\frac{32}{3}$；（3）4.　　2. $\frac{16}{15}\pi$.

3. 8π.　　4.（1）2；（2）$\frac{4}{3}\pi-\frac{1}{6}$；（3）$\frac{2}{3}$.

5. $\frac{\pi^2}{2}$.　　6. $\frac{4\sqrt{3}}{3}R^3$.　　7. $2-\frac{2}{e}$.　　8. $\frac{3\pi+2}{9\pi-2}$.

习题 5.7

1. 0.11 J.　　2. 0.　　3. 13 m/s.

复习题五

一、1. D；2. D；3. C；4. C；5. D；6. D；7. D；8. C；9. A；10. B；11. C.

二、1. ×；2. √；3. √；4. √；5. ×；6. √；7. √；8. ×.

三、1. 3, 1, [1,3]；　　2. $\frac{1}{2}(b^2-a^2)$，$\int_a^b x\mathrm{d}x$；

3. $\int_0^1(\sqrt{x}-x^3)\mathrm{d}x$；　　4. $a=\pm2$；　　5. $a=2$；

6. 8；　　7. $\int_a^b f(x)\mathrm{d}x=-\int_b^a f(x)\mathrm{d}x$；

8. 0, $b-a$, $9+e^2$, 1, 1, 1, 0, $\frac{2}{\ln 3}$.

四、

1.（1）$\frac{17}{6}$；　（2）2；　（3）0；　（4）$1-\frac{1}{\sqrt{3}}+\frac{\pi}{12}$；

（5）1；　（6）$\frac{\pi}{4}-\frac{2}{3}$；　（7）$\frac{1}{6}$；　（8）$\ln\frac{1+e}{2}$；

（9）$\frac{4}{3}$；　（10）0；　（11）$-\frac{21}{400}$；　（12）$4-2\ln 3$；

（13）0；　（14）2π；　（15）0；　（16）-2；

（17）$\frac{\pi}{6}-\frac{\sqrt{3}}{2}+1$；　（18）$\frac{2}{9}e^3+\frac{1}{9}$；　（19）$\frac{2}{5}e^{\pi}+\frac{1}{5}$；　（20）$\frac{1}{2}-\frac{\ln 2}{2}$；

（21）$\frac{5\ln 5-3\ln 3-2}{2}$；　（22）$\frac{\pi}{2}+1$；　（23）$\frac{73}{6}$；　（24）$4\ln 2-\frac{3}{2}$；　（25）0.

2. $\frac{8}{3}$.　　3. $\frac{\pi}{2}-1$.　　4. $2\ln 3$.

5. $\frac{81}{10}\pi$.　　6. 1.

学习自测题五

一、1. A；2. A；3. C；4. C；5. C.

二、1. 0.　　2. $\frac{1}{2}e^3-\frac{1}{2e}$.　　3. 0.

4. $\frac{e^2-3}{4}$.　　5. $\frac{4}{3}\pi-\sqrt{3}$.　　6. $\frac{2}{5}-\frac{2}{5}e^{\pi}$.

7. $A=1+2\ln 2$.　　8. 70 m/s.

附录　数学建模简介

▲ **什么是数学建模**

我们先看一段网上的段子：

老师："树上有十只鸟，开枪打死一只，还剩几只？"

学生："是无声手枪或别的无声的枪吗？"

老师："不是."

学生："枪声有多大？"

老师："80～100 分贝."

学生："那就是说会震的耳朵疼？"

老师："是."

学生："在这个城市里打鸟犯不犯法？"

老师："不犯."

学生："您确定那只鸟真的被打死了？"

老师："确定."

学生："OK，树上的鸟有没有聋子？"

老师："没有."

学生："有没有关在笼子里的？"

老师："没有."

学生："旁边还有没有其他的树，树上还有没有其他鸟？"

老师："没有."

学生："有没有残疾的或饿的飞不动的鸟？"

老师："没有."

学生："算不算肚子里怀孕的小鸟？"

老师："不算."

学生："打鸟的人眼有没有花？保证是十只吗？"

老师："没有花，就十只."

学生："有没有傻的不怕死的？"

老师："都怕死."

学生："会不会一枪打死两只？"

老师："不会."

学生："所有的鸟都可以自由活动吗？"

老师："完全可以."

学生："如果您的回答没有骗人，打死的鸟若是挂在树上没掉下来，则只剩一只，如果掉下来了，则一只不剩.”

其实，这不是段子，而是数学建模过程. 建模时要尽可能全面地去考察每一个问题，要想想所有的可能，正所谓“智者千虑，绝无一失”，这才是数学建模的高手.

怎么样，跟你想象的那种考场里鸦雀无声，监考老师警惕的目光扫视全场，年轻的数学尖子们正在冥思苦想解答高深的数学题，而标准答案早已由出题的专家们做出来，正锁在柜子里的数学竞赛场面完全不一样吧！

是的，他们不需要在固定的考场上做题，他们需要查阅资料、分析问题、交流思想、确定方法，然后，把上述思想用最好的方式表达出来. 他们会先分析这些思想，再进行归纳和整理；然后，会试着用图深入浅出地来表达这些思想，有时还要使用一些表格、图示，等等.

第三步就是实现. 大学生们可以编一个程序来实现以上所有的情况. 程序会尽一切可能按实际所限制的条件遍历所有的情况，看一看还剩下几只鸟.

其实，还可以去实践，去野外做实验，拿一把鸟枪试一下，看看到底还有几只鸟. 当然不能保证恰好有 10 只，也不能保证刚好都在树上，但也可以将就着做实验，然后根据实验条件做一些修正. 把实践结果与仿真结果、理论结果作比较，再修改理论、程序、论文，再做实验、仿真，再比较、修改、递归，直至结束.

这种“观察、归纳、总结、分析、解决、实践，再分析、修正，再实践……”的思维方式在我们生活中不是不断上演吗？所以“一次参赛，受益终身”并不是虚言.

▲ 什么是数学模型与数学建模

数学模型就是对实际问题的一种数学表述. 具体一点说：数学模型是关于部分现实世界为某种目的的一个抽象的简化的数学结构. 更确切地说：数学模型就是对于一个特定的对象，为了一个特定目标，根据特有的内在规律，做出一些必要的简化假设，运用适当的数学工具，得到的一个数学结构. 数学结构可以是数学公式、算法、表格、图示等.

数学建模就是建立数学模型，建立数学模型的过程就是数学建模的过程（见数学建模过程流程图）. 数学建模是一种数学的思考方法，是运用数学的语言和方法，通过抽象、简化建立能近似刻画并“解决”实际问题的一种强有力的数学手段. 一般来说，数学建模过程可用如下来表明：

实际问题—模型假设—模型建立—模型求解—模型分析—检验与评价—应用

▲ 数学建模竞赛

1985 年以前，美国只有一种大学生数学竞赛（The William Lowell Putnam Mathematical Competition，简称 Putman（普特南）数学竞赛），这是由美国数学协会（MAA-即 Mathematical Association of America 的缩写）主持，于每年 12 月的第一个星期六分两试进行，每年一次. 这项数学竞赛在国际上产生了很大影响，现已成为国际性的大学生的一项著名赛事，该竞赛于每年 2 月或 3 月进行.

1985 年，在美国出现了一种叫作 MCM 的一年一度的大学生数学模型竞赛活动（1987 年全称为 Mathematical Competition in Modeling，1988 年全称改为 Mathematical Contest in Modeling，其所写均为 MCM）.

中国大学生自1989年首次参加这一竞赛以来，历届均取得优异成绩，并在美国大学生数学建模竞赛中表现出强大的竞争力和创新联想能力. 为使这一赛事更广泛地展开，先由中国工业与应用数学学会于1990年发起，后与国家教委于1992年联合主办了全国大学生数学建模竞赛（简称CMCM），该项赛事于每年9月进行.

数学建模竞赛与通常的数学竞赛不同，它来自实际问题或有明确的实际背景. 它的宗旨是培养大学生用数学方法解决实际问题的意识和能力，整个赛事是完成一篇包括问题的阐述分析、模型的假设和建立、计算结果及讨论的论文. 通过训练和比赛，同学们不仅用数学方法解决实际问题的意识和能力有很大提高，而且在团队合作及撰写科技论文等方面都得到了十分有益的锻炼.

▲ 数学建模竞赛与数学知识

很多同学说："我想参加建模比赛，但是数学学得不好，所以只好放弃. "这是没有接触过数学建模的同学们的一种思想上的误区. 他们以为，参加比赛需要很高深的数学知识，其实不然，竞赛并不需要很系统地学习很多数学知识，一是时间和精力不允许；二是竞赛也不需要高精深的知识；三是很多优秀论文，其高明之处并不是用了多少数学知识，而是其思维比较全面，其处理方法比较贴合实际，且能解决问题或有所创新. 数模阅卷的负责教师范毅曾说过"能用最简单、最浅易的数学方法解决别人用高深理论才能解决的答卷才是最优秀的答卷".

具体说来，所需要的知识大概有三个方面：

（1）数学知识方面：

① 概率与数理统计；

② 统筹与线性规划；

③ 微分方程.

另外，还有与计算机知识交叉的知识：计算机模拟.

（2）计算机的运用能力.

一般来说，凡参加过数模竞赛的同学都能熟练地应用字处理软件"Word"，都很好地掌握了电子表格"Excel"的使用方法，以及"Matlab""Lingo"软件的使用方法. 另外，其语言能力也很好.

（3）论文的写作能力.

考卷的全文是论文式的，文章的书写也有比较严格的格式. 所以说，要清楚地表达自己的想法并不容易，有时一个问题没说清楚就又该说另一个问题了.

▲ 数学建模竞赛注意事项

一、数学建模过程

（一）模型准备：

要了解问题的实际背景，明确建模的目的，搜集必需的各种信息，尽量弄清对象的特征.

（二）模型假设：

根据对象的特征和建模目的，对问题进行必要的、合理的简化，用精确的语言做出假设，是建模至关重要的一步. 如果对问题的所有因素一概考虑，无疑是一种有勇气但方法欠佳的行为，所以高明的建模者能充分发挥想象力、洞察力和判断力，善于辨别主次，而且为了使处理方法简单，应尽量使问题线性化、均匀化.

（三）模型建立：

根据所做的假设分析对象的因果关系，利用对象的内在规律和适当的数学工具，构造各个量间的等式关系或其他数学结构. 这时，我们便会进入一个广阔的应用数学天地，这里在高等数学、概率统计“老人”的膝下，有许多可爱的“孩子们”，它们是图论、排队论、线性规划、对策论，等等，真是泱泱大国，别有洞天. 不过我们应当牢记，建立数学模型是为了让更多的人明了并能加以应用，因此工具愈简单愈有价值.

（四）模型求解：

可以采用解方程、画图形、证明定理、逻辑运算、数值运算等各种传统的和近代的数学方法，特别是计算机技术. 一道实际问题的解决往往需要纷繁的计算，许多时候还得将系统运行情况用计算机模拟出来，因此，编程和熟悉数学软件能力便显得举足轻重.

（五）模型分析：

要对模型解答进行数学上的分析. “横看成岭侧成峰，远近高低各不同”，能否对模型结果做出细致精当的分析，决定了你的模型能否达到更高的层次. 还要记住，不论哪种情况都需进行误差分析，以及数据稳定性分析.

二、数学建模方法

（一）机理分析法——从基本物理定律以及系统的结构数据推导出模型.

1. 比例分析法——建立变量之间函数关系的最基本、最常用的方法.

2. 代数方法——求解离散问题（离散的数据、符号、图形）的主要方法.

3. 逻辑方法——数学理论研究的重要方法，它能解决社会学和经济学等领域的实际问题，并在决策、对策等学科中得到了广泛应用.

4. 常微分方程——解决两个变量之间的变化规律，关键是建立“瞬时变化率”的表达式.

5. 偏微分方程——解决因变量与两个以上自变量之间的变化规律.

（二）数据分析法——从大量的观测数据中利用统计方法建立数学模型.

1. 回归分析法——用于对函数 $f(x)$ 的一组观测值(x_i, f_i)，$i=1,2,\cdots,n$，确定函数的表达式，由于处理的是静态的独立数据，故称为数理统计方法.

2. 时序分析法——用于处理动态的相关数据，又称为过程统计方法.

3. 回归分析法——用于对函数 $f(x)$ 的一组观测值(x_i, f_i)，$i=1,2,\cdots,n$，确定函数的表达式，由于处理的是静态的独立数据，故称为数理统计方法.

4. 时序分析法——处理动态的相关数据，又称为过程统计方法.

（三）仿真和其他方法：

1. 计算机仿真（模拟）——实质上是统计估计方法，等效于抽样试验.

（1）离散系统仿真——有一组状态变量.

（2）连续系统仿真——有解析表达式或系统结构图.

2. 因子试验法——在系统上做局部试验，再根据试验结果进行不断分析修改，求得所需的模型结构.

3. 人工现实法——基于对系统过去行为的了解和对未来希望达到的目标，并考虑到系统有关因素的可能变化，人为地组成一个系统.

三、常见题型

赛题题型结构形式有三个基本组成部分：

（一）实际问题背景.

1. 涉及面宽，有社会、经济、管理、生活、环境、自然现象、工程技术、现代科学中出现的新问题等.

2. 一般都有一个比较确切的现实问题.

（二）若干假设条件，涉及如下几种情况：

1. 只有过程、规则等定性假设，无具体定量数据；

2. 给出若干实测或统计数据；

3. 给出若干参数或图形；

4. 蕴涵着某些机动、可发挥的补充假设条件，或参赛者可以根据自己收集或模拟产生数据.

（三）要求回答的问题，往往有几个问题（一般不是唯一答案）：

1. 比较确定性的答案（基本答案）；

2. 更细致或更高层次的讨论结果（往往是讨论最优方案的提法和结果）.

四、竞赛答卷

提交一篇论文，基本内容和格式大致分三大部分：

（一）标题、摘要部分：

1. 题目——写出较确切的题目（不能只写 A 题、B 题）.

2. 摘要——200 ~ 300 字，包括模型的主要特点、建模方法和主要结果.

3. 内容较多时最好有一个目录.

（二）中心部分：

1. 问题提出，问题分析.

2. 模型建立：

（1）补充假设条件，明确概念，引进参数；

（2）模型形式（可有多个形式的模型）；

（3）模型求解；

（4）模型性质.

3. 计算方法设计和计算机实现.

4. 结果分析与检验.

5. 讨论——模型的优缺点，改进方向，推广新思想.

6. 参考文献——注意格式.

（三）附录部分：

1. 计算程序，框图.

2. 各种求解演算过程，计算中间结果.

3. 各种图形、表格.

五、团队合作

要赢得比赛，单靠一个人的力量是不可能成功的，需要小队的三个同学紧密合作，分工得当，一般分为数学、编程、写作. 当然，分工不用那么明确，但前提是大家关系很好，否则会产生矛盾. 如果分工太明确了，会让人产生依赖思想，不愿再动脑子. 理想的分工是这样的：数学建模竞赛小组中的每一个人，都能胜任其他工作，就算小组只剩下她（他）一个人，也照样能够完成数学建模竞赛. 而竞赛中的分工，只是为了提高工作效率，做出更好的结果.

具体建议如下：其中一个人脑子比较活，善于思考问题，可以说这个人能够完成数学方面的问题；另一个人会编程序，能够实现一些算法；最后还需要一个论文写得比较好，不过写不好关系也不大，多看一看别人的优秀论文，多用几次 word 也可以.

▲ 全国大学生数模竞赛官方网站 http://mcm.edu.cn/

▲ 中国数学建模网站 http://www.shumo.org

▲ 参考文献：齐欢. 数学模型方法. 武汉：华中理工大学出版社，1996.

李尚志. 数学建模竞赛教程. 南京：江苏教育出版社，1996.

参考文献

[1] 同济大学数学系. 高等数学. 6 版. 北京：高等教育出版社，2007.

[2] 屈婉玲，耿素云，张立昂. 离散数学. 2 版. 北京：清华大学出版社，2008.

[3] 陈华峰. 离散数学基础. 北京：中国水利水电出版社，2012.

[4] 王秀焕，谢艳云，陈志伟. 高等数学. 北京：高等教育出版社，2013.

[5] 顾静相. 经济数学基础. 北京：高等教育出版社，2008.

[6] 陈兆斗，高瑞. 高等数学. 北京：北京大学出版社，2006.

[7] 刘吉佑，徐诚浩. 线性代数（经管类）. 武汉：武汉大学出版社，2006.

参考文献

[1] 同济大学数学系. 高等数学[M]. 北京: 高等教育出版社, 200[illegible].

[2] [illegible]. 高等数学[illegible]. 上海: [illegible]大学出版社, 200[illegible].

[3] [illegible]. 高等数学[illegible]. 北京: 中国[illegible]出版社, 20[illegible].

[4] [illegible]. 高等数学[illegible]. 北京: 高等教育出版社, 201[illegible].

[5] [illegible]. 北京: [illegible].

[6] [illegible]. 高等数学[illegible]. 北京: [illegible], 200[illegible].

[7] [illegible]. 高等数学(经管类)[illegible]. [illegible]大学出版社, 200[illegible].